架构解密

从分布式到微服务

第2版

吴治辉 编著

电子工业出版社
Publishing House of Electronics Industry
北京·BEIJING

内 容 简 介

微服务、云原生、Kubernetes、Service Mesh 是分布式领域的热点技术，它们并不是凭空出现的，一定继承了某些"前辈"的优点。我们不仅要了解这些技术，还要深入理解其发展脉络、原理等，才能游刃有余地将其用于现有的项目开发或老系统改造中。

本书总计 9 章。第 1 章讲解分布式的基础——网络，对国际互联网、NIO、AIO、网络传输中的对象序列化问题、HTTP 的前世今生、TCP/IP、从 CDN 到 SD-WAN 等知识进行深入讲解。第 2 章讲解分布式系统的经典理论，涉及分布式系统的设计理念、一致性原理；ZooKeeper 的使用场景；CAP 理论的前世今生；BASE 准则；分布式事务的原理。第 3 章从 RPC 开始，讲解分布式服务治理框架的起源与原理，并讲解 ZeroC Ice 的原理和微服务架构实战。第 4～6 章以专题形式讲解内存、分布式文件存储和分布式计算，对每个专题都讲解相关的重要理论、产品、开源项目及经验等。第 7 章深入讲解全文检索与消息队列中间件的原理及用法。第 8 章讲解以 Kubernetes 为代表的微服务架构解决了传统架构的哪些痛点；Service Mesh 解决了微服务架构的哪些问题，以及如何理解它的原理和核心内容。第 9 章分享作者的架构实践经验。

不论你是有十几年研发经验及架构经验的 IT 老手，还是刚入门系统架构的 IT 新手，本书都能对你理解分布式架构和微服务架构大有助益。

未经许可，不得以任何方式复制或抄袭本书之部分或全部内容。
版权所有，侵权必究。

图书在版编目（CIP）数据

架构解密：从分布式到微服务 / 吴治辉编著. —2 版. —北京：电子工业出版社，2020.6
ISBN 978-7-121-38835-4

Ⅰ. ①架… Ⅱ. ①吴… Ⅲ. ①分布式计算机系统－架构 Ⅳ. ①TP338.8

中国版本图书馆 CIP 数据核字（2020）第 048254 号

责任编辑：张国霞
印　　刷：三河市君旺印务有限公司
装　　订：三河市君旺印务有限公司
出版发行：电子工业出版社
　　　　　北京市海淀区万寿路 173 信箱　　邮编 100036
开　　本：787×980　1/16　印张：20.5　字数：400 千字
版　　次：2017 年 6 月第 1 版
　　　　　2020 年 6 月第 2 版
印　　次：2020 年 6 月第 1 次印刷
印　　数：5000 册　定价：89.00 元

凡所购买电子工业出版社图书有缺损问题，请向购买书店调换。若书店售缺，请与本社发行部联系，联系及邮购电话：(010) 88254888，88258888。
质量投诉请发邮件至 zlts@phei.com.cn，盗版侵权举报请发邮件至 dbqq@phei.com.cn。
本书咨询联系方式：010-51260888-819，faq@phei.com.cn。

目录

第1章 深入理解网络 1
1.1 从国际互联网开始 1
1.2 NIO，一本难念的经 7
1.2.1 难懂的 ByteBuffer 7
1.2.2 晦涩的"非阻塞" 15
1.2.3 复杂的 Reactor 模型 18
1.3 AIO，大道至简的设计与苦涩的现实 21
1.4 网络传输中的对象序列化问题 26
1.5 HTTP 的前世今生 30
1.5.1 HTTP 的设计思路 31
1.5.2 HTTP 如何保持状态 32
1.5.3 Session 的秘密 34
1.5.4 再谈 Token 36
1.5.5 分布式 Session 39

1.5.6　HTTP 与 Service Mesh 40
1.6　分布式系统的基石：TCP/IP 42
1.7　从 CDN 到 SD-WAN 45
　　1.7.1　互联互不通的运营商网络 45
　　1.7.2　双线机房的出现 45
　　1.7.3　CDN 的作用 46
　　1.7.4　SD-WAN 技术的诞生 47

第 2 章　分布式系统的经典理论 48
2.1　从分布式系统的设计理念说起 48
2.2　分布式系统的一致性原理 50
2.3　分布式系统的基石之 ZooKeeper 53
　　2.3.1　ZooKeeper 的原理与功能 53
　　2.3.2　ZooKeeper 的应用场景案例分析 57
2.4　经典的 CAP 理论 61
2.5　BASE 准则，一个影响深远的指导思想 63
2.6　重新认识分布式事务 64
　　2.6.1　数据库单机事务的实现原理 64
　　2.6.2　经典的 X/OpenDTP 事务模型 66
　　2.6.3　互联网中的分布式事务解决方案 68

第 3 章　聊聊 RPC 73
3.1　从 IPC 通信说起 73
3.2　古老又有生命力的 RPC 75
3.3　从 RPC 到服务治理框架 81

3.4 基于 ZeroC Ice 的微服务架构指南 84
   3.4.1 ZeroC Ice 的前世今生 84
   3.4.2 ZeroC Ice 微服务架构指南 86
   3.4.3 微服务架构概述 93

第 4 章 深入浅析内存 99

4.1 你所不知道的内存知识 99
   4.1.1 复杂的 CPU 与单纯的内存 99
   4.1.2 多核 CPU 与内存共享问题 101
   4.1.3 著名的 Cache 伪共享问题 105
   4.1.4 深入理解不一致性内存 107

4.2 内存计算技术的前世今生 110

4.3 内存缓存技术分析 115
   4.3.1 缓存概述 115
   4.3.2 缓存实现的几种方式 117
   4.3.3 Memcache 的内存管理技术 119
   4.3.4 Redis 的独特之处 121

4.4 内存计算产品分析 122
   4.4.1 SAP HANA 123
   4.4.2 Hazelcast 125
   4.4.3 VoltDB 127

第 5 章 深入解析分布式文件存储 130

5.1 数据存储进化史 130

5.2 经典的网络文件系统 NFS 137

5.3 高性能计算领域的分布式文件系统 140

5.4 企业级分布式文件系统 GlusterFS 142

5.5 创新的 Linux 分布式存储系统——Ceph 145

5.6 星际文件系统 IPFS 151

5.7 软件定义存储 155

第 6 章 聊聊分布式计算 161

6.1 不得不说的 Actor 模型 161

6.2 Actor 原理与实践 165

6.3 初识 Akka 172

6.4 适用面很广的 Storm 179

6.5 MapReduce 及其引发的新世界 187

第 7 章 全文检索与消息队列中间件 194

7.1 全文检索 194

    7.1.1 Lucene 195

    7.1.2 Solr 199

    7.1.3 ElasticSearch 202

7.2 消息队列 210

    7.2.1 JEE 专属的 JMS 214

    7.2.2 生生不息的 ActiveMQ 219

    7.2.3 RabbitMQ 223

    7.2.4 Kafka 230

第 8 章 微服务架构 236

8.1 微服务架构概述 236

    8.1.1 微服务架构兴起的原因 237

8.1.2　不得不提的容器技术 238

8.1.3　如何全面理解微服务架构 241

8.2　几种常见的微服务架构方案 245

8.2.1　ZeroC IceGrid 微服务架构 245

8.2.2　Spring Cloud 微服务架构 248

8.2.3　基于消息队列的微服务架构 250

8.2.4　Docker Swarm 微服务架构 251

8.3　深入 Kubernetes 微服务平台 253

8.3.1　Kubernetes 的概念与功能 253

8.3.2　Kubernetes 的组成与原理 258

8.3.3　基于 Kubernetes 的 PaaS 平台 262

8.4　从微服务到 Service Mesh 280

8.4.1　Service Mesh 之再见架构 280

8.4.2　Envoy 核心实践入门 282

8.4.3　Istio 背后的技术 286

8.4.4　Istio 的架构演变 293

第 9 章　架构实践 297

9.1　公益项目 wuhansun 实践 297

9.2　身边购平台实践 306

9.3　DIY 一个有难度的分布式集群 312

第 1 章
深入理解网络

网络之于分布式系统,就好像双翼之于飞鸟。随着虚拟化、云计算和大数据的不断发展,深入理解网络变得越来越重要。

1.1 从国际互联网开始

几台计算机接在一台交换机上,相互能直接发送信息、传输数据,这样的网络叫作局域网,办公室和家庭里的网络就是典型的局域网。局域网需要上外网的时候,需要电信服务提供商(ISP)提供上网服务,将局域网对接到更大的网络——城域网。连接几个城域网的网络叫作国家骨干网,连接全球骨干网的网络叫作国际骨干网。如下所示是国际互联网的一个示意图,国际互联网是一个分层汇聚网络,位于顶端的是国际骨干网,负责连接国家骨干网,在一些国家之间还有直达通道。在国家内部通常有一个全国性的高速国家骨干网,这个骨干网只能在某些点对接国际骨干网。国家骨干网负责将分布在各个城市里的城域网连接起来,每个城域网则负责将本区域众多园区网接入,这些园区网可以是省内某些高新产业园的网络、一些大的 IT 公司的网络等。

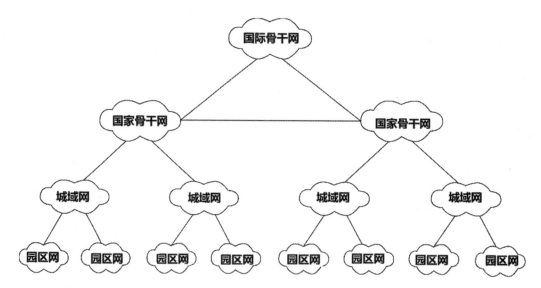

首先说说位于顶端的国际骨干网。为了将地球上的各个大洲互联，人们建设了很多海底光缆，可以说海底光缆构成了国际骨干网的骨架。美国是国际互联网的中心，它周边有丰富的海底光缆，直达各个大洲。中国大陆地区的海底光缆连接点有三个：青岛、上海和汕头，总共有6条光缆通向全球。

接下来说说国家骨干网。以中国为例，中国的全国性骨干网是CHINANET，它是前邮电部经营管理的网络，1995年年初与国际互联网连通并向社会提供服务。类似于国际互联网的架构，CHINANET也是分层网络，由骨干网和汇接层两部分组成：骨干网是其主要信息通路，由直辖市和各省会城市的网络节点构成；汇接层则用来连接各省（区）的城域网。

CHINANET由8个核心节点组成，这8个核心节点分别是北京、上海、广州、沈阳、南京、武汉、成都、西安。毫无悬念，"北上广"3个节点成为超级节点，也是CHINANET的3个国际出口，在这3个超级节点之间形成大三角电路，其他5个普通节点则与每个超级节点互联。

为了保证国内企业用户访问国外网站的速度和带宽，中国电信后来启动了另外一个精品网络，即CN2网络。从下图中可以看到CN2网络专门增加了海外直连线路，以保证海外站点的带宽和品质。

第 1 章 深入理解网络

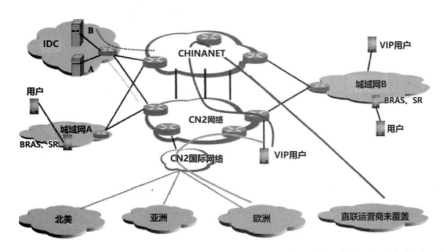

再说说 CHINANET 的"汇接层"网络,这一层由 54 个汇接节点组成,除甘肃、山西、新疆、宁夏、贵州、青海、西藏、内蒙古等 8 个省份的单汇接节点外,每个省都有两个骨干网汇接节点,在第一和第二出入口节点之间通过一条省内中继连接。各省份双方向上连接,分别连接到一个超级核心节点和一个普通核心节点。如下所示是天津电信城域网汇聚接入 CHINANET 的网络示意图。

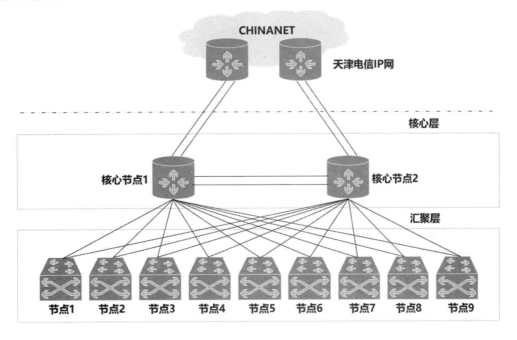

最后说说"城域网"。城域网也是一个分层汇聚网络，主要用来提供宽带接入服务，因此存在一种特殊设备，即宽带远程接入服务器 BRAS（Broadband Remote Access Server），它是用来完成各种宽带接入方式的宽带网络用户的接入、认证、计费、控制、管理的网络设备，是宽带网络可运营、可管理的基石。

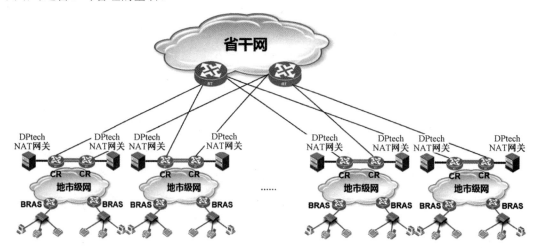

我们如果在家上网，则通常会通过当地某个宽带运营商的网络接入城域网，最终实现"全球互联"，这是我们都熟悉的方式。另一方面，我们开发的互联网应用被部署到 IDC 机房里的某个服务器上，从而完成应用互联网的接入。由于 IDC 机房与我们所开发的分布式应用密切相关，所以接下来我们一起了解 IDC 机房的相关知识。

IDC 机房又被称为互联网数据中心（Internet Data Center）或者数据中心，不仅是数据存储的中心，还是数据流通的中心。IDC 机房是标准化的电信专业级机房，为企业、政府提供服务器托管、租用及相关增值等方面的全方位服务。一开始，IDC 机房主要是电信、联通等运营商建设的，后来很多企业也有了自己的 IDC 机房，BAT 都自建了 IDC 机房，比如腾讯先后自建了深圳宝安、深圳腾大、天津三个 IDC 机房。

由于 2002 年 5 月国内电信业大重组，原中国电信北方 10 个省份正式划入中国网通集团，南方 21 个省份重组为新的中国电信。这将把中国的互联网一分为二，导致互联互不通，使国内的 IDC 机房往往具备双线接入这一奇特特性。

如下所示是 IDC 机房的网络架构图，一般分为出口路由区、核心交换区、接入网络区及增值业务区四个区域。

（1）出口路由区的主要功能是作为 IDC 机房的出口，与国干网（CHINANET）和本身的城域网互联，完成外部网络和 IDC 内网的三层互通，通常由两台 CR 路由器组成。某些大型省份通常会建设多个 IDC 机房，若每个 IDC 机房之间都与国干网和城域网互联，则会浪费国干网和城域网设备的端口资源和线路资源，因此通常会再建设一个 IDC 路由骨干层网络。骨干层中的两台 CR 路由器直接与国干网和城域网互联，各机房 IDC 出口的 CR 路由器则与骨干层出口路由器互联。

（2）核心交换区则由一组核心交换机组成，作为接入层与出口路由区的互联设备，起到汇聚流量的作用，同时 IDC 内部的流量互通也可以通过核心交换机完成。在云计算业务兴起后，为了扩大二层网络规模，同时提高内网效率，交换网络大多采用核心层加接入层的扁平化组网，不再设置汇聚层。为了实现高密接入，核心交换机通常采用数据中心级设备，具有高吞吐、大缓存等特点，同时通过 IRF2 网络虚拟化技术将多台核心交换机虚拟成一台，既提高接入密度，又方便管理。

（3）接入网络区下连物理服务器，上连核心交换机，主要部署千兆或万兆交换机。物理服务器数量多，且每台物理服务器均有多个端口，这就要求接入层交换机实现高密接入。当前在 IDC 网络中，接入交换机通常以 TOR 方式在每个机柜都部署两台，实现本机柜的服务器接入。接入交换机通常采用千兆下行（连接服务器）、万兆上行（连接核心交换机）的连接方式，并通过 IRF2 技术进行虚拟化部署。

（4）增值业务区部署与增值业务相关的设备，包括防火墙、IPS、负载均衡等设备。这些设备通常以旁挂核心交换机的方式进行设计，根据业务需求，在核心交换机上将流量引到增值业务区处理。对于云主机等业务，由于规划使用私网 IP 网段，因此必须使用防火墙实现 NAT 转换，该防火墙设备通常也以旁挂方式部署在核心交换机上。

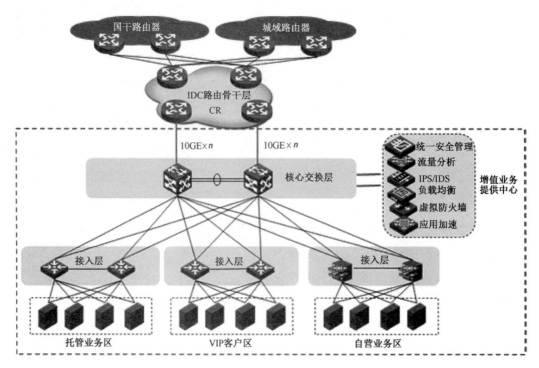

  在IDC机房里通常采用传统的VLAN技术实现租户网络的隔离，VLAN基于IEEE的802.1Q协议，在该协议的帧格式里面定义了VLAN ID的位数为12比特，因此最多只能支持4094个VLAN。而随着云数据中心的各种业务应用的规模落地，业务量不断增长，就可能需要成千上万个VLAN，传统VLAN的数量不能满足云数据中心日后业务规模发展的需求。另外，在物理服务器被虚拟化后，云数据中心内部虚拟机的数量相比原有的物理机发生了数量级的增加，与之对应的虚拟机虚拟网卡的MAC地址数量也相应增加，这对云数据中心接入区网络的交换机地址容量能力产生了很大冲击。虚拟机数量很多时，会导致交换机的MAC地址表溢出，从而导致数据帧的丢弃或者产生大量的广播帧，严重影响网络的性能。最后，云数据中心的虚拟机通常需要在一定范围内迁移，在传统的VLAN网络下，虚拟机只能在二层网络下迁移，并且为了能够支持虚拟机的迁移，需要在二层网络中对VLAN进行预配置，这造成了VLAN配置混乱，影响了VLAN广播域的隔离，降低了网络的效率。VXLAN（Virtual eXtensible Local Area Network）虚拟扩展局域网是一种"VLAN升级技术"，是一种大二层虚拟网络扩展的隧道封装技术，可以很好地解决上述问题，目前该技术已经成为各种规模化运营的云数据中心不可忽视的关键应用技术。

VXLAN 是 VMware、思科、Arista、Broadcom、Citrix 和 RedHat 共同提出的 IETF 草案，可以通过软件的方式来实现支持，其中最重要的开源软件交换机是 Open vSwitch，它也是虚拟化网络解决方案中最重要的一个开源软件，OpenStack、Docker 都可以用它实现虚拟网络。

1.2 NIO，一本难念的经

我们知道，分布式系统的基础是网络。因此，网络编程是分布式软件工程师和架构师的必备技能之一，而且随着当前大数据和实时计算技术的兴起，高性能 RPC 架构与网络编程技术再次成为焦点。不管是 RPC 领域的 ZeroC Ice、Thrift，还是经典分布式框架 Actor 模型中的 Akka，或者实时流领域的 Storm、Spark、Flink，又或者开源分布式数据库中的 Mycat、VoltDB，这些高大上产品的底层通信技术都采用了 NIO（非阻塞通信）通信技术。而 Java 领域里大名鼎鼎的 NIO 框架——Netty，则被众多的开源项目或商业软件所采用。

相对于它的老前辈 BIO（阻塞通信）来说，NIO 模型非常复杂，以至于我们难以精通它，难以编写出一个没有缺陷、高效且适应各种意外情况的稳定的 NIO 通信模块。之所以会出现这样的问题，是因为 NIO 编程不是单纯的一个技术点，而是涵盖了一系列相关技术、专业知识、编程经验和编程技巧的复杂工程。

1.2.1 难懂的 ByteBuffer

Java NIO 抛弃了我们所熟悉的 Stream、byte[]等数据结构，设计了一个全新的数据结构——ByteBuffer，ByteBuffer 的主要使用场景是保存从 Socket 中读取的输入字节流并循环利用，以减少 GC 的压力。Java NIO 功能强大，但难以掌握。以经典的 Echo 服务器为例，其核心是读入客户端发来的数据，并且回写给客户端，这段代码用 ByteBuffer 来实现，大致就是下面的逻辑：

```
1    byteBuffer = ByteBuffer.allocate(N);
2    //读取数据，写入 byteBuffer
3    readableByteChannel.read(byteBuffer);
6    //读取 byteBuffer，写入 Channel
7    writableByteChannel.write(byteBuffer);
```

如果我们能马上发现在上述代码中存在一个严重缺陷且无法正常工作，那么说明我们的确精通了 ByteBuffer 的用法。这段代码的缺陷是在第 6 行之前少了一个 byteBuffer.flip() 调用。之所以 ByteBuffer 会设计这样一个名称奇怪的 Method，是因为它与我们所熟悉的 InputStream & OutStream 分别操作输入输出流的传统 I/O 设计方式不同，是"二合一"的设计方式。我们可以把 ByteBuffer 设想成内部拥有一个固定长度的 Byte 数组的对象，属性 capacity 为数组的长度（不可变），position 变量保存当前读（或写）的位置，limit 变量为当前可读或可写的位置上限。当 Byte 被写入 ByteBuffer 中时，position++，而 0 到 position 之间的字符就是已经写入的字符。如果后面要读取之前写入的这些字符，则需要将 position 重置为 0，limit 则被设置为之前 position 的值，这个操作恰好就是 flip 要做的事情，这样一来，position 到 limit 之间的字符刚好是要读的全部数据。

ByteBuffer 有三种实现方式：第一种是堆内存储数据的 HeapByteBuffer；第二种是堆外存储数据的 DirectByteBuffer；第三种是文件映射（数据存储到文件中）的 MappedByteBuffer。HeapByteBuffer 将数据保存在 JVM 堆内存中，我们知道 64 位 JVM 的堆内存在最大为 32GB 时内存利用率最高，一旦堆超过了 32GB，就进入 64 位的世界里了，应用程序的可用堆空间就会减小。另外，过大的 JVM 堆内存也容易导致复杂的 GC 问题，因此最好的办法是采用堆外内存，堆外内存的管理由程序员自己控制，类似于 C 语言的直接内存管理。DirectByteBuffer 是采用堆外内存来存放数据的，因此在访问性能提升的同时带来了复杂的动态内存管理问题。而动态内存管理是一项高端编程技术，涵盖了内存分配性能、内存回收、内存碎片化、内存利用率等一系列复杂问题。

在内存分配性能方面，我们通常会在 Java 里采用 ThreadLocal 对象来实现多线程本地化分配的思路，即每个线程都拥有一个 ThreadLocal 类型的 ByteBufferPool，然后每个线程都管理各自的内存分配和回收问题，避免共享资源导致的竞争问题。Grizzy NIO 框架中的 ByteBufferThreadLocalPool，就采用了 ThreadLocal 结合 ByteBuffer 视图的动态内存管理技术：

```
    private static final class ByteBufferThreadLocalPool implements
ThreadLocalPool<ByteBuffer> {
    411         /**
    412          * Memory Pool, 一个容量比较大的 ByteBuffer 充当整个分配的内存池
    413          */
    414         private ByteBuffer pool;

            @Override
    434         public ByteBuffer allocate(int size) {
    //通过 ByteBuffer 的视图（slice 函数产生）从 pool 当前的位置分配一段指定大小的内存
```

```
435            final ByteBuffer allocated = Buffers.slice(pool, size);
436            return addHistory(allocated);
437        }
228    public static ByteBuffer slice(final ByteBuffer chunk, final int size) {
229        chunk.limit(chunk.position() + size);
230        final ByteBuffer view = chunk.slice();
231        chunk.position(chunk.limit());
232        chunk.limit(chunk.capacity());
234        return view;
235    }
```

上面的代码很简单也很经典，可以分配任意大小的内存块，但存在一个问题：它只能从 Pool 的当前位置持续往下分配空间，而中间被回收的内存块是无法立即被分配的，因此内存利用率不高。另外，当后面分配的内存没有被及时释放时，会发生内存溢出，即使前面分配的内存早已释放大半。其实上述问题可以通过一个环状结构（Ring）来解决，即分配到头以后，回头重新继续分配，但代码会稍微复杂点。

Netty 则采用了另外一种思路。首先，Netty 的作者认为 JDK 的 ByteBuffer 设计得并不好，其中 ByteBuffer 不能继承，以及 API 难用、容易出错是最大的两个问题，于是他重新设计了一个接口 ByteBuf 来代替官方的 ByteBuffer。如下所示是 ByteBuf 的设计示意图，它通过分离读写的位置变量（reader index 及 writer index），简单、有效地解决了 ByteBuffer 难懂的 flip 操作问题，这样一来 ByteBuf 也可以实现同时读与写的功能了。

由于 ByteBuf 是一个接口，所以可以继承与扩展，为了实现分配任意长度的 Buffer，Netty 设计了一个 CompositeByteBuf 实现类，它通过组合多个 ByteBuf 实例的方式巧妙实现了动态扩容能力，这种组合扩容的方式存在一个读写效率问题，即判断当前的读写位置是否要移到下一个 ByteBuf 实例上。

Netty 的 ByteBuf 实例还有一个很重要的特征，即记录了被引用的次数，所有实例都继承自 AbstractReferenceCountedByteBuf。这点非常重要，因为我们在实现 ByteBufPool 时，需要确保 ByteBuf 被正确释放和回收，由于官方的 ByteBuffer 缺乏这一特征，因此很容易因为使用不当导致内存泄漏或者内存访问错误等严重 Bug。

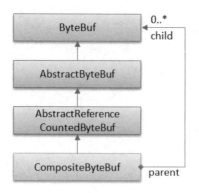

由于使用 ByteBuffer 时用得最多的是堆外 DirectByteBuffer,因此一个功能齐全、高效的 Buffer Pool 对于 NIO 来说相当重要。官方 JDK 并没有提供这样的工具包,于是 Netty 的作者基于 ByteBuf 实现了一套可以在 Netty 之外单独使用的 Buffer Pool 框架,如下图所示。

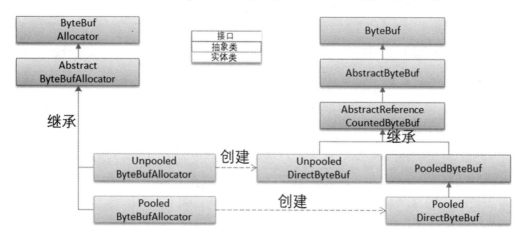

MappedByteBuffer 说得通俗一点就是 Map 把一个磁盘文件(整体或部分内容)映射到计算机虚拟内存的一块区域,这样就可以直接操作内存中的数据,无须每次都通过 I/O 从物理硬盘上读取文件,所以在效率上有很大提升。要想真正理解 MappedByteBuffer 的原理和价值,就需要掌握操作系统内存、文件系统、内存页与内存交换的基本知识。

如下图所示,每个进程都有一个虚拟地址空间,也被称为逻辑内存地址,其大小由该系统上的地址大小规定,比如 32 位 Windows 的单进程可寻址空间是 4GB,虚拟地址空间也使用分页机制,即我们所说的内存页面。当一个程序尝试使用虚拟地址访问内存时,操作系统连同硬件会将该分页的虚拟地址映射到某个具体的物理位置,这个位置可以是物理内存、页面文件(Page File 是 Windows 的说法,对应 Linux 下的 swap)或文件系统中的一个普通文件。尽管每个进程都有自己的地址空间,但程序通常无法使用所有这些空间,因为地址空间被划分为内核空间和用户空间。大部分操作系统都将每个进程地址空间的一部分映射到一个通用的内核内存区域。被映射来供内核使用的地址空间部分被称为内核空间,其余部分被称为用户空间,可供用户的应用程序使用。

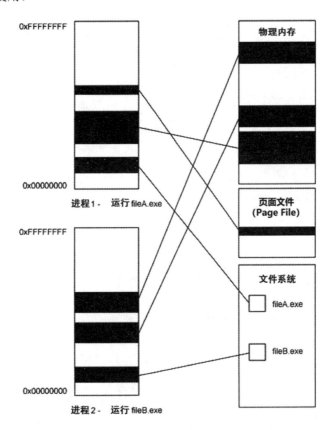

MappedByteBuffer 使用 mmap 系统调用来实现文件的内存映射,如下图中的过程 1 所示。此外,内存映射的过程只是在逻辑上被放入内存中,具体到代码,就是建立并初始化了相关的数据结构(struct address_space),并没有实际的数据复制,文件没有被载入内存,所以建立内存映射的效率很高。仅在此文件的内容要被访问时,才会触发操作系统加载内存页,这个过程可能涉及物理内存不足时内存交换的问题,即过程 4。

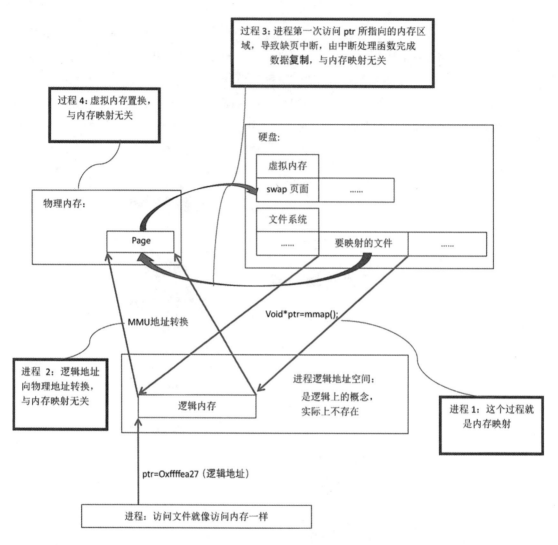

通过上面的原理分析,我们就不难理解JDK中关于MappedByteBuffer的一些方法的作用了。

- fore():当缓冲区是READ_WRITE模式时,此方法对缓冲区内容的修改强行写入文件。
- load():将缓冲区的内容载入内存,并返回该缓冲区的引用。
- isLoaded():如果缓冲区的内容在物理内存中,则返回真,否则返回假。

MappedByteBuffer的主要使用场景有如下两个。

- 基于文件共享的高性能进程间通信(IPC)。

- 大文件高性能读写访问。

正因为上述两个独特的使用场景，MappedByteBuffer 有很多高端应用，比如 Kafka 采用 MappedByteBuffer 来处理消息日志文件。分布式文件系统 Tachyon 也采用了 MappedByteBuffer 加速文件读写。高性能 IPC 通信技术在当前的大数据和实时计算方面越来越重要，原因很简单：当前服务器的核心数越来越多，而且都支持 NUMA 技术，在这种情况下，单机上的多进程架构能最大地提升系统的整体吞吐量。于是，有人基于 MappedByteBuffer 实现了一个 DEMO 性质的高性能 IPC 通信实例，该实例采用内存映射文件来实现 Java 多进程间的数据通信，其原理图如下所示。

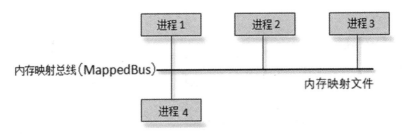

其中，一个进程负责写入数据到内存映射文件中，其他进程（不限于 Java）则从此映射文件中读取数据。经笔者测试，其性能极高，在笔者的笔记本计算机上可以达到每秒 4000 万的传输速度，消息延时仅仅 25ns。受此项目的启发，笔者也发起了一个更为完善的 Mycat-IPC 开源框架，此项目的关键点在于用一个 MappedByteBuffer 模拟了 N 组环形队列的数据结构，用来表示一个进程发送或者读取的消息队列。

如下所示是 MappedByteBuffer 的内存结构图，内存起始位置记录了当前定义的几个 RingQueue，随后记录了每个 RingQueue 的长度以确定其开始内存地址与结束内存地址，RingQueue 类似于 ByteBuffer 的设计，有记录读写内存位置的变量，而被放入队列中的每个"消息"都有两个字节的长度、消息体本身，以及下个消息的开始位置 Flag（继续当前位置还是已经掉头、从头开始）。笔者计划未来将 Mycat 拆成多进程的架构，一个进程负责接收客户端的 Socket 请求，然后把数据通过 IPC 框架分发给后面几个独立的进程去处理，处理完的响应再通过 IPC 回传给 Socket 监听进程，最终写入客户端。

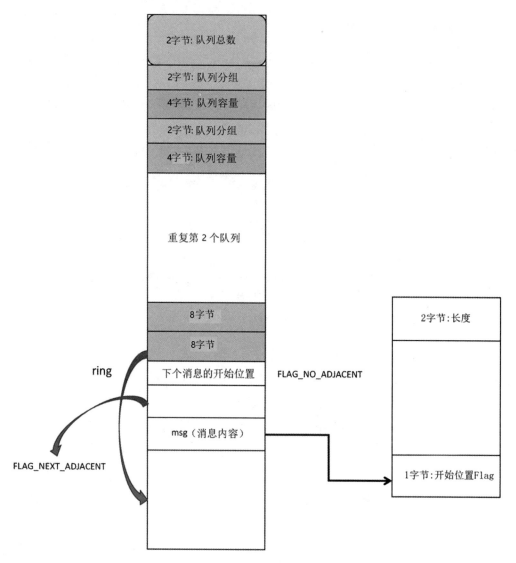

MappedByteBuffer 还有另外一个奇妙的特性,"零复制"传输数据,它的 transferTo 方法能节省一次缓冲区的复制过程,将其直接写入另外一个 Channel 通道,如下图所示。

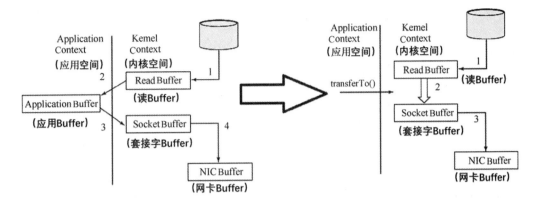

Netty 传输文件的逻辑就用到了 transferTo 这一特性，下面的代码片段给出了真相：

```
class FileSendBuffer {
    private final FileRegion file;
    public long transferTo(WritableByteChannel ch) throws IOException {
        long localWrittenBytes = file.transferTo(ch, writtenBytes);
        writtenBytes += localWrittenBytes;
        return localWrittenBytes;
    }
}
class DefaultFileRegion...{
    private final FileChannel file;
    public long transferTo(WritableByteChannel target, long position) throws IOException {
        return file.transferTo(this.position + position, count, target);
    }
}
```

1.2.2 晦涩的"非阻塞"

NIO 里"非阻塞"（None Blocking）这个否定式的新名称对于大多数程序员来说的确很难理解。在解释"非阻塞"这个概念之前，让我们先来恶补一下 TCP/IP 通信的基础知识。

首先，对于 TCP 通信来说，每个 TCP Socket 在内核中都有一个发送缓冲区和一个接收缓冲区，TCP 的全双工工作模式及 TCP 的滑动窗口便依赖于这两个独立的 Buffer 及此 Buffer 的填充状态。接收缓冲区把数据缓存入内核中，若应用进程一直没有调用 Socket 的 read 方法进行读取，则此数据会一直被缓存在接收缓冲区中。不管进程是否读取 Socket，对端发来的数据都会经由内核接收并且缓存到 Socket 的内核接收缓冲区中。read 方法所做的工作，就是把内核接收缓冲区中的数据复制到应用层用户的 Buffer 中。进程在调用 Socket 的 send 方法发送数据时，最简单的情况（也是一般情况）是将数据从应用层用户的 Buffer 中复制到 Socket 的内核发送缓冲区中，send 方法便会在上层返回。换句话说，在 send 方法返回时，数据不一定会被发送到对端（与 write 方法写文件有点类似），send 方法仅仅是把应用层 Buffer 的数据复制到 Socket 的内核发送 Buffer 中。而对于 UDP 通信来说，每个 UDP Socket 都有一个接收缓冲区，没有发送缓冲区，从概念上来说只要有数据就发送，不管对方是否可以正确接收，所以不缓冲，也不需要发送缓冲区。

其次，我们来说说 TCP/IP 的滑动窗口和流量控制机制。前面提到，Socket 的接收缓冲区被 TCP 和 UDP 用来缓存在网络上收到的数据，保存到应用进程读取为止。对于 TCP 来说，如果应用进程一直没有读取，则在 Buffer 满了之后发生的动作是：通知对端 TCP 中的窗口关闭，保证 TCP 套接口接收缓冲区不会溢出，保证 TCP 是可靠传输的，这便是滑动窗口的实现。因为对方不允许发出超过通告窗口大小的数据，所以如果对方无视窗口的大小发出了超过窗口大小的数据，则接收方 TCP 将丢弃它，这就是 TCP 的流量控制原理。对于 UDP 来说，当接收方的 Socket 接收缓冲区满时，新来的数据报无法进入接收缓冲区，此数据报会被丢弃。UDP 是没有流量控制的，快的发送者可以很容易地淹没慢的接收者，导致接收方的 UDP 丢弃数据报。

明白了 Socket 读写数据的底层原理，我们就容易理解传统的"阻塞模式"了：对于读取 Socket 数据的过程而言，如果接收缓冲区为空，则调用 Socket 的 read 方法的线程会阻塞，直到有数据进入接收缓冲区；对于写数据到 Socket 中的线程而言，如果待发送的数据长度大于发送缓冲区的空余长度，则会被阻塞在 write 方法上，等待发送缓冲区的报文被发送到网络上，然后继续发送下一段数据，循环上述过程直到数据都被写入发送缓冲区为止。

从上述过程来看，传统的 Socket 阻塞模式直接导致每个 Socket 都必须绑定一个线程来操作数据，参与通信的任意一方如果处理数据的速度较慢，则都会直接拖累另一方，导致另一方的线程不得不浪费大量的时间在 I/O 等待上，所以，每个 Socket 都要绑定一个单独的线程正是传统 Socket 阻塞模式的根本"缺陷"。之所以这里加了"缺陷"两个字，是因为这种模式在一些特定场合下效果是最好的，比如只有少量的 TCP 连接通信，双方都非常快速地传输数据，此时这种模式的性能最高。

现在我们可以开始分析"非阻塞"模式了，它就是要解决 I/O 线程与 Socket 解耦的问题，因此，它引入了事件机制来达到解耦的目的。我们可以认为在 NIO 底层中存在一个 I/O 调度线程，它不断扫描每个 Socket 的缓冲区，当发现写入缓冲区为空（或者不满）时，它会产生一个

Socket 可写事件，此时程序就可以把数据写入 Socket 中，如果一次写不完，则等待下次可写事件的通知；当发现在读取缓冲区中有数据时，会产生一个 Socket 可读事件，程序在收到这个通知事件时，就可以从 Socket 读取数据了。

上述原理听起来很简单，但实际上有很多"坑"，如下所述。

- 收到可写事件时，想要一次性地写入全部数据，而不是将剩余数据放入 Session 中，等待下次可写事件的到来。
- 在写完数据并且没有可写数据时，若应答数据报文已经被全部发送给客户端，则需要取消对可写事件的"订阅"，否则 NIO 调度线程总是报告 Socket 可写事件，导致 CPU 使用率狂飙。因此，如果没有数据可写，就不要订阅可写事件。
- 如果来不及处理发送的数据，就需要暂时"取消订阅"可读事件，否则数据从 Socket 里读取以后，下次还会很快发送过来，而来不及处理的数据被积压到内存队列中，导致内存溢出。

此外，在 NIO 中还有一个容易被忽略的高级问题，即业务数据处理逻辑是使用 NIO 调度线程来执行还是使用其他线程池里的线程来执行？关于这个问题，没有绝对的答案，我们在 Mycat 的研发过程中经过大量测试和研究得出以下结论：

如果数据报文的处理逻辑比较简单，不存在耗时和阻塞的情况，则可以直接用 NIO 调度线程来执行这段逻辑，避免线程上下文切换带来的损耗；如果数据报文的处理逻辑比较复杂，耗时比较多，而且可能存在阻塞和执行时间不确定的情况，则建议将其放入线程池里去异步执行，防止 I/O 调度线程被阻塞。

如下所示是 Mycat 里相关设计的示意图。

1.2.3 复杂的 Reactor 模型

Java NIO 框架比较原始,目前主流的 Java 网络程序都在其上设计实现了 Reactor 模型,隐藏了 NIO 底层的复杂细节,大大简化了 NIO 编程,其原理和架构如下图所示。Acceptor 负责接收客户端 Socket 发起的新建连接请求,并把该 Socket 绑定到一个 Reactor 线程上,于是这个 Socket 随后的读写事件都交给此 Reactor 线程来处理。Reactor 线程在读取数据后,交给用户程序中的具体 Handler 实现类来完成特定的业务逻辑处理。为了不影响 Reactor 线程,我们通常使用一个单独的线程池来异步执行 Handler 的接口方法。

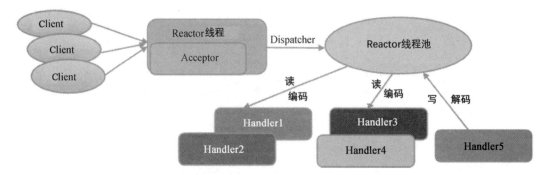

如果仅仅到此为止,则 NIO 里的 Reactor 模型还不算很复杂,但实际上,我们的服务器是多核心的,而且需要高速并发处理大量的客户端连接,单线程的 Reactor 模型就满足不了需求了,因此我们需要多线程的 Reactor。一般原则是 Reactor(线程)的数量与 CPU 核心数(逻辑 CPU)保持一致,即每个 CPU 都执行一个 Reactor 线程,客户端的 Socket 连接则被随机均分到这些 Reactor 线程上去处理,如果有 8000 个连接,而 CPU 核心数为 8,则每个 CPU 核心平均承担 1000 个连接。

多线程 Reactor 模型可能带来另外一个问题,即负载不均衡。虽然每个 Reactor 线程服务的 Socket 数量都是均衡的,但每个 Socket 的 I/O 事件可能是不均衡的,某些 Socket 的 I/O 事件可能大大多于其他 Socket,从而导致某些 Reactor 线程负载更高,此时是否需要重新分配 Socket 到不同的 Reactor 线程呢?这的确是一个问题。因为如果要切换 Socket 到另外的 Reactor 线程,则意味着 Socket 相关的 Connection 对象、Session 对象等必须是线程安全的,这本身就带来一定的性能损耗。另外,我们需要对 I/O 事件做统计分析,启动额外的定时线程在合适的时机完成 Socket 重新分配,这本身就是很复杂的事情。

由于 Netty 的代码过于复杂,所以下面以 Mycat NIO Framework 为例,来说说应该怎样设计一个基于多线程 Reactor 模式的高性能 NIO 框架。

如下图所示，我们先要有一个基础类 NetSystem，它负责 NIO 框架中基础参数与基础组件的创建，其中常用的基础参数如下。

- Socket 缓存区的大小。
- TCP_NODELAY 标记。
- Reactor 的个数。
- ByteBuffer Pool 的参数。
- 业务线程池的大小。

基础组件如下。

- NameableExecutor：业务线程池。
- NIOAcceptor：负责接收客户端的新建连接请求。
- NIOConnector：负责发起客户端连接（NIO 模式）。

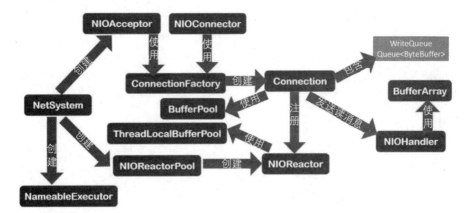

考虑到不同的应用都需要创建自己的 Connection 实例来实现应用特定的网络协议，而且在一个程序里可能会有几种网络协议，因此人们在框架里设计了 Connection 抽象类，采用的是工厂模式，即由不同的 ConnectionFactory 来创建不同的 Connection 实现类。不管是作为 NIO Server 还是作为 NIO Client，应用程序都可以采用这套机制来实现自己的 Connection。当收到 Socket 报文（及相关事件）时，框架会调用绑定在此 Connection 上的 NIO Handler 来处理报文，而

Connection 要发送的数据被放入一个 WriteQueue 队列里,框架实现具体的无阻塞发送逻辑。

为了更好地使用有限的内存,Mycat NIO 设计了一个"双层"的 ByteBuffer Pool 模型,全局的 ByteBuffer Pool 被所有 Connection 共享,每个 Reactor 线程则都在本地保留了一份局部占用的 ByteBuffer Pool——ThreadLocalBufferPool,我们可以设定 80%的 ByteBuffer 被 N 个 Reactor 线程从全局 Pool 里取出并放到本地的 ThreadLocalBufferPool 里,这样一来就可以避免过多的全局 Pool 的锁抢占操作,提升 NIO 性能。

NIOAcceptor 在收到客户端发起的新连接事件后,会新建一个 Connection 对象,然后随机找到一个 NIOReactor,并把此 Connection 对象放入该 NIOReactor 的 Register 队列中等待处理,NIOReactor 会在下一次的 Selector 循环事件处理之前,先处理所有新的连接请求。下面两段来自 NIOReactor 的代码表明了这一逻辑过程:

```java
public void run() {
    final Selector selector = this.selector;
    Set<SelectionKey> keys = null;
    for (;;) {
        ++reactCount;
        try {
            selector.select(500L);
            register(selector);
            keys = selector.selectedKeys();
            for (SelectionKey key : keys) {
                Connection con = null;

private void register(Selector selector) {
    if (registerQueue.isEmpty()) {
        return;
    }
    Connection c = null;
    while ((c = registerQueue.poll()) != null) {
        try {
            c.register(selector, myBufferPool);
        } catch (Throwable e) {
            LOGGER.warn("register error ", e);
            c.close("register err");
        }
    }
}
```

NIOConnector 属于 NIO 客户端框架的一部分,与 NIOAcceptor 类似,在需要发起一个 NIO 连接时,程序调用下面的方法将连接放入"待连接队列"中并唤醒 Selector:

```
public void postConnect(Connection c) {
    connectQueue.offer(c);
    selector.wakeup();
}
```

随后，NIOConnector 的线程会先处理"待连接队列"，发起真正的 NIO 连接并异步等待响应：

```
private void connect(Selector selector) {
    Connection c = null;
    while ((c = connectQueue.poll()) != null) {
        try {
            SocketChannel channel = (SocketChannel) c.getChannel();
            channel.register(selector, SelectionKey.OP_CONNECT, c);
            channel.connect(new InetSocketAddress(c.host, c.port));
        } catch (Throwable e) {
            c.close("connect failed:" + e.toString());
        }
    }
}
```

最后，在 NIOConnector 的线程 Run 方法里，对收到连接完成事件的 Connection，回调应用的通知接口，应用在得知连接已经建立时，可以在接口里主动发数据或者请求读数据：

```
for (SelectionKey key : keys) {
    Object att = key.attachment();
    if (att != null && key.isValid() && key.isConnectable()) {
        finishConnect(key, att);
    } else {
    key.cancel();
    }
}
```

1.3 AIO，大道至简的设计与苦涩的现实

AIO 是 I/O 模型里一个很高的层次，体现了大道至简的软件美学理念。与 NIO 相比，AIO 的框架和使用方法相对简单很多。

AIO 包括两大部分：AIO Files 解决了文件的异步处理问题，AIO Sockets 解决了 Socket 的异步处理问题。AIO 的核心概念为应用发起非阻塞方式的 I/O 操作，在 I/O 操作完成时通知应用，同时，应用程序的职责很明确，比如什么时候发起 I/O 操作请求，在 I/O 操作完成时通知

谁来处理。

下图给出了 AIO Sockets 对读请求的处理流程（写请求同理），应用程序在有读请求时就向 Kenel 注册此请求，应用的线程就可以继续执行其他操作而无须等待。与此同时，Kernel 在发现有数据到达 Socket 以后，就将数据从内核复制到应用程序的 Buffer 里，在复制完成后，回调应用程序的通知接口，应用程序就可以处理此数据了。

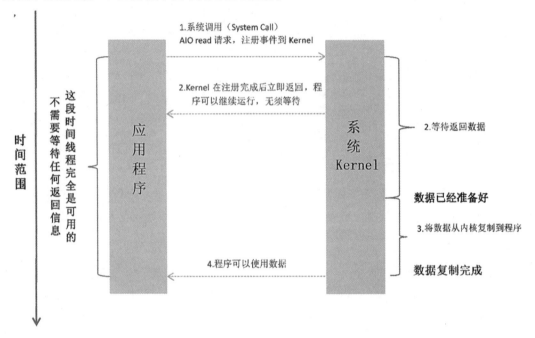

在编写 AIO Socket 程序时，我们所要掌握的最关键的一个类是回调接口——CompletionHandler<V,A>，它包括两个方法：void completed(V result, A attachment)；void failed(Throwable exc,attachment)。

其中，completed 方法是异步请求完成时的通知接口，result 是返回的结果；attachment 则是应用程序捆绑在这个回调接口上的任意对象，可以记录客户端连接对象，或者用来保存 Session 会话的状态数据，例如已读取的字节信息等。failed 方法则表明 I/O 事件异常，通常是不可恢复的故障。completed 方法中的 V 与 A 具体是什么对象呢？这取决于调用者，比如在 Asynchronous ServerSocketChannel 对象中异步接收客户端连接请求的方法签名如下：

```
AsynchronousServerSocketChannel.accept(A attachment, CompletionHandler<
AsynchronousSocketChannel, ? super A>  handler)
```

在上述方法中,attachment 参数被作为 CompletionHandler<V,A>的 A 参数传递到 completed 与 failed 回调方法中。下面的代码创建了一个 AsynchronousServerSocketChannel,并调用 accept 方法等待客户端异步连接建立完成:

```
listener = AsynchronousServerSocketChannel.open(asyncChannelGroup).bind(new InetSocketAddress(port));
  listener.accept(listener, new AioAcceptHandler());
```

AioAcceptHandler 这个 CompletionHandler 的代码则如下:

```
public class AioAcceptHandler implements
CompletionHandler<AsynchronousSocketChannel, AsynchronousServerSocketChannel> {
    private AsynchronousSocketChannel socket;
    @Override
    public void completed(AsynchronousSocketChannel socket,
AsynchronousServerSocketChannel attachment)
    { //注意第一个是客户端socket,第二个是服户端socket
        try {
            System.out.println("com.epiphyllum.aio.AioAcceptHandler.completed called");
            //注册等待下一次的连接请求
            attachment.accept(attachment, this);   //attachment 就是 Listening Socket
            System.out.println("有客户端连接:" + socket.getRemoteAddress().toString());
            //开始读客户端
            startRead(socket);
        } catch (IOException e) {
            e.printStackTrace();
        }
    }
    @Override
    public void failed(Throwable exc, AsynchronousServerSocketChannel attachment)
    {
        exc.printStackTrace();
    }
```

在上述代码中,completed 方法先调用 AsynchronousServerSocketChannel 的 accept 方法,注册下一次的异步连接请求。这个调用很重要,否则 AsynchronousServerSocketChannel 就不会再接收新连接的请求了;随后调用 startRead(socket)方法发起一个异步读取数据的请求。在说明这个方法之前,我们看看 AsynchronousSocketChannel 的异步读方法的签名:

```
read(ByteBuffer dst, A attachment, CompletionHandler<Integer,? super A> handler)
```

上述方法类似于之前分析的 accept 方法，attachment 参数被作为 CompletionHandler<V,A> 的 A 参数传递到 completed 与 failed 回调方法里，V 参数则是一个整数，用于表明此次读到的字节总数。

下面是 startRead(socket)方法的逻辑，它调用了 AioReadHandler 来处理读到的数据，注意传递到 AioReadHandler 里的 Attachment 是此次读到的数据—— ByteBuffer，最多 1024 个字节：

```
public void startRead(AsynchronousSocketChannel socket) {
    ByteBuffer clientBuffer = ByteBuffer.allocate(1024);
    AioReadHandler rd=new AioReadHandler(socket);
    //读数据到 clientBuffer，同时将 clientBuffer 作为 attachment
    socket.read(clientBuffer, clientBuffer, rd);
    try {
    } catch (Exception e) {
        e.printStackTrace();
    }
}
```

AioReadHandler 负责处理异步读响应事件，下面是其 Complete 方法的源码：

```
public void completed(Integer i, ByteBuffer buf) {
    //读到的字节数 > 0
    if (i > 0) {
        buf.flip();    //进入读模式
        try {
            //将 buf 数据转成字符串
            msg = decoder.decode(buf).toString();
            buf.compact();  //compact buf
        } catch (CharacterCodingException e) {
            e.printStackTrace();
        } catch (IOException e) {
            e.printStackTrace();
        }
        //关键：尽快发起下一次异步读
        socket.read(buf, buf, this);
        //将读到的数据 echo 回客户端
        try {
            String sendString="服务器回应,你输出的是:"+msg;
            ByteBuffer clientBuffer=ByteBuffer.wrap(sendString.getBytes("UTF-8"));
            //发起异步写
            socket.write(clientBuffer, clientBuffer, new AioWriteHandler(socket));
        } catch (UnsupportedEncodingException ex) {
            Logger.getLogger(AioReadHandler.class.getName()).log(Level.SEVERE, null, ex);
```

```
                    }
                }
                //读失败，客户端断开
                else if (i == -1) {
                    try {
                        System.out.println("客户端断线:" +
socket.getRemoteAddress().toString());
                        buf = null;
                    } catch (IOException e) {
                        e.printStackTrace();
                    }
                }
                //读到 0 个字节，就不再发起异步读了
            }
```

如上所示的代码的总体逻辑类似于 accept 的处理逻辑，它针对每个客户端 Socket 都使用了一个 ByteBuffer 作为 Session 级别的变量，用来保存客户端发送的数据，并且通过 Attachment 变量传递到 CompletionHandler 的下一次读取事件上。

AIO 异步写的操作类似于异步读的处理，这里不做分析。从 AIO 的代码来看，我们发现 AIO 也有类似于 NIO 的一面，即如果还有 I/O 事件要操作，则仍然需要把它们 "注册" 到系统里。不同的是，在 AIO 框架下，客户端收到反馈事件时，数据已经准备好了，应用程序可以直接处理，在 NIO 框架下则还需要应用调用底层的读写 API 完成具体的 I/O 操作。

AIO 框架不仅仅止步于此，我们知道，在 JDK 的 NIO 模型下，多路复用的 Reactor 模型及多线程的 Reactor 模型都不是官方 JDK 提供的，这也大大增加了应用编程的复杂度。AIO 框架则将复杂的多线程处理机制融入 JDK 的 AIO 框架中，让我们可以轻松写出高级又优雅的 AIO 程序。

从之前的 NIO 经验来看，在处理很多个 Socket 的 I/O 事件时，多线程（线程池）成为必然的选择，很直观的推理就是 CompletionHandler 需要一个线程池来实现高性能并发回调机制，于是就有了 AsynchronousChannelGroup 对象，它内部包括一个线程池：

```
ExecutorService service = Executors.newFixedThreadPool(25);
AsynchronousChannelGroup channelGroup = AsynchronousChannelGroup.
withThreadPool(service);
```

AsynchronousServerSocketChannel 可以被绑定到某个 ChannelGroup 上，以便共用其线程池：

```
AsynchronousSocketChannel socketChannel = AsynchronousSocketChannel.
open(channelGroup);
```

注意到 ChannelGroup 后面捆绑的线程池可以有多种选择，例如固定大小的线程池、弹性扩

展的线程池、缓存的线程池等，于是编程的灵活性很大。此外，如果是每个 CPU 核心都对应一个 ChannelGroup，这就接近多线程 Reactor 模型的设计了。

从上面的分析来看，JDK 里的 AIO 框架设计的确很优雅，而且很妥善地解决了 JDK 里 NIO 框架没有考虑到的复杂问题。从诞生的那天开始，Java AIO 的一切看上去都很美，但是现在，"它美丽而晴朗的天空却被一朵乌云笼罩了"，这朵"乌云"就是 Linux 的 AIO 泥潭。

早在 2003 年，Linux kernel AIO 项目就启动并且制定了设计方案。2004 年，IBM 觉得异步状态机的实现跟已存在的代码不协调并且太复杂，于是做出了 Retry 模型，但 Retry 模型的阻塞问题（block point）始终无法得到解决。Oracle 负责 OSS 的部门接管了 Retry 模型，后来又觉得 IBM 的 Retry 模型有很多问题，发现 Retry & Exit 在他们的一个产品上会有很大的性能问题，于是重起炉灶，开发了一个 Syslet 方案，却以失败告终。直到 2016 年 5 月，还有人发现在 Linux 3.13 内核里有 AIO 内存溢出的严重漏洞（Ubuntu Kylin 14.04 LTS 版本就采用了这个内核），Docker 则要求使用 AIO 的宿主机所安装的版本不低于 Linux 3.19（在这个版本里又有好几处 AIO 代码的修复）。

目前 Linux 上的 AIO 实现主要有两种：Posix AIO 与 Kernel Native AIO，前者是以用户态实现的，而后者是以内核态实现的，所以 Kernel Native AIO 的性能及前景要好于它的前辈 Posix AIO。比较知名的软件如 Nginx、MySQL、InnoDB 等的高版本都支持 Kernel Native AIO，但基本上都只将文件传输到 Socket 中，即 AIO Files 的特性。Netty 后来也实现了 AIO，但又取消了，这个做法与 Mycat 的尝试过程殊途同归。其原因其实很简单，Linux 下 AIO 的实现充斥着各种 Bug，并且 AIO Socket 还不是真正的异步 I/O 机制，性能的改进并不明显和可靠；而另外一种值得重视的观点是：AIO 是为了未来的高带宽大数据传输而准备的技术，还不适应当前的硬件和软件环境。

1.4 网络传输中的对象序列化问题

仅仅懂了 Socket 编程还不够，因为我们不是简单地写一个发送字符串的 Hello World 程序，需要实现复杂的对象实例传输，因此，如何将一个对象实例编码成为高效的二进制数据报文传输到对端，并且正确地"还原"出来，就是一个专业的技术问题了。

对象序列化技术是 Java 本身的重要底层机制之一，因为 Java 一开始就是面向网络的，远程方法调用（RPC）是必不可少的，需要方便地将一个对象实例通过网络传输到远端。Java 自身的序列化机制有两个大问题。

- 序列化的数据比较大，传输效率低。
- 其他语言无法识别和对接。

在后来相当长的一段时间内，基于 XML 格式编码的对象序列化机制盛行，它解决了多语言兼容的问题，同时比二进制的序列化方式更容易理解和排错，于是基于 XML 的 SOAP 和其上的 Web Service 框架几乎成为各个主流开发语言的必备扩展包，会不会熟练定义和开发 Web Service 接口，一度成为一个"高级技能"。后来，基于 JSON 的简单文本格式编码的 HTTP REST 接口又基本取代了复杂的 Web Service 接口，成为事实上的分布式架构中远程通信的首要选择。

JSON 序列化存在占用空间大、性能低下等缺陷，随着多语言协作开发的互联网应用越来越普及，更多的移动客户端应用需要更高效地传输数据，以提升用户体验。在这种情况下，与语言无关的高效二进制编码协议就成为热点技术之一。

首先，诞生了一个知名开源二进制序列化框架——MessagePack，它的出现比 Google 的 Protocol Buffers 要早，是模仿 JSON 设计的一个高性能二进制的通用序列化框架，它有两大优势：序列化后空间占用最小，而且更快。如下所示是它的序列化机制原理示意图。

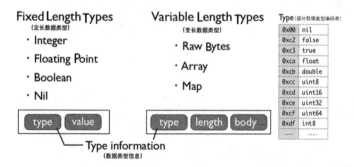

我们看到，在 MessagePack 中，数据类型被分为两大类：定长数据（整数、浮点数、布尔、空值等）与变长数据（字节数组、通用数组、集合类型的数据）。对于定长数据，只要在序列化时标明数据类型与对应的值即可；对于变长数据，则多了一个"长度"属性，用来表明数据的真实长度。下图是其数据类型（Type）的分类详情，我们看到，为了最大可能地节省存储空间，MessagePack 把数值型又细分了很多种，不仅如此，连正数和负数都分开了。

对照上面的数据类型定义，我们就可以理解下图中一个有 27 个字节的 JSON 的 Map 是如何在 MessagePack 里用 18 个字节序列化的。

其次，除了 MessagePack，Google 开源的多语言支持的 Protocol Buffers 编码协议也是这方面的代表作品，其官方实现了 C++、Python、Java 三种语言的 API 接口，其他语言版本也相继由不同的作者实现。据统计，截至 2010 年，采用 Protocol Buffers 定义的报文格式就接近 5 万种，这些报文格式被大量用于 RPC 调用与持久化数据传输和存储系统中。

如果要做到语言中立及多语言支持，就不能用任何一种已有语言的语法来定义协议，只能用一种新的"中立"的第三方语言来描述协议。这种指导思想早在 20 世纪 90 年代的 COBRA 里就体现过了。当时，为了定义各种语言都能使用的 RPC 接口，COBRA 设计了 IDL 接口定义文档及语言相关的编译器，将接口语言编译成相应语言定义的接口，并且配套复杂的多语言支持的数据序列化机制，从而描绘了一个大一统的、从未真正实现的"完美 IT 世界"。Protocol Buffers 同样创建了一个后缀名为 .proto 的描述文件，用来定义一个数据对象的具体结构。下面是一个简单的例子：

```
package lm;
message helloworld
{
    required int32     id = 1;   // ID
    required string    str = 2;  // str
    optional int32     opt = 3;  //optional field
}
```

在这个例子中定义了一个被称为 helloworld 的数据对象，也被称为"消息"，它有 3 个属性：一个 32 位整数的 id、一个字符串类型的 str 变量，是必须赋值的属性；一个可选的 32 位整数变量 opt。在定义好 proto 文件后，就可以将其编译成支持各种语言的接口代码了。如果有兴趣，则建议将其编译成自己熟悉的语言，分析隐藏在其背后的复杂的编码和解码细节，这有助于你加深对 RPC 实现机制的理解，因为高性能 RPC 的关键技术点之一就在于如何设计和实现一个高效的数据序列化机制。这里提示一点，与 MessagePack 类似，Protocol Buffers 为了减少序列化后的存储空间，也使用了一些技巧，比如 Varint 是 Protocol Buffers 中的变长整数类型，用一个或多个字节来表示一个数字，数字的值越小，使用的字节数存储越少，可减少用来表示数字的字节。比如对于 int32 类型的数字，一般需要 4 个字节来表示。但是采用 Varint 后，对于很小的 int32 类型的数字，则可以用 1 个字节来表示。

在 Protocol Buffers 之后，Google 又开源了一个新项目——Google FlatBuffers，在性能、序列化过程中内存占用的大小、第三方依赖库的数量、编译后生成的中间代码数量等方面都做了大幅改进。随后 Cap'n 公司发布声明，称 Google 这个 FlatBuffers 的设计实现很像该公司的 Cap'n Proto，并且给出 Cap'n Proto 和 Protocol Buffers 的性能对比图，来证明 Google FlatBuffers 的确做了很多改变。

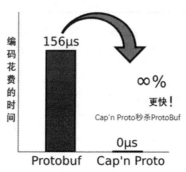

接下来说说 Apache Avro（后简称 Avro），它是一个开源项目，主要使用 Java 实现，支持多语言。它完全针对 Protocol Buffers 而来，是一种新的设计思路，其作者说："这个世界上的每个问题都有几种解决思路"。

Avro 原本是 Hadoop 中的一个子项目，用于实现 RPC 调用，Hadoop 的其他项目中例如 HBase 和 Hive 的 Client 端与服务端的数据传输也采用了这个项目。Avro 与 Protocol Buffers 的最大区别在于，它采用了预先定义的 Schema（模式）来描述对象的序列化结构，从而无须编译。在使用 Avro 时必须先确定 Schema，而 Schema 类似于表结构的定义，正是模式的引入，使得数据具有了自描述的功能，同时能够实现动态加载。另外，与其他数据序列化系统如 Protocol Buffers 相比，在数据之间不存在其他任何标识，有利于提高数据处理效率。

Avro 的模式采用 JSON 来描述，下面的代码定义了一个名为 User 的对象及其属性：

```
{"namespace": "example.avro",
 "type":"record",
 "name":"User",
 "fields": [
     {"name":"name", "type": "string"},
     {"name":"favorite_number", "type": ["int", "null"]},
     {"name":"favorite_color", "type": ["string","null"]}
]}
```

Avro 独有的 Schema 模式的设计，以及无须编译生成中间代码的做法，大大简化和加速了各种格式数据传输的开发联调工作。2014 年，微软也发布了自己对 Avro 通信协议的实现，即.NET 版本的语言实现，截至 2020 年 2 月，Avro 已经有了 C、C++、C#、Java、PHP、Python 与 Ruby 等几个主流编程语言的实现版本。

本节最后讨论一下 RPC 中的数据序列化可能带来的风险问题，这个问题在 Java RMI 中比较明显，因为 Java RMI 采用了 Java 对象序列化机制在网络中传输数据。Java 序列化就是把 Java 对象转换成字节流，以便将其保存在内存、文件、数据库中；反序列化是 Java 序列化对应的逆过程，即将字节流还原成对象本身。这看起来没什么问题，但是如果某个应用可以让用户输入一些数据，并且将这些输入的数据作为某个 Java 对象的属性通过 Java 序列化机制传输到服务器端，则攻击者可以通过构造"恶意输入"，让服务器端对应的反序列化程序产生"非预期的对象"，而这些非预期的对象有可能导致恶意代码的执行，与经典的 SQL 注入这样的安全漏洞在本质上是一样的。

对象序列化的安全漏洞问题并非 Java 所特有的，在 PHP 和 Python 中也有类似的问题。Java 序列化安全问题的根源在于，ObjectInputStream 在反序列化时没有对生成的对象的类型做限制！直到 JDK 9 才增加了一个 filter 机制来解决这个问题，后面才打补丁到 JDK 6、7、8 的特定版本上！反观 ZeroC Ice、Thrift、ProtoBuf 等传统 RPC，它们通过 IDL 生成代码，并在 IDL 中严格控制数据类型，因而是安全的。这又印证了一个道理：代码实现越复杂，Bug 越多！

1.5 HTTP 的前世今生

HTTP 是全球最大规模的分布式系统网络的基础之一，也采用了传统的服务器-客户端的通信设计模式。从 1.0 版本到 1.1 版本再到 2.0 版本，HTTP 始终占据着分布式系统通信领域重要的一席之地。

1.5.1　HTTP 的设计思路

首先，在报文编码方式上，HTTP 采用了面向程序员的文本（ASCII）编码方式而非面向计算机的二进制编码方式。该设计非常关键，这是因为文本编码数据很直观，文本编码协议甚至不用编写额外冗长的接口说明文档就很容易被程序员理解，也非常方便我们准备模拟数据编写单元测试，而当线上系统出现 Bug 时，运维人员也很容易根据客户端记录的文本报文日志来快速定位故障。文本编码协议正因为有这么多优点，所以始终在网络协议中占据着重要的位置，而很多复杂的分布式系统可能会同时采用文本与二进制这两种编码方式的协议。

其次，HTTP 是无状态的请求-应答协议。在笔者看来，无状态的设计是个严重缺乏前瞻性的设计，但考虑到在 HTTP 诞生之初网上没什么资源，也根本不存在可以跟用户交互的网站，因此这个设计思路也是完全可以理解的。最初的 HTTP（0.9 版）只提供了 GET 方法，这是因为其作者认为网上所有的资源（网页）都是静态的，远程用户是不能修改的，浏览器所能做的就是从远程服务器上"获取（GET）"指定网页并以只读方式展示给用户，在用户获取网页之后就立即中断与服务器的连接，从而节省宽带和服务器的宝贵资源。

随着 Internet 的加速发展，特别是图片和音视频等多媒体内容的出现和流行，原先只面向文本资源对象的 HTTP 已不能满足人们的需求，所以 HTTP 做了一个较大的升级（1.0 版本）：首先，增加了 POST 方法，使得客户端可以提交（上传）文件到服务器端；其次，通过引入 Content-Type 这个 Header，支持除文本外的多媒体数据的传输支持。需要注意的是，此时在 HTTP 的报文里是可以出现二进制数据的，比如文件附件，但从整体来看，HTTP 报文仍然是文本协议的报文，只是在报文的尾部可以增加一些二进制编码数据。在增加 POST 方法并且支持文件上传功能之后，在 HTTP 里出现了一个概率 Bug 的设计。原本的问题如下：如果用户通过 POST 方式可以上传多个文件，那么我们应该怎么设计 HTTP 来支持它？"

一个非计算机系的人面对这个问题，可能会这样考虑：既然 HTTP 一开始是没有考虑二进制传输的，那么现在的确存在二进制传输这种新的需求，所以我们应该考虑如何引入新的二进制传输协议来支持此需求，比如文件传输的数据可以用[文件名][长度][文件内容]这样的二进制编码格式定义，就很容易支持多个文件传输。

但对于典型的"IT 直男"来说，上面这种突变的设计与之前的设计格格不入，直接违背了他们遵循的一致性审美原则，同时增加了代码实现的复杂度，这就很难让人接受了。所以，他们把电子邮件协议（SMTP&Pop3）中处理二机制附件的做法照搬了过来。电子邮件协议采用的是文本协议，用一个**随机生成的 boundary 字符串**来区分多个文件（附件）的数据。这个 **boundary** 字符串虽然是随机生成的，也有一定长度，但谁也无法保证它永远不会跟文件内容中的一段字符串重复，这就导致了随机 Bug 的问题。很有意思的是，当初制定电子邮件协议的人们也从程序逻辑思维的角度制定出来一个无限层附件嵌套附件的协议规范。笔者当初开发 Java 版的邮件服务器时，特意模拟过一个 3 层嵌套的电子邮件，结果让 163 等常见的 Web Mail 都挂了，因为其无法识别嵌套的邮件附件。

HTTP 在 1.0 版本中引入了一个重要的设计，即在报文中增加了 Header 属性列表，每个 Header 都是一个 Key/Value 键值对，整个 Header 列表可以被视为一个 Map 的数据结构，用来在客户端（浏览器）与服务器端传递控制类数据。由于 Header 与请求或应答的正文内容相互独立，并且用户可以灵活扩展，增加新的 Header 属性，同时这些 Header 数据会被 HTTP 代理服务器透传到远程服务器中，所以用 HTTP 构建分布式系统具有其他应用层协议没有的独特优势。HTTP 最大的优势可以一句话概括为：**采用了 HTTP 作为通信协议的分布式系统天然具备了无侵入性的基础设施能力全面改进的优势。**

上述优势使得 HTTP 在大规模的分布式系统，特别是目前越来越热的云原生系统中得到应用。随着 HTTP 2.0 的进一步升级和发展，基于 HTTP 2.0 的微服务架构、服务网格风起云涌。所以理解 HTTP，有助于我们深入理解常见的分布式系统架构的设计与原理实现。

1.5.2　HTTP 如何保持状态

我们都知道，HTTP 在设计之初就是无状态的协议，但随着互联网的快速发展，越来越多的软件开始以 Web 网站的方式提供服务，一个 Web 网站同时服务成千上万个互联网用户。此时，编程人员开始面对一个棘手的问题，即如何识别同一个用户的连续多次的请求？比如在典型的网购行为中，客户登录系统，挑选商品，将商品添加购物车，最后下单付款。一个客户网购的整个过程会涉及几十次甚至上百次的网页交互，这就意味着我们必须为无状态的 HTTP 引入某种状态机制,而具体的实现机制就是 HTTP Cookie。

HTTP Cookie 新增了两个扩展性的 HTTP Header,其中一个是 Set-Cookie。

Set-cookie 是服务端专用的 Header,用来告知客户端(浏览器):"刚才的用户通过了身份验证,我现在设置了一个 Cookie,里面记录了他的身份信息及有效期,你**必须**把它的内容保存下来,当该用户继续发送请求给我时,你**自动**在每个请求的 HTTP Header 上添加这个 Cookie 的内容后再发送过来,这样我就可以持续跟踪这个用户的后续请求了,请务必遵守要求,直到 Cooker **有效期**结束才能删除 Cookie,我不想用户反复登录及证明身份。"

下面是一个典型的 Set-Cookie 的完整内容,其中,id 给出了用户的标识,Expires 部分则指出了该 Cookie 的有效期,有效期越长,用户越方便,但风险越大:

```
Set-Cookie: id=a3fWa; Expires=Wed, 21 Oct 2015 07:28:00 GMT;
```

Java 开发人员最熟悉的是下面这种 Set-Cookie 例子:

```
Set-Cookie: jsessionid=5AC6268DD8D4D5D1FDF5D41E9F2FD960; Expires=Wed, 21 Oct 2015 07:28:00 GMT; Secure; HttpOnly
```

注意,jsessionid 是 Tomcat 服务器用来标识用户的,而其他 JEE Server 各有各的名称,在 PHP 中则通常使用 phpsessionid。

浏览器在收到服务器的响应时,会检查在响应报文中的 Header 里是否有 Set-Cookie 指令,如果有,就会遵守规范,从中抽出相关的 Cookie 信息,并且在该用户随后的 HTTP 请求的 Header 中自动加入新的 Cookie Header,再发送给服务器端。下面是一个对应的例子:

```
Cookie: jsessionid=5AC6268DD8D4D5D1FDF5D41E9F2FD960
```

服务器在收到上述请求后,就会检查 Cookie 里的数据,抽取用户 ID 并对应到服务器端的用户会话(Session)对象。通常在 Session 中会保存更多的用户数据,比如用户的昵称、角色、权限及更多的特定数据。与在 Cookie 中保存的数据相比,在 Session 中保存的内容通常是一些复杂的对象和结构体。因此,Cookie 与 Session 的关系再清楚不过了:一个用来在浏览器端保存用户状态数据,一个则用来在服务器端保存用户会话数据,两者相辅相成,实现了有状态的 HTTP。

对于 Cookie,我们需要注意以下事实。

- Set-Cookie 可以多次使用,并且可以放置更多的 Key-Value 数据,其中的每一个 Key-Value 数据项都是一个独立的 Cookie,服务器通常会传送多个不同的 Cookie 到浏览器端，每个 Cookie 都对应特定的业务目标。

- Cookie 的值虽然都是字符串，但可以很长，具体多长呢？RFC 规范没有给出具体的值，但一些测试表明，绝大多数浏览器都支持 4096 个字节长度的 Cookie 的内容。

- Cookies 的内容是需要被保存在浏览器中的，通常浏览器会用本地文件保存这些 Cookie 的内容。同时，服务器端需要提供 Session 对象，因此用户的状态是由浏览器与服务器双方配合实现的，任何一方的缺失都会导致用户状态信息的缺失。

- 在 Cookies 中不要存储用户的敏感（机密）信息，特别注意不要存储用户的明文密码，但可以考虑存储某种安全加密的信息，并且定期自动更新，避免被盗用和破解。

一个有趣的问题：在开发电商（类似的）系统时，我们是否可以把用户的购物车列表数据放入 Cookie 中呢？会带来哪些意想不到的好处？又面临哪些新问题？欢迎探讨。

1.5.3　Session 的秘密

对于很多 Web 开发人员甚至架构师来说，服务器端的 Session 很神秘：只知道应用服务器会给每个用户都创建一个 Session 会话来保持其状态，可以放置任意对象到 Session 中，也可以查找这些对象来实现业务逻辑判断并渲染用户页面，但往往不太清楚其具体工作原理和工作机制。

1. Session 究竟是什么

Cookie 是由 RFC6265 标准规范规定的一个概念，有对应的呈现标准和呈现方式，总体来说，我们可以将 Cookie 理解为 HTTP 的一部分，因此所有人都可以准确理解、表达并且进行标准化实现。与 Cookie 不同，Session 属于 Web 应用开发中一个抽象的概念，它对应 Cookie，用来在应用服务器端表示和保存用户的信息。但是，Session 并没有标准化的定义及实现方式，因此在不同的 Web 编程语言里都有不同的理解和实现方式，即使在同一种 Web 编程语言中，不同的应用服务器的实现方式也有所不同。这就导致了一个显而易见的事实：不同厂家的应用服务器不通过某种第三方手段是无法做到"单点登录"的，虽然单点登录存在 Session、鉴权和相互信任的复杂问题。

2. Session 是在什么时候被创建的

从前一节 Cookie 的分析中我们知道,Set-Cookie 指令是服务器第一次验证用户身份后回应给浏览器的,此时服务器已经生成用户的身份信息(如 jsessionid),因此我们可以确定一个事实:该用户对应的 Session 会话此时也生成了,并且由我们的 Web Server 控制整个生命周期。

3. Session 中的数据被存储在哪里

Session 中的数据通常被存储在应用服务器的内存中,准确理解这一点对于我们编程和设计架构来说很关键!哪些用户数据适合被放在 Session 中?能放多少数据?什么时候清理这些数据?对于这些问题的答案,需要综合考虑业务层面的要求、性能及内存占用等几个关键因素。

这里主要分析 Session 中数据占用服务器内存对系统所造成的影响,因为我们在具体实践中经常忽略了这个问题,导致 Session 被滥用。在用户量突然增加以后,很多系统都无法支撑高并发,会出现内存溢出的严重问题,而且这个问题很难从根本上解决,只能在前期加以规范和引导并在开发阶段予以杜绝。

以电商系统的购物车为例,如果我们把用户购物车对象放入 Session 中,则以 Java 为例,定义如下数据结构(对象):

```java
public class ShopCartItem {
private long id;
private String title;
private long picId;
private double price;
    private short count;
}
```

以 ShopCartItem 的 title 为 10 个中文字符为例,则上述 **Java 对象占据的实际内存将超过 2000 个字节**,而不是几十个字节!一个用户的购物车里平均有 5 件商品,则每个用户的购物车对象占用的内存超过 1 万个字节,如果我们有 10 万个用户,则仅这些用户的购物车对象占用的内存将达到 1GB 左右!考虑到这还是个很简单的 Java 对象,当我们把某些翻页查询的结果集都随意放入 Session 中时,后果会有多严重?这也是为什么目前 Go 这种非面向对象的编程语言会在 Web 服务器领域发力并且对 Java 造成一定的冲击。

从上面的分析结果来看,面对大规模的用户访问,我们能做的有以下几方面。

- 尽可能少放"大尺寸"的数据在用户 Session 中,并且尽可能及早清除无效数据,释放

Session 占用的内存。

- 考虑到把更多的 Session 数据转移到浏览器端的 Cookie 中,所以通过"甩锅"方式减少服务器端的压力。

- 前端积极采用 HTML5 技术,Cookie 不适合用于大量数据的存储,并且 Cookie 每次都会被增加到 HTTP 的请求头中并传输到服务器端,这也增加了网络流量的压力,因此 HTML5 提供了在用户端的浏览器中存储数据的新方法:localStorage 与 sessionStorage,后者就是专门解决服务器端 Session 存储难题的"利器"。

- 考虑到引入分布式存储机制,所以可以采用集群方式来应对单一服务器的 Session 存储瓶颈。

1.5.4 再谈 Token

通过前面的学习,我们知道用户会话中的用户身份标识(如 SessionID)信息被存放在 Cookie 中并保留在用户端的浏览器上。实际上,Cookie 的内容是被存放在磁盘中的,其他人是有可能直接访问到 Cookie 文件的;另外,Cookie 中的信息是明文保存的,意味着攻击者可以通过猜测并伪造 Cookie 数据破解系统。避免这种漏洞的直接防护手段就是用数字证书对敏感数据进行加密签名,在加密签名后这串字符串就是我们所说的 Token,这样攻击者就无法伪造 Token 了,因此 Token 在本质上是 Session(SessionID)的改进版。与 Session 将用户状态保留在服务器端的常规做法不同,Token 机制则把用户状态信息保存在 Token 字符串里,服务器端不再维护客户状态,服务器端就可以做到无状态,集群也更容易扩展。那么,Token 数据是被放在哪里的呢?标准的做法是将其放在专用的 HTTP Header "X-Auth-Token"中保存并传输,但客户端在拿到 Token 以后可以将其在本地保存,比如在 App 程序中,Token 信息可以被保存在手机中,而 Web 应用中,Token 也可以被保存到 H5 的 localstorage 中。需要注意,Token 与 Cookie 是完全无关的!总结下来,Token 有以下特点。

- 在 Token 中包含足够多的用户信息,JWT 能轻松实现单点登录,因为用户的状态已经被传送到了客户端。

- 不存在 Cookie 跨域的限制问题,也不存在 Cookie 相关的一些攻击漏洞,例如 CSRF。

- 因为有签名，所以 JWT 可以防止被篡改。
- 适用于 API 的安全机制，适用于移动客户端与 PC 客户端的开发，此时 Cookie 是不被支持的；Token 方案则简单有效，可以用一套 Token 认证代码来应对浏览器类客户端和非浏览器类客户端。
- Token 已经标准化，有成熟的标准化规范——JSON Web Token（JWT），多种主流语言也都提供了支持（如.NET、Ruby、Java、Python、PHP）。

目前被广泛使用的 JWT 规范是一个轻量级的规范，每个完整的 JWT 对象实际上都是一个字符串，它由三部分组成：头部（Header）、载荷（Payload）与签名（Signature），其中 Header 声明了该 JWT 所用的签名算法是哪种：对称加密算法（HMAC SHA256，简称 HS256）还是非对称加密算法（RSA）。需要注意的是，虽然 JWT 支持对称加密算法来做签名，但正常情况下，我们都应该使用非对称加密算法即私钥来签名，并且我们要妥善保管私钥，谨防泄密，客户端用公钥证书去验证签名。Payload 部分是我们重点关注的内容，我们可以将 Payload 理解为一个 Map 字典，里面的 exp 字段表明 JWT 的失效时间，是确保安全的重要字段。此外，我们可以在 Payload 里增加自定义的私有字段，用来保存更多的用户特定信息，特别注意的是，Payload 是明文传输的，所以我们不能把私密信息放入 Payload 里，比如用户密码。Signature 部分则是将 Header 与 Payload 的内容加在一起，用在 Header 里声明的签名算法进行签名而得到的一个字符串，即完整的 JWT 字符串组成为：Header（明文）.Payload（明文）.Signature（签名/密文）。

任何一方在收到这个 JWT 字符串的 Token 后，都可以通过解析得到 Header 与 Payload 的完整内容。为了证实这两段信息是否是某个组织所发出的真实信息，我们可以用该组织的公钥证书对签名信息进行验证。JWT 标准是不加密的，但我们可以再加密，即在生成原始 JWT Token 后再把这个字符串当作普通字符串加密，但这种做法的意义不大，因为加密解密会涉及大量 CPU 计算，增加系统的负载。此外，我们需要注意，JWT 一旦签发，在有效期内将会一直有效，有效期的长短也会影响安全的级别。因此，可考虑不同安全等级要求的 API 接口给予不同时效的 Token，对于某些重要的 API 接口，用户在使用时应该每次都进行身份验证。为了减少盗用和窃取，JWT 不建议使用 HTTP 来传输代码，而是使用加密的 HTTPS 传输代码。

如何采用 JWT Token 机制代替普通的 Session 机制呢？答案很简单，就是在用户访问时拦截请求，检查 HTTP Header 中的 Token 是否有效，如果无效则重定向到登录界面，在登录成功后，服务端生成 JWT Token 并将其放入 Header 中返还客户端，客户端保存 JWT Token 并在随后的请求里带上 Header 发起访问即可，如下图所示。注意，如果 Token 接近失效时间，则需要重新访问服务端获取新的 Token。

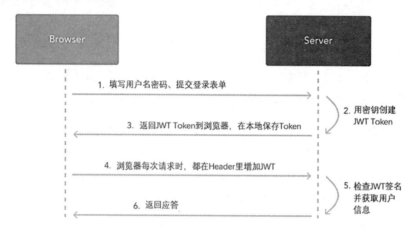

（JWT）Token 也多用于服务网关的鉴权架构中，如下图所示。

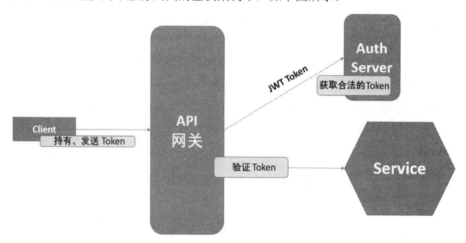

Client 在访问系统的内部 Service 时，通过 API 网关来完成统一的服务鉴权功能。首先，Client 通过 Auth Server 获取合法的 Token；然后，持有此 Token，在后面发起服务调用请求时都带上此 Token；在 API 网关拦截到请求时，先验证 Token 的有效性，再转发请求到具体的 Service。

如果想要更深入地了解 JWT 相关的技术与应用，则建议继续学习 OAuth 2.0 与 OpenID 的相关技术。

1.5.5 分布式 Session

最早的成熟的分布式Session技术被应用于J2EE领域,主要采用Session复制的技术(Session Replication)将用户会话的数据复制到J2EE集群的其他机器上。考虑到复制的代价和内存占用成本,一个用户的Session通常只会被复制到集群中的一台服务器上,即主从复制模式。这种方式类似于 MySQL 的主从复制技术,当集群中的机器数量多于 2 台时,必须要求前置的负载均衡器(软件或硬件)支持会话亲和性(Session Affinity),可以准确地把不同用户的请求转到对应的两台服务器上。应用 Session 复制技术的典型代表之一是 Weblogic Server,但是 Session 复制的技术从总体来看相对复杂,而且集群的整体性能下降很明显,因此在 J2EE 领域之外很少被使用。

另外一种应用更广泛的分布式 Session 技术就是把 Session 数据彻底从应用服务器中"剥离",单独集中存储在外部的内存中间件(如 Redis、Memcache、JBossCache)中,这样做的好处是整体架构更加清晰,也更加灵活,集群的数量可以轻松达到几十台甚至上百台的规模。同时,整个系统的运维变得更有条理性,故障排查和故障恢复也更为容易。采用这种分布式 Session 的系统,其整体规模、性能、特性主要取决于不同的后端存储中间件的能力。目前应用非常广泛的后端存储为 Redis,并通过 Redis 集群来获取更大规模的用户量支持能力。

如下图所示是一个典型的基于 Spring Boot 的分布式 Session 集群架构案例。

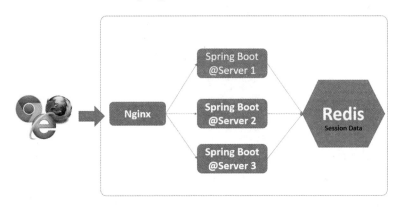

1.5.6　HTTP 与 Service Mesh

Service Mesh 可以说是当前最热门的一个架构了，自带云原生的光环，一经问世就立刻吸引了 Google 与 IBM 这两个软件巨头，他们联合发起了相关的重量级开源项目——Istio。不过，在 Service Mesh 的各种实现类产品中一致选择了 HTTP 作为服务之间的基础通信协议，而不是其他二进制通信协议。并且，Service Mesh 的核心功能或特性几乎全部依赖 HTTP 的特性才得以实现。为什么呢？笔者的答案是：围绕 HTTP 建立一个所有编程语言都适用的、高度统一并且足够灵活的微服务架构，是非常容易成功的选择。

所以，Service Mesh 从一开始就是围绕 HTTP 而"精准"构建的新框架！

如下所示是一张简化版的 Service Mesh 架构图，在该图中特意将 SideCar（边车）画成 U 型，这是为了方便表示 Sidecar 其实"包围但又不是完全包裹"它对应的 Service 实例的这一关键特性。即在进程角度，Sidecar 是完全独立的进程（可以是一个或多个），与对应的 Service 实例不产生任何进程和代码级别的纠缠，非常像一个独立进程的代理。

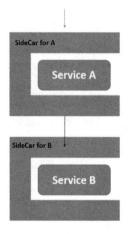

考虑到我们的 Service 其实是一个 HTTP 服务器进程（微服务），我们可以理解把 SideCar 理解为一个特殊定制的 Nginx 代理。另外一个细节需要注意：进入任意一个 Service 实例的请求都要从 SideCar 代理后才能抵达 Service 实例本身，在这个过程中，SideCar 可以做任何 HTTP 能做的事情，比如黑白名单的检查、服务限速及服务路由等功能，这些恰恰就是 Service Mesh 的核心特性之一。而借助于 HTTP 的特性，整个过程无须修改业务代码本身，只需要配置一些规则（类似于 Nginx 的配置）即可生效。

下面以 Service Mesh 的核心功能之一——服务路由为例来简单说明其中的实现原理。在如下所示的示例中，Service B 有两个实例。Service B 的虚拟地址为 http://serviceb:8080，两个实例的地址分别为 http://192.168.18.1:8080 及 http://192.168.18.2:8080，当 Service A 调用 Service B 时会有路由选择问题。

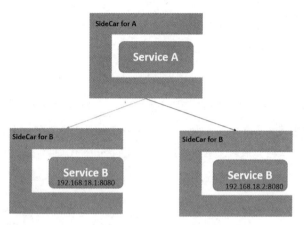

此时，Service A 上的 SideCar 会配置类似于如下路由规则（示例）：

```
Route
  To :http://serviceb:8080
  Endpoints:
    http://192.168.18.1:8080
    http://192.168.18.2:8080
```

然后，当 Service A 发出对 Service B 的服务调用（HTTP 请求 http://serviceb:8080）时，Service A 的 SideCar 代理进程先通过 iptables 规则"劫持"这一请求，在对照自己的路由配置规则后发现有两个地址，于是按照默认的轮询机制选择一个目的地址转发出去。比如到达了 192.168.18.2 这台机器，此时 Service B 对应的 SideCar 进程也采用同样方式"劫持"进来的请求流量，在经过一定的处理逻辑后，再转给 Service B 进程处理。这就实现了基本的负载均衡功能。在这个过程中，已有的用户业务进程如 Service A、Service B 等都无须有任何代码改造，这一切都通过基本的 HTTP 代理机制即可完成。其他诸如金丝雀流量控制，比如有 10%的流量到某个服务的升级版本，有 90%的流量到老版本，以及基于不同的终端用户（或者 HTTP URL&Param）来实现更细粒度的路由控制，这对 HTTP 的代理来说简直是小菜一碟。

我们知道，大规模的分布式系统都存在一个很难解决的问题，即一旦在运行中出现性能问题或者故障，则很难快速诊断和发现问题的成因。因为在微服务架构下，一个调用链从终端到达最终的服务端，中间可能跨越十几个远程调用，这意味着我们需要把分布在这十几台机器上的独立请求都"精确串联"起来，才能知道问题出在哪个环节。解决这个问题的思路有以下两种。

- 第 1 种思路，在编程时在调用发起的地方手工生成唯一的 TraceID，确保这个 TraceID 被正确传递到后端的所有调用；准确记录每段调用的耗时、是否异常等必要诊断信息，并在日志中打印出来；最后通过日志分析和汇总每条链路的信息。
- 第 2 种思路，采用面向 AOP 编程的思路，由框架来实现第 1 种思路的所有编程。

毫无疑问，第 2 种思路是最好的，但这里面临一个棘手的问题：如何在不侵入业务代码的情况下完整地将每个 TraceID 都传输到后面的调用过程中？答案是用 HTTP 的自定义 Header 来实现统一注入 TraceID 和其他相关参数，并通过 SideCar 的代理拦截能力去实现所需的细节和数据收集工作。

可以说，Service Mesh 之前的任何一种通用的分布式架构都没能完美解决安全问题，除了 ZeroC Ice。很巧的是，二者实现安全机制的做法异曲同工，都是通过自动包裹（代理）SSL 安全连接来实现远程调用的安全加密能力。其中，ZeroC Ice 采用的是 SSL+TCP；Istio 等主流 Service Mesh 的实现则采用了 HTTPS+HTTP 来实现自动加密功能，这些只需简单配置文件和 CA 证书即可实现。

1.6 分布式系统的基石：TCP/IP

TCP/IP（Transmission Control Protocol/Internet Protocol，传输控制协议/互联网络协议）是 Internet 的基本协议，简单地说，由底层的 IP 和 TCP 组成。TCP/IP 的开发工作始于 20 世纪 70 年代，该协议是用于互联网的第一套协议。TCP/IP 结合 DNS、路由协议等一系列相关协议，最终实现了网络之间任意两点间的数据通信问题。我们来看看在访问百度首页时，数据包是如何从计算机传送到百度的服务器上的。

在命令行中运行 ipconfig/all，查看到当前计算机配置的 TCP/IP 参数，可以看到默认网关和 DNS 服务器的信息，如下所示。

```
以太网适配器 本地连接:

   连接特定的 DNS 后缀 . . . . . . . : asiapacific.hpqcorp.net
   描述. . . . . . . . . . . . . . : Intel(R) Ethernet Connection I217-LM
   物理地址. . . . . . . . . . . . : F8-A9-63-8F-75-54
   DHCP 已启用 . . . . . . . . . . : 是
   自动配置已启用. . . . . . . . . : 是
   本地链接 IPv6 地址. . . . . . . : fe80::15f:101a:fbe3:cce2%12(首选)
   IPv4 地址 . . . . . . . . . . . : 16.156.210.172(首选)
   子网掩码  . . . . . . . . . . . : 255.255.252.0
   获得租约的时间  . . . . . . . . : 2014年8月10日 9:46:27
   租约过期的时间  . . . . . . . . : 2014年8月25日 9:46:27
   默认网关. . . . . . . . . . . . : 16.156.208.1
   DHCP 服务器 . . . . . . . . . . : 16.238.57.250
   DHCPv6 IAID . . . . . . . . . . : 418949475
   DHCPv6 客户端 DUID. . . . . . . : 00-01-00-01-1B-27-2A-84-C4-D9-87-AD-4D-AF
   DNS 服务器  . . . . . . . . . . : 16.110.135.52
                                     16.110.135.51
   TCPIP 上的 NetBIOS  . . . . . . : 已启用
```

在浏览器中输入 http://baidu.com，浏览器会发现 URL 的主机部分有一个域名（domain name），就查找我们的本机配置的 DNS 服务器 16.110.135.52，用 UDP 向 DNS 服务器发送 DNS 查询命令，DNS 服务器在获取查询命令后从数据库中查询该域名所对应的主机的 IP 地址。我们可以通过在命令行中运行 nslookup 来完成同样的查询结果。下图解释了目前依然被广泛使用的基于 DNS 的负载均衡机制的原理。

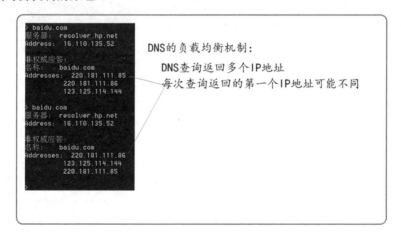

当浏览器获知 220.181.111.85 是 baidu.com 的 IP 地址时，就向这个地址的 80 端口发起 TCP 连接，由于 220.181.111.85 这个地址不是计算机所在的局域网，而是广域网的一个地址，所以此时，另外一个重要概念"路由"产生了。互联网是多个相互隔离的小网络无限延伸而组成的一个大网，路由器负责将多个网络连接，并相互交换路由表信息来确定一个 IP 报文要经过哪个路由器的端口发出到另外一个互联的子网。为了防止一个数据包在转发过程中形成死循环，IP 包中的 TTL 的字段每经过路由器转发一次就会减一，当 TTL 为零时被丢弃，认为网络不可达，

一般默认最大跳数为 30。在通常情况下，只有网络管理员和路由器知道一个报文应该被转发给哪一个互联的下一个路由器，但在网络产生问题以后，我们需要追踪是哪里出了问题，此时，tracert 就成了排查此问题的重要工具。

tracert 利用 ICMP 来确定一个 IP 报文到达目标地址所经过的路由器节点，程序发出的前 3 个数据包的 TTL 值是 1，之后 3 个是 2，依此类推，便得到一连串数据包路径，路径上的每一个 IP 地址都是一个路由器的 IP。

```
通过最多 30 个跃点跟踪
到 baidu.com [123.125.114.144] 的路由:

  1    3 ms    2 ms    2 ms  16.156.208.1
  2    1 ms   <1 毫秒  <1 毫秒 16.161.223.113
  3   20 ms   19 ms   19 ms  wsi01gwn21-cw-hp.asiapac.hp.net [15.148.130.42]
  4    *      54 ms   54 ms  hpm01gwb21-cw-hp.asiapac.hp.net [15.148.129.122]
  5   55 ms   55 ms   54 ms  hpm01gwb21-hp-cw.asiapac.hp.net [15.148.129.121]
  6   54 ms   54 ms   54 ms  16.160.15.45
  7    *       *       *     请求超时。
  8    *       *       *     请求超时。
  9    *       *       *     请求超时。
 10    *       *       *     请求超时。
 11    *       *       *     请求超时。
 12    *       *       *     请求超时。
 13    *       *       *     请求超时。
 14    *       *       *     请求超时。
 15    *       *       *     请求超时。
 16    *       *       *     请求超时。
```

从上图来看，数据包首先被发往网关（本机发现百度的 IP 地址不是本机所在局域网的网络，就将报文发给网关处理），网关之后继续进行转发。但不幸的是遍布网络的很多防火墙、路由器等设备屏蔽了 ICMP 报文，于是我们看到 7 以后的跳数都是未知的。另外，被广泛使用的 Ping 命令也是采用 ICMP 来实现的，因此，Ping 不通主机不代表主机不是存活的，但大多数时候，两者还是等价的，特别是在企业内部的网络中。

通过上面的解释，我们初步明白了 IP 报文的路由问题，接下来著名的 Socket 出场了。Socket 是一个 IP 地址与端口的组合，代表计算机上的一个远程通信接口，本地的一个 Socket 与远程的一个 Socket 建立连接的过程，就是著名的 3 次握手过程，一旦连接建立，数据流就可以穿越网络并进行双向通信了。以上面的例子来说，百度的 Web 服务器有一个进程绑定在 80 端口的 Socket 上，用来接收我们发起的 HTTP 请求并将请求的响应转换为 HTML 文本流返回给浏览器，浏览器则通过解析 HTML 标签，完成可视化的页面展现，最终我们看到百度搜索的主页。但实际上，这个过程还是极为复杂的。

1.7 从 CDN 到 SD-WAN

1.7.1 互联互不通的运营商网络

说到我们的互联网,不能不提的是另一词——"互联互不通"。2008 年 5 月,我国电信业开始了第三次大规模重组,重组后,三家基础电信运营企业拿到了全业务运营的牌照,中国移动正式进军互联网领域,互联网产业的格局自此发生重大变革。经过此次重组,中国互联网骨干网互联单位由 10 家变成了 7 家,分别包括 3 家经营性互联单位——中国电信、中国联通和中国移动,4 家非经营性互联单位——教育网、经贸网、长城网和科技网,原中国卫通的互联网资源并入中国电信,原中国网通的互联网资源并入中国联通,原中国铁通的互联网资源并入中国移动,形成目前电信与联通两家独大的局势。

我国互联网骨干网间互联存在交换中心互联和直联链路互联两种方式,无论是骨干直联还是通过交换中心互联,各互联单位之间都只实现了双边互联,不向对方提供骨干网的穿越服务。全国共设有北京、上海、广州三个国家级交换中心,以及重庆、武汉两个实验性区域级交换中心,网间直联点建立在北京、上海、广州三个城市,不合理的互联结构导致的极端现象是黑龙江电信用户访问黑龙江联通用户要绕至上海、北京!而由于目前互联网用户资费普遍采用简单的包月制,对网间带宽的需求猛增,而互联网运营企业收入并未增加,因而运营企业没有扩容的积极性,导致网间通信质量急剧下降,这种互联网现象说明了一个道理:网站并不是越多越好。

1.7.2 双线机房的出现

互联互不通的问题,导致了大家熟知的"双线机房"这个名词的诞生。双线机房实际上是一个机房有电信、网通两条线路接入,通过双线机房内部的路由器设置及 BGP 自动路由分析,使电信用户快速访问电信线路,并使网通用户快速访问网通线路。常见的双线机房只能解决网通和电信互相访问慢的问题,其他 ISP(譬如移动网、教育网、科技网)互通的问题还是没有得到解决,因此后来诞生了 CDN(Content Delivery Network,内容分发网络)。

1.7.3 CDN 的作用

CDN 是一种基于 C/S 结构的分布式媒体服务技术平台，其节点遍布各 ISP，CDN 将网站的内容发布到最接近用户的网络"边缘"，访问者就近获取数据，从而保证了网站到任意 ISP 的访问速度。另外，CDN 因为其流量分流到各节点，天然获得了抵抗网络攻击的能力。由于 CDN 缓存服务器通常靠近用户端，所以能获得近似局域网的响应速度，并有效减少广域带宽的消耗，不仅能提高响应速度、节约带宽，对于加速 Web 服务器、有效减轻服务器的负载是非常有效的。

在运营商方面，2000 年年初，中国电信建设了自己的 CDN 网络；2004 年，中国电信组建了自己的 CDN 流媒体分发网络。随后，中国电信在推广 IPTV 业务时，为了使用户获得良好的视频业务体验，又建设了部分 CDN 节点。目前，中国电信的 CDN 网络一方面为电信内部业务提供加速服务，另一方面为中国电信的互联星空，以及宽带和 IPTV 业务提供良好的资源和服务保障。

早在 2005 年，亚马逊推出的"CloudFront"的 CDN 服务便为中小型客户带来了前所未有的便捷和实用，该服务将 IDC、CDN 和云计算融合，为全球的互联网企业起到了示范作用。而在国内企业市场，CDN 网络受到大型互联网网站的青睐，新浪、搜狐、腾讯等大型门户网站及淘宝都采用了第三方的 CDN 加速服务。目前，蓝汛、网宿是国内领先的 CDN 服务提供商，建设了遍布全国的 CDN 网络节点。

随着云计算技术的发展，CDN 又有了新的发展方向：虚拟化技术的采用，使得 CDN 系统可以根据用户的需要快速调整服务器的设备数量和处理能力，可以提升资源配置能力和优化部署方法；将云存储引用到 CDN 的边缘节点和中心节点，利用云计算的虚拟化，实现文件动态分布存储，这需要边缘域与中心域的全部服务器资源的设备相互配合，从而根据文件访问的频率和用户需求自动调整存储，而高清视频存储的成功应用表明了云存储适合大文件的读取密集型访问的特点完全符合 CDN 的应用需求；采用了云计算技术的 CDN 系统还具备智能化的日志处理能力，可以综合运用统计分析、数据挖掘及时跟进用户的需求，有针对性地进行资源调配；如果在 CDN 系统的边缘节点部署分布式的云系统架构，则能够对采集的海量非结构化数据进行并行处理，从而使整个系统具备强大的大数据处理能力和更优化的扩展性。

1.7.4　SD-WAN 技术的诞生

CDN 在本质上是把一个公司的网络"延伸"到分布在全球主要用户群所在的接入网络上，从而使得公司的互联网产品所产生的信息数据可以以最快的速度抵达终端用户。这在某种意义上可被视为打造了一个企业专用的广域网（WAN），而加速内容分发业务可被视为这个专用广域网承载的一项主要业务，于是就有了 SD-WAN 技术的诞生。SD-WAN 即软件定义广域网络，是将 SDN 背后的技术应用到广域网场景中所形成的一种服务，厂商利用 SDN 架构叠加多种现有技术手段对传统的 WAN 进行优化升级，之后和拥有链路资源的公司合作，推出了各自的 SD-WAN 服务，以抢占未来互联网加速服务的远大前景。

SD-WAN 和 CDN 都有助于加快应用程序的交付速度，它们在帮助企业充分利用其在线资源方面都发挥着至关重要的作用。SD-WAN 的最终目的是用各种廉价链路代替昂贵的私有专线，综合利用多条共有或私有链路，让普通链路能够达到专线的网络质量，从而降低流量成本，提高带宽。一个典型的 SD-WAN 客户可能拥有一个数据中心，其用户遍布中国、美国、欧洲和中东。当扩展带宽时，他们会引入 SD-WAN。企业可以在几天内部署 SD-WAN 以实现全球连接，同时基于私有网络的 SD-WAN 在专用的安全 WAN 骨干网上优化和路由流量，无论最终用户位于全球何处，这都能为他们带来更快、更一致的应用程序响应时间。

第 2 章
分布式系统的经典理论

　　分布式系统从诞生到现在已经有几十个年头了，其中伴随着一些很重要的基础理论，正是这些影响深远的基础理论，奠定了分布式系统的坚实基础，造就了分布式领域的一座座宏伟大厦。为了练就一身武功，让我们从这些经典的分布式理论开始学起吧。

2.1　从分布式系统的设计理念说起

　　分布式系统的首要目标是提升系统的整体性能和吞吐量。如果最终设计出来的分布式系统占用了 10 台机器才勉强达到单机系统的两倍性能，那么这个分布式系统还有存在的价值吗？另外，即使采用了分布式架构，也仍然需要尽力提升单机上的程序性能，使得整体性能达到最高。所以，我们仍然需要掌握高性能单机程序的设计和编程技巧，例如多线程并发编程、多进程高性能 IPC 通信、高性能的网络框架等。

　　另外，任何分布式系统都存在让人无法回避的风险和严重问题，即系统发生故障的概率大大增加：小到一台服务器的硬盘发生故障或宕机、一根网线坏掉，大到一台交换机甚至几十台服务器一起停机。分布式系统下故障概率的增加，除了受到网络通信天生的不可靠性及物理上分布部署的影响，还受到 X86 服务器品质等的影响。

　　所以，分布式系统设计的两大关键目标是性能与容错性，而这两个目标的实现恰恰是很棘手的，而且相互羁绊！举个例子，我们要设计一个分布式存储系统，出于对性能的考虑，在写文件时要先写一个副本到某台机器上并立即返回，然后异步发起多副本的复制过程，这种设计的性能最好，但存在"容错性"的风险，即在文件写完后，目标机器立即发生故障，导致文件丢失！如果同时写多个副本，在每个副本都成功以后再返回，则又导致"性能"下降，因为该过程取决于最慢的那台机器的性能。

由于性能指标是绝对的，而容错性指标是相对的，而且实际上对于不同的数据与业务，我们要求的容错性可以存在很大的差异，比如允许意外丢失一些日志类的数据；允许一些信息类的数据暂时不一致但最终达到一致；对交易类的数据要求有很高的可靠性。所以我们会发现，很多分布式系统的设计都提供了多种容错性策略，以适应不同的业务场景，我们在学习和设计分布式系统的过程中也需要注意这一特性。

下面继续谈谈分布式系统设计中的两大思路：中心化和去中心化。

在分布式架构设计里，中心化始终是一个主流设计。中心化的设计思想很简单，分布式集群中的节点器按照角色分工，大体上分为两种角色：Leader 和 Worker。Leader 通常负责分发任务并监督 Worker，让 Worker 一直在执行任务；如果 Leader 发现某个 Worker 因意外状况不能正常执行任务，则将该 Worker 从 Worker 队列去除，并将其任务分给其他 Worker。基于容器技术的微服务架构 Kubernetes 就恰好采用了这一设计思路。

在分布式中心化的设计思路中，还有一种设计思路与编程中敏捷开发的思路类似，即充分相信每个 Worker，Leader 只负责任务的生成而不再指派任务，由每个 Worker 自发领任务，从而避免让个别 Worker 执行的任务过多，并鼓励能者多劳。

中心化设计存在的最大问题是 Leader 的安全问题，如果 Leader 出了问题，则整个集群崩溃。但我们难以同时安排两个 Leader 以避免单点问题。为了解决这个问题，大多数中心化系统都采用了主备两个 Leader 的设计方案，可以是热备或者冷备，也可以是自动切换或者手动切换，而且越来越多的新系统都具备了自动选举切换 Leader 的能力，以提升系统的可用性。中心化设计还存在另外一个潜在的问题，即 Leader 的能力问题，如果系统设计和实现得不好，问题就会卡在 Leader 身上。

下面一起探讨去中心化设计。

在去中心化设计里通常不区分 Leader 和 Worker 这两种角色。全球互联网就是一个典型的去中心化的分布式系统,联网的任意节点设备宕机,都只会影响很小范围的功能。去中心化设计的核心是在整个分布式系统中不存在一个区别于其他节点的 Leader,因此不存在单点故障问题,但由于不存在 Leader,所以每个节点都需要与其他(所有)节点对话才能获取必要的集群信息,而分布式系统通信的不可靠性大大增加了上述功能的实现难度。

去中心化设计中最难解决的一个问题是"脑裂"问题,这种情况的发生概率很低,但影响很大。脑裂指一个集群由于网络的故障,被分为至少两个彼此无法通信的单独集群,此时如果两个集群各自工作,则可能会产生严重的数据冲突和错误。一般的设计思路是,当集群判断发生了脑裂问题时,规模较小的集群就"自杀"或者拒绝服务。

实际上,完全意义的真正去中心化的分布式系统并不多见。相反,在外部看来去中心化但工作机制采用了中心化设计思想的分布式系统不断出现。在这种架构下,集群中的 Leader 是被动态选择出来的,而不是人为预先指定的,而且在集群发生故障的情况下,集群的成员会自发地举行"会议"选举新的 Leader 主持工作。最典型的案例就是 ZooKeeper 及用 Go 实现的 Etcd。

2.2 分布式系统的一致性原理

对于分布式系统,我们必须要深刻理解和牢记一点:分布式系统的不可靠性。

可靠性指系统可以无故障地持续运行,如果一个系统在运行中意外宕机或者无法正常使用,它就是一个不可靠的系统,即使宕机和无法使用的时间很短。我们知道,分布式系统通常是由独立的服务器通过网络松散耦合组成的,网络在本质上是一个复杂的 I/O 系统,在通常情况下,I/O 发生故障的概率和不可靠性要远远高于主机的 CPU 和内存,加之网络设备的引入,也增加了系统发生大面积"瘫痪"的可能性。总之,分布式系统中重要的理论和设计都是建立在分布式系统不可靠这一基础上的,因为系统不可靠,所以我们需要增加一些额外的复杂设计和功能,来确保由于分布式系统的不可靠导致系统不可用性的概率降到最低。可用性是一个计算指标,如果系统在每小时崩溃 1ms,它的可用性就超过 99.999 9%;如果一个系统从来不崩溃,但是每年要停机两周,那么它是高度可靠的,但是可用性只有 96%。

在理解了分布式系统的可靠性原理后,接下来我们开始接触分布式系统中影响深远的一个重要原理——一致性原理。分布式集群的一致性是在分布式系统里"无法绕开的一块巨石",很多重要的分布式系统都涉及一致性问题,而目前解决此问题的几个一致性算法都非常复杂。

分布式集群中一致性问题的场景描述如下:

N 个节点组成一个分布式集群,要保证所有节点都可以执行相同的命令序列,并达到一致的状态。即在所有节点都执行了相同的命令序列后,每个节点上的结果都完全相同。实际上,由于分布式系统的不可靠性,通常只要保证集群中超过半数的节点($N/2+1$)正常并达到一致性即可。

前面说过,绝大多数分布式集群都采用了中心化的设计思想,上述最终一致性问题场景里的集群也遵循了这种设计,即存在一个 Leader,但比较特别的是在这个场景里,集群中的其他节点都是 Leader 的追随者——Follower。客户端发送给 Leader 的所有指令,Follower 都复制一遍。这听起来很简单,但在一个分布式环境下实际上很难实现。

如下图所示是分布式集群"一致性"算法的一个典型案例,来自 Kafka。

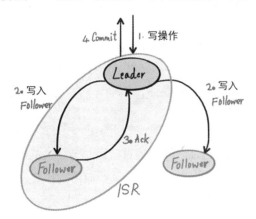

当客户端向 Kafka 集群发起写 Message 请求时,集群的 Leader 就会先写一份数据到本地,同时向多个 Follower 发起远程写入请求,在这个过程中,可能会有意外情况导致某些 Follower 节点发生故障而无法应答(Ack)。此时,按照一致性算法,如果在集群中有超过一半以上的节点正常应答,则表明此次操作执行成功。在上图中包括 Leader 在内的两个节点成功,所以 Leader 会提交(Commit)Message 数据并且返回成功应答给客户端,否则不会提交数据,此次写入请求失败。

由于一致性算法所描述的场景很有代表性,而且分布式系统中几乎每个涉及数据持久化的系统都会面临这一复杂问题,加上该算法本身的复杂性与挑战性,所以它一直是分布式领域的热点研究课题之一。早在 1989 年就诞生了著名的 Paxos 经典算法（ZooKeeper 就采用了 Paxos 算法的"近亲兄弟"Zab 算法），但由于 Paxos 算法非常难以理解、实现和排错，所以不断有人尝试简化这一算法，直到 2013 年才有了重大突破：斯坦福的 Diego Ongaro、John Ousterhout 以易懂性（Understandability）为目标设计了新的一致性算法——Raft，并发布了对应的论文 *In Search of an Understandable Consensus Algorithm*，到现在已经有以十多种语言实现的 Raft 算法实现框架，较为出名的有以 Go 实现的 Etcd，它的功能类似于 ZooKeeper，但采用了更为主流的 REST 接口。

Raft 算法把分布式集群的一致性问题抽象成一个特殊的状态机模型——Replicated State Machine，如下图所示。

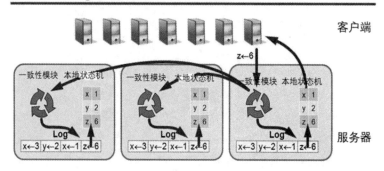

在上述模型里，集群中的每台服务器都通过日志文件（ReplicatedLog）来持久化保存客户端发出的指令序列，供本地状态机（State Machine）顺序执行。只需保证每台服务器上日志文件的一致性，就能保证整个集群里状态机的一致性。

接下来谈谈分布式集群的最终一致性问题，其实最终一致性是降低了标准的一致性，即以数据一致性存在延时来换取数据读写的高性能。目前最终一致性基本成为越来越多的分布式系统所遵循的一个设计目标，对其场景的完整描述如下。

假设数据 B 被更新，则后续对数据 B 的读取操作得到的不一定是更新后的值，从数据 B 被更新到后续读取到数据 B 的最新值会有一段延时，这段延时又叫作不一致窗口（Inconsistency Window）。不一致窗口的最大值可以根据以下因素确定：通信延时、系统负载、复制方案涉及的副本数量等。最终一致性则保证了不一致窗口的时间是有限的，最终所有的读取操作都会返回数据 B 的最新值。DNS 就是使用最终一致性的成功例子。

Facebook 开源的分布式数据库 Cassandra 就是采用了最终一致性设计目标的一个知名 NoSQL 系统。如下所示是 Cassandra 的数据复制架构示意图，可以看到其与 Kafka 集群的数据复制流程类似。Cassandra 被 Digg、Twitter、360 等公司大规模使用，其先进的架构和特性被众多技术精英所看好。2015 年，KVM 之父 Avi Kivity 用 C++重新开发了一款兼容 Cassandra 的全新开源数据库——ScyllaDB，其声称每个节点每秒可处理 100 万 TPS，拥有超过 Cassandra 10 多倍的吞吐量并减少了延时，一时引发轰动。

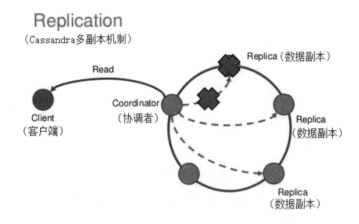

2.3 分布式系统的基石之 ZooKeeper

由于 ZooKeeper 集群的实现采用了一致性算法，所以它成为一个非常可靠的、强一致性的、没有单点故障的分布式数据存储系统。但它的目标不是提供简单的数据存储功能，而是成为分布式集群中不可或缺的基础设施。

2.3.1 ZooKeeper 的原理与功能

前面我们提到，绝大多数分布式系统都采用了中心化的设计理念，一些新的分布式系统的设计表面上看似乎是无中心的，但实际上隐含了中心化的内核，在这类架构中往往有如下普适性的共性需求。

(1)提供集群的集中化的配置管理功能。该看起来简单,但实际上也有复杂之处,比如不重启程序而让新的配置参数即时生效,这在分布式集群下就没那么简单了,如果我们认真思考或者开发过配置中心,那么应该对这个需求的实现难度有深刻的理解。

(2)需要提供简单可靠的集群节点动态发现机制。该需求是构建一个具备动态扩展能力的分布式集群的重要基础,通过实现一个便于使用的集群节点动态发现的服务,我们可以很容易开发先进的分布式集群:在一个节点上线后能准确得到集群中其他节点的信息并进行通信,而在某个节点宕机后,其他节点也能立即得到通知,从而实现复杂的故障恢复功能。这个需求的实现难度更大,因为涉及多节点的网络通信与心跳检测等复杂编程问题。

(3)需要实现简单可靠的节点 Leader 选举机制。该需求用来解决中心化架构集群中领导选举的问题。

(4)需要提供分布式锁。该需求对于很多分布式系统来说也是必不可少的,为了不破坏集群中的共享数据,程序必须先获得数据锁,才能进行后面的更新操作。

ZooKeeper 通过巧妙设计一个简单的目录树结构的数据模型和一些基础 API 接口,实现了上述看似毫无关联的需求,而且能满足很多场景和需求,比如简单的实时消息队列。如下所示是 ZooKeeper 基于目录树的数据结构模型示意图。

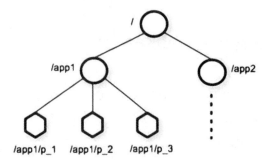

ZooKeeper 的数据结构可以被认为是模仿 UNIX 文件系统而设计的,其整体可以被看作一棵目录树,其中的每个节点都可作为一个 ZNode,每个 ZNode 都可以通过其路径(Path)唯一标识,比如上图中第 3 层的第 1 个 ZNode,它的路径是/app1/p_1。每个 ZNode 都可以绑定一个二进制存储数据(Data)来存储少量数据,默认最大为 1MB。我们通常不建议在 ZNode 上存储大量的数据,这是因为存在数据多份复制的问题,当数据量比较大时,数据操作的性能降低,带宽压力也比较大。

ZooKeeper 中的 ZNode 有一个 ACL 访问权限列表，用来决定当前操作 API 的用户是否有权限操作此节点，这对于多个系统使用同一套 ZooKeeper 或者不同的 ZNode 树被不同的子系统使用来说，提供了必要的安全保障机制。ZooKeeper 除了提供了针对 ZNode 的标准增删改查的 API 接口，还提供了监听 ZNode 变化的实时通知接口——Watch 接口，应用可以选择任意 ZNode 进行监听，如果被监听的 ZNode 或者其 Child 发生变化，则应用可以实时收到通知，这样很多场景和需求就都能通过 ZooKeeper 实现了。

此外，ZNode 是有生命周期的，这取决于节点的类型，节点可以分为如下几类。

- 持久节点（PERSISTENT）：节点在创建后就一直存在，直到有删除操作来主动删除这个节点。

- 临时节点（EPHEMERAL）：临时节点的生命周期和创建这个节点的客户端会话绑定，也就是说，如果客户端会话失效（客户端宕机或下线），这个节点就被自动删除。

- 时序节点（SEQUENTIAL）：在创建子节点时可以设置这个属性，这样在创建节点的过程中，ZooKeeper 就会自动为给定的节点名加上一个数字后缀，作为新的节点名。这个数字后缀的范围是整型的最大值。

- 临时性时序节点（EPHEMERAL_SEQUENTIAL）：同时具备临时节点与时序节点的特性，主要用于分布式锁的实现。

从上面的分析说明来看，持久节点主要用于持久化保存的数据，最典型的场景就是集群的配置信息，如果结合 Watch 特性，则可以实现集群的配置实时生效的高级特性。典型的设计思路如下图所示。

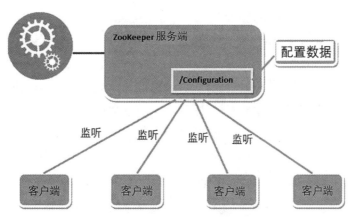

ZooKeeper 的临时节点比较有趣,在创建这个临时节点的应用与 ZooKeeper 之间的会话过期后就会被 ZooKeeper 自动删除。这个特性是实现很多功能的关键,比如我们做集群感知,应用在启动时会将自己的 IP 地址作为临时节点创建在某个节点(如/Cluster)下,当应用因为某些原因如断网或者宕机,使得它与 ZooKeeper 的会话过期时,这个临时节点就被删除了,这样我们就可以通过这个特性来感知服务的集群有哪些机器可用了。

此外,临时节点也可以实现更为复杂的动态服务发现和服务路由功能,通常的做法是:分布式集群中部署在不同服务器上的服务进程都连接到同一个 ZooKeeper 集群上,并且在某个指定的路径下创建各自对应的临时节点,例如/services/X 对应 X 节点的服务进程,/services/Y 对应 Y 节点的服务进程,所有要访问这些服务的客户端则监听(Watch)/services 目录。当有新的节点如 Z 加入集群中时,ZooKeeper 会实时地把这一事件通知(Notify)到所有客户端,客户端就可以把这个新的服务地址加入自己的服务路由转发表中了。而当某个节点宕机并从 ZooKeeper 中脱离时,客户端也会及时收到通知,客户端就可以从服务路由转发表中删除此服务路由,从而实现全自动的透明的动态服务发现和服务路由功能了。如下所示就是上述做法的一个简单原理示意图。

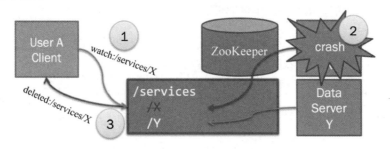

下面说说 ZooKeeper 的时序类型的节点(时序节点与临时性时序节点),这种类型的节点在创建时,每个节点名都会被自动追加一个递增的序号,例如/services/server1、/services/server2、/services/server3 等,这就类似于数据库的自增长主键,每个 ZNode 都有唯一编号,而且不会冲突。ZooKeeper 时序类型的节点可以实现简单的 Master(Leader)节点选举机制,即我们把一组 Service 实例对应的进程都注册为临时性时序节点类型的 ZNode,每次选举 Master 节点时都选择编号最小的那个 ZNode 作为下一任 Master 节点,而当这个 Master 节点宕机时相应的 ZNode 会消失,新的服务器列表就被推送到客户端,继续选择下一任 Master 节点,这样就做到了动态 Master 节点选举。另外,著名的 ZooKeeper 客户端工具——Apache Curator(后简称 Curator)也采用临时性时序节点类型的 ZNode 实现了一个跨 JVM 的分布式锁——InterProcessMutex。

最后，我们谈谈分布式集群一致性场景中的命令序列是如何对应到 ZooKeeper 上的。之前说的命令序列其实就是对 ZNode 的一系列操作，例如增删改查，ZooKeeper 会保证任意命令序列在集群中的每个 ZooKeeper 实例上执行后的最终结果都是一致的。此外，如果 ZooKeeper 集群的 Leader 宕机，则会重新自动选择下一任 Leader，而 ZooKeeper 集群中的每个节点都知道谁是当前 Leader，因此，程序在通过 ZooKeeper 的客户端 API 连接 ZooKeeper 集群时，只要把集群中所有节点的地址都作为连接参数传递过去即可，无须弄清楚谁是当前 Leader，这要比很多传统分布式系统使用起来简单很多。

2.3.2 ZooKeeper 的应用场景案例分析

ZooKeeper 主要应用于以下场景中。

（1）实现配置管理（配置中心）。

（2）服务注册中心。

（3）集群通信与控制子系统。

基本上每个使用 ZooKeeper 的集群，都会同时采用 ZooKeeper 存储集群的配置参数。可以说，实现配置管理（配置中心）是 ZooKeeper 最广泛、最基础的使用场景。

服务注册中心是 ZooKeeper 最"重量级"的需求场景，ZooKeeper 是这里的关键组件，同时最能体现其复杂能力，这个场景也是所有"以服务为中心"的分布式系统的核心设计之一。如下所示分别是来自 Web Services 技术鼎盛时期由 IBM 等巨头主导的全球服务注册中心（UDDI Registry）的原理架构图和某个互联网公司采用 ZooKeeper 实现分布式服务注册与服务发现的原理架构图。

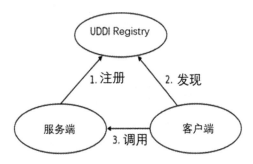

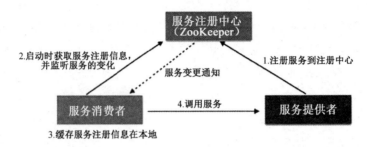

如上图所示,在此架构中有三类角色:服务提供者、服务注册中心和服务消费者。

首先,服务提供者作为服务的提供方,将自身的服务信息注册到服务注册中心。通常服务的注册信息包含如下内容。

- 服务的类型。
- 隶属于哪个系统。
- 服务的 IP、端口。
- 服务的请求 URL。
- 服务的权重。

其次,服务注册中心主要提供所有服务注册信息的中心存储,同时负责将服务注册信息的更新通知实时推送给服务消费者(主要通过 ZooKeeper 的 Watch 机制来实现)。

最后,服务消费者只在自己初始化及服务变更时依赖服务注册中心,而在整个服务调用过程中与服务提供方直接通信,不依赖于任何第三方服务,包括服务注册中心。服务消费者的主要职责如下。

- 服务消费者在启动时从服务注册中心获取需要的服务注册信息。
- 将服务注册信息缓存在本地,作为服务路由的基础信息。
- 监听服务注册信息的变更,例如在接收到服务注册中心的服务变更通知时,在本地缓存中更新服务的注册信息。
- 根据本地缓存中的服务注册信息构建服务调用请求,并根据负载均衡策略(随机负载均衡、Round-Robin 负载均衡等)转发请求。

- 对服务提供方的存活进行检测，如果出现服务不可用的服务提供方，则将其从本地缓存中删除。

如下所示是来自某个系统的 RPC 原理架构图，其中也采用了 ZooKeeper 来实现服务的注册中心功能，其实现机制和主要逻辑基本上和上述案例大同小异。

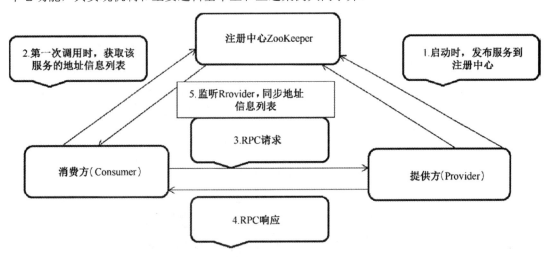

Kubernetes 也采用了 Etcd 作为服务注册中心的核心组件，从而构建出一个很先进的微服务平台，可见 ZooKeeper 这种基础设施对于分布式系统架构的重要性。

ZooKeeper 的第 3 个重要业务场景是实现整个集群的通信与控制子系统，大多数系统都需要有命令行及 Web 方式的管理命令，这些管理命令通常实现了以下管理和控制功能。

- 强制下线某个集群成员。
- 修改配置参数并且生效。
- 收集集群中各个节点的状态数据并汇总展示。
- 集群停止或暂停服务。

下面是用 ZooKeeper 设计实现的一个集群的控制子系统的原理架构图。

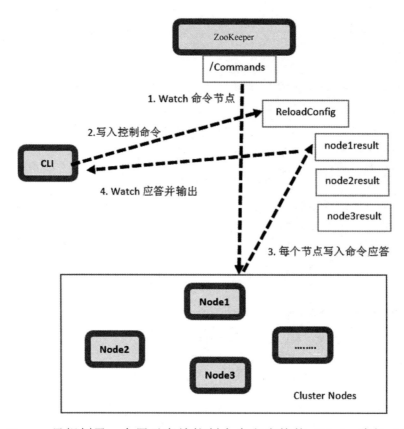

在 ZooKeeper 里规划了一个用于存放控制命令和应答的 ZNode 路径（如上图中的 /Comands），集群中的所有节点在启动后都监听（Watch）此路径，命令行程序（CLI）发给集群节点的命令及参数被包装成一个 ZNode 节点（如上图中的 ReloadConfig），写入/Comands 路径下，同时在 ReloadConfig 上监听事件。紧接着集群中的所有节点都通过/Comands 上的 Watch 事件收到此命令，然后开始执行 ReloadConfig 命令对应的逻辑，在某个节点执行完成后就在 ReloadConfig 路径下新建一个 ZNode 节点（如 node1result）作为应答。由于 CLI 之前在 ReloadConfig 上监听，所以很快就被通知此命令已经有节点执行完成，CLI 就可以实时输出结果到屏幕上，在所有节点的应答都返回后（或者等待超时），命令行结束。

上述采用 ZooKeeper 的集群控制子系统实现简单且无须复杂的网络编程即可完成任意复杂的集群控制命令，命令集也很容易扩展，同一套命令集既可以用于命令行控制，也可以用于 Web 端的图形化管理界面。

2.4 经典的 CAP 理论

CAP 理论在互联网界有着广泛的知名度,被称为"帽子理论",它是由 Eric Brewer 教授在 2000 年举行的 ACM 研讨会上提出的一个著名猜想:一致性(Consistency)、可用性(Availability)、分区容错(Partition-tolerance)无法在分布式系统中被同时满足,并且最多只能满足其中两个! 2003 年,MIT 的 Gilbert 和 Lynch 正式证明了这三者确实是不可兼得的。而后 CAP 被奉为分布式领域的重要理论,被很多人当作分布式系统设计的金律。

Brewer 教授当时想象的分布式场景是在一组 Web Service 后台运行着众多 Server,对 Service 的读写反映给后台的 Server 集群,并对 CAP 给出了如下定义。

- 一致性(C):所有节点上的数据都时刻保持同步。
- 可用性(A):每个请求都能接收一个响应,无论响应成功或失败。
- 分区容错(P):系统应该能持续提供服务,即使系统内部(某个节点分区)有消息丢失。

一致性与可用性属于分布式系统的固有属性。分区容错是网络相关的一个属性,常见的几种分区如下。

- 交换机失败,导致网络被分成几个子网,形成脑裂。
- 服务器发生网络延时或死机,导致某些 Server 与集群中的其他机器失去联系。

现在我们明白了,分区是分布式系统固有的可靠性问题所导致的一个紊乱的集群状态。从这三个概念的本质来看,CAP 理论的准确描述不应该是从 3 个特性中选择两个(2/3),因为分区本身就是分布式集群固有的特性,我们只能被迫适应,根本没有选择权!有人就此质疑并且提出 CAP 理论应该如下所示描述。

在一个允许网络发生故障(P)的系统中,我们设计分布式系统时应该选择哪一个目标:保持数据一致性(C)还是系统可用性(A)?

当集群中的机器数量持续增加时,一致性会加剧系统的响应延时,同时导致资源消耗加剧,使维护一致性的成本非常高,在这种情况下,我们基本上只剩下一种选择:在允许网络失败的系统中,更多地选择可用性而放弃一致性。而 ZooKeeper、Hadoop 之所以选择一致性,是因为这些系统多数是由少量节点所构成的分布式集群!

在CAP理论出来以后，各种质疑不断，有人提出：应该放弃分区容错，因为在局域网中分区很少发生；而在广域网中有各种备选方案，导致实际的分区也较少发生，并且很多人一致认为分区同时蕴涵着不可用，这两个概念之间存在重叠。还有一些重要的质疑包括CAP无法用于分布式数据库事务，比如应用因为更新一些错误的数据而导致失败，此时无论使用什么样的高可用方案都是徒劳的，因为数据发生了无法修正的错误！也有质疑者结合了数据分区导致不可用的一些案例，说明CAP理论并不能用于分布式数据库事务领域。

面对铺天盖地的质疑，在CAP理论诞生12年后，CAP之父Brewer和Lynch纷纷出来澄清。首先是Brewer给出重要修订："3个中的两个"这个表述是不准确的，这个说法过于简化了复杂场景和问题领域；在某些分区极少发生的情况下，三者能顺畅地配合。

Lynch也在2012年重写了之前的论文，该论文的重点如下。

- 把CAP理论的证明局限在原子读写的场景中，并声明不支持数据库事务之类的场景。

- 把分区容错归结为一个对网络环境的陈述，而非之前的一个独立条件。这实际上更加明确了概念。

- 引入了活性（Liveness）和安全属性（Safety），在一个更抽象的概念下研究分布式系统，并认为CAP是在活性与安全属性之间权衡的一个特例。其中一致性属于活性，可用性属于安全性。

- 把CAP的研究推到一个更广阔的空间：网络存在同步、部分同步；一致性的结果也从仅存在一个到存在N个（部分一致）；引入了通信周期Round，并引用了其他论文，给出了为了保证N个一致性结果，至少需要通信的Round数量。还介绍了其他人的一些成果，这些成果分别对CAP的某一方面做出了特殊贡献。

我们不难发现，Lynch在论文中主要做了如下事情。

- 承认分区容错是一个既定的环境约束，而非独立的选择或者条件。

- 缩小CAP适用的定义，消除质疑的场景。

- 建立更精确的理论模型。

- 暗示CAP理论依旧正确。

这里总结一下CAP理论：可以肯定的是，CAP并非一个放之四海而皆准的普适性原理和指导思想，它仅适用于**原子读写**的 NoSQL 场景中，并不适用于数据库系统；当今的分布式系统早已不是十年前的简单系统了，现在分布式系统有很多特性如扩展性、自动化等，架构师在进行系统设计和开发时，视野要更加开拓，而不仅仅局限在 CAP 问题上。

2.5 BASE 准则，一个影响深远的指导思想

从前面的分析中我们知道：在分布式（数据库分片或分库存在多个实例上）系统下，CAP 理论并不适用于数据库事务。此外，XA 事务虽然保证了数据库在分布式系统下的 ACID 特性，但也带来了一些代价，特别是性能方面的问题，这对于并发和响应时间要求比较高的电子商务平台来说是难以接受的。于是，eBay 公司尝试了完全不同的路，选择了放宽数据库事务的 ACID 要求，提出了一套名为 BASE（BasicallyAvailable,Soft-state,Eventually Consistent，主要可用、软状态、最终一致性）的新准则，于 2008 年在 ACM 上发布了一篇 BASE 的说明文章 *In partitioned databases, trading some consistency for availability can lead to dramatic improvements in scalability*，并且给出了他们在实践中总结的基于 BASE 准则的一套新的分布式事物的解决方案。

相对于 CAP 来说，BASE 准则大大降低了我们对系统的要求。其中 Basically Available 的一个解释案例如下：

我们的数据库采用了分片模式（partitioned），比如将 100 万个用户数据分在 5 个数据库实例上，如果破坏了其中一个实例，那么可用性还有 80%，即 80%的用户都可以登录，所以系统仍然是主要可用的。

那么，如何理解 Soft-state 这个概念呢？在 *Distributed Systems Principles and Paradigms, 2nd* 一书里提到，在基于 Client-Server 模式的系统中，Server 是有状态的（stateful）还是无状态的（stateless），这是一个很重要的设计思路，也在根本上决定了一个分布式系统是否具备良好的水平扩展、负载均衡、故障恢复等高级特性。然而，除了 stateless 和 stateful，还存在另外一种方式——soft state，它最早来源于计算机网络中的协议设计（protocol design），在分布式系统中的含义如下：

Server 端承诺会维护 Client 的状态数据，但是"仅仅维持一小段时间"，过了这个时间段，Server 就会将这些状态信息丢弃，恢复正常的行为状态。

Eventually Consistent 指的是数据的最终一致性,而不是强一致性,之前提到过这个概念。

从上面的分析解释来看,BASE 准则的思想其实就是牺牲数据的一致性来满足系统的高可用性,在系统中一部分数据不可用或者不一致时,仍需要保持系统整体"主要可用"。

针对数据库领域,BASE 思想的主要实现是对业务数据进行拆分,让不同的数据分布在不同的机器上,以提升系统的可用性,目前主要有以下两种做法。

- 按功能划分数据库。
- 分片(如开源的 Mycat、Amoeba 等)。

由于拆分后会涉及分布式事务问题,所以 eBay 在该 BASE 论文中提到了如何用最终一致性的思路来实现高性能的分布式事务。

2.6 重新认识分布式事务

要理解分布式事务,就需要先明白什么是事务(Transaction),在大多数情况下,我们所说的事务都指数据库事务(Database Transaction),后来的各种非数据库的事务也都借鉴和参考了对数据库事务的定义:

事务是数据库运行中的一个逻辑工作单元,工作单元中的一系列 SQL 命令都具有原子性操作的特点,这些命令要么完全成功执行,要么完全撤销或不执行,如果是后者,则表现为数据库内的最终数据没有发生任何改变。事务通常由数据库中的事务管理子系统负责处理。

2.6.1 数据库单机事务的实现原理

数据库事务要满足如下四个要求。

- 原子性(Atomic):事务必须是原子工作单元,对其进行数据修改,要么全都执行,要么全都不执行。
- 一致性(Consistent):事务在完成时,必须使所有的数据都保持一致状态,在事务结束时，所有的内部数据结构（如 B 树索引或双向链表）都必须是正确的。
- 隔离性（Isolation）：由并发事务所做的修改必须与任何其他并发事务所做的修改隔离。
- 持久性（Duration）：在事务完成之后，对系统的影响是永久性的。

其中原子性（需要记录操作过程和对应的结果，以便回退）、隔离性（产生锁）这两个要求，导致数据库事务的执行代价要远高于非事务性的操作。一般而言，隔离性是通过锁机制来实现的，而原子性、一致性和持久性等三个特性是通过数据库里的相关事务日志文件来实现的，在这个过程中涉及大量的 I/O 操作。在 MySQL 里，事务相关的日志文件为 redo 和 undo 文件，简单来说，redo log 记录事务修改后的数据，undo log 记录事务修改前的原始数据。由于事务随时可能需要回滚，所以在 MySQL 执行事务的过程中，这两个文件都会被写入数据。下面是 MySQL 里一个事务执行时的简化流程。

（1）先记录 undo/redo log，确保日志被刷到磁盘上持久存储。

（2）更新数据记录，缓存操作并异步写入磁盘。

（3）提交事务，在 redo log 中写入 commit 记录。

其中第 3 步为 commit 事务的操作，在这个过程中主要做以下事情。

（1）清理 undo 段信息。

（2）释放锁资源。

（3）刷新 redo 日志，确保将 redo 日志写入磁盘，即使修改的数据页没有更新到磁盘，只要日志完成了，就能保证数据库的完整性和一致性。

（4）清理 savepoint 列表。

我们看到，在事务执行的过程中，大量的费时操作都是在 commit 指令之前完成的，包括写相关的事务日志，以备回滚事务或者提交，而 commit 指令所做的工作基本上是可以"瞬间"完成的，在整个事务处理的过程中所占的时间比例都非常少，这是事务处理的一个很重要的特点，后面要提到的 XA 二阶段事务模型也是基于这个特点而设计的。

此外，如果在 MySQL 执行事务的过程中因故障中断（比如意外断电）导致数据没有及时持久化到磁盘中，则可以在后面通过 redo log 重做事务或通过 undo log 回滚，确保数据的一致性。

2.6.2 经典的 X/OpenDTP 事务模型

如果一个事务内的 SQL 要分别操作几个独立的数据库服务器上的数据，那么这种事务就变成分布式事务了。由于分布式系统的编程难度大，而事务又是一个非常重要的功能，所以在编程方面不能有半点偏差，否则可能导致灾难性的后果，于是就有一些技术达人来研究并制定了业界首个分布式事务标准规范——X/OpenDTP，此规范提出的二阶段提交模型（2PC）与 TCP 三次握手一样，成为经典。此后 J2EE 也遵循 X/OpenDTP 规范，设计、实现了 Java 里的分布式事务编程接口规范——JTA。

X/OpenDTP 已经存在 10 年多了（于 1994 年发布），最早是由银行业很有名的 Tuxedo 中间件实现的一个内部标准，后来交给 X/Open 组织进行标准化。

X/OpenDTP 设计了一个模型来描述参与分布式事务的各个角色及交互规范，如下图所示。

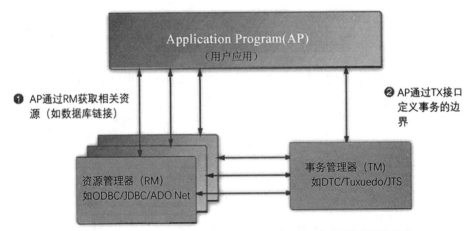

在 X/OpenDTP 模型中，参与事务的角色分为以下三种。

（1）AP：用户程序，大部分是 CRUD 代码的这种应用（我们特别擅长）。

（2）RM：数据库或者很少被使用的消息中间件等。

（3）TM：事务管理器、事务协调者，负责接收用户程序（AP）发起的 XA 事务指令，并且调度和协调参与事务的所有 RM（数据库），确保事务正确完成（或者回滚）。

对这个模型中的几个关键点说明如下。

- AP 负责触发分布式事务,在这个过程中采用了特殊的事务指令(XA 指令),而非普通的事务指令,这些执行由 TM 接管并发给所有相关的 RM 去执行。
- RM 负责执行 XA 指令,每个 RM 只负责执行自己的指令。
- TM 负责整个事务过程中的协调工作,检查和验证每个 RM 的事务执行情况。

下面说说 X/OpenDTP 模型中知名的二阶段提交协议。在 X/OpenDTP 模型中,当一个分布式事务所涉及的 SQL 逻辑都执行完成,并到了最后提交事务的关键阶段时,为了避免分布式系统所固有的不可靠性导致提交事务意外失败,TM 会果断决定实施两步走的方案。

(1)先发起投票表决,通知所有 RM 先完成事务提交过程所涉及的各种复杂的准备工作,比如写 redo、undo 日志,尽量把提交过程中所有消耗时间的操作和准备都提前完成,确保后面 100%成功提交事务。如果准备工作失败,则赶紧告诉 PM。

(2)真正提交。在该阶段,TM 将基于前一阶段的投票结果进行决策,即提交或取消事务。当且仅当所有参与的 RM 都同意提交时,TM 才通知所有 RM 正式提交事务,否则 TM 将通知所有参与的 RM 取消事务。RM 在接收到 TM 发来的指令后将执行相应的操作。

下图给出了二阶段提交协议的通信过程(以两个 RM 为例)。

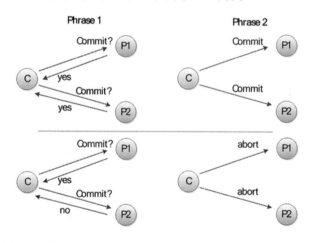

二阶段提交的精妙之处在于,它充分考虑到了分布式系统的不可靠因素,并且采用了非常简单的方式(两阶段完成)就把由于系统不可靠导致事务提交失败的概率降到最小!下面给出

了一个形象的解释过程，来说明二阶段提交是如何做到这一点的。

假如一个事务的提交过程总共需要 30 秒的操作，其中 Prepare 阶段要 28 秒（主要是确保事务日志写入磁盘等各种耗时的 I/O 操作），真正的 Commit 阶段只需要 2 秒，那么 Commit 阶段发生错误的概率与 Prepare 阶段相比，只是它的 2/28（<10%），也就是说，如果 Prepare 阶段成功了，则 Commit 阶段由于时间非常短，失败的概率很小，会大大增加分布式事务成功的概率！不得不说，二阶段提交的精妙设计洞穿了分布式系统的本质。

但为什么我们在现实中很少会用到二阶段提交的 XA 事务呢？主要原因有以下几点。

- 互联网电商应用兴起，对事务和数据的绝对一致性要求并没有传统企业应用那么高。
- XA 事务的介入增加了 TM 中间件，使得系统复杂化，而且通常支持 TM 的中间件都是收费的，也增加了软件成本。
- 互联网开发中的很多人都并不很懂 XA 相关的技能。
- XA 事务的性能不高，因为 TM 要等待 RM 回应，所以为了确保事务尽量成功提交，TM 等待超时的时间通常比较长，例如 30 秒甚至 5 分钟，如果 RM 出现故障或者响应迟缓，则整个事务的性能严重下降。

2.6.3 互联网中的分布式事务解决方案

目前在互联网领域里有几种流行的分布式解决方案，但都没有像之前所说的 XA 事务一样，形成 X/OpenDTP 那样的标准工业规范，而是仅仅在某些具体的行业里获得较多的认可。下面就对这些解决方案进行介绍。

第 1 种解决方案：业务接口整合，避免分布式事务

此方案是将一个业务流程中需要在一个事务里执行的多个相关业务接口包装整合到一个事务中，这属于"就具体问题具体分析"的做法。就问题场景来说，可以将服务 A、B、C 整合为一个服务 D 来实现单一事务的业务流程服务。如果在项目一开始就考虑到分布式事务的复杂问题，则采用这里的方案，精心规划和设计系统，避免分布式事务；对于实在不能避免的，则采用其他措施去解决，这应该是最好的做法。

第 2 种解决方案：最终一致性方案之 eBay 模式

这是 eBay 于 2008 年公布的关于 BASE 准则的论文中提到的一个分布式事务解决方案，在业界影响比较大。eBay 的方案其实是一个最终一致性方案，主要采用了消息队列来辅助实现事务控制流程，其核心是将需要分布式处理的任务通过消息队列的方式来异步执行。如果事务失败，则可以发起人工重试的纠正流程。人工重试被更多地应用于支付场景中，通过对账系统对事后的问题进行处理。在该论文中描述了一个很常见的支付交易场景：如果某个用户（user）产生了一笔交易，则需要在交易表（transaction）中增加记录，同时修改用户表的金额（余额），由于这两个表属于不同的远程服务，所以涉及分布式事务与数据一致性的问题。

下面是用户表与交易表的表结构：

```
user(id, name, amt_sold, amt_bought)
transaction(xid, seller_id, buyer_id, amount)
```

其中 user 表记录用户交易的汇总信息，transaction 表记录每个交易的详细信息。

在进行一笔交易时需要对数据库进行以下操作：

```
INSERT INTO transaction VALUES(xid, $seller_id, $buyer_id, $amount);
UPDATE user SET amt_sold = amt_sold + $amount WHERE id = $seller_id;
UPDATE user SET amt_bought = amt_bought + $amount WHERE id = $buyer_id;
```

这里不用 XA 事务模型，而是采用消息队列来分离事务。先启动一个事务，在更新 transaction 表后，并不直接更新 user 表，而是将要对 user 表进行的更新动作作为消息插入消息队列中，如下所示：

```
begin;
INSERT INTO transaction VALUES(xid, $seller_id, $buyer_id, $amount);
put_to_queue "update user("seller", $seller_id, amount);
put_to_queue "update user("buyer", $buyer_id, amount);
commit;
```

注意，消息队列与对 transaction 的操作使用了同一套存储资源，因此这里的事务不涉及分布式操作。

另外，开启独立进程，从消息队列中获取上述消息，进行接下来的处理过程：

```
for each message in queue
begin;
if message.type = "seller" then
UPDATE user SET amt_sold = amt_sold + message.amount WHERE id = message.user_id;
else
```

```
    UPDATE user SET amt_bought = amt_bought + message.amount WHERE id =
message.user_id;
    dequeue message;
    end
    commit;
    end
```

初看这个方案并没有什么问题，但实际上还没有解决分布式问题。为了使第 1 个事务不涉及分布式操作，消息队列必须与 transaction 表使用同一套存储资源。但为了使第 2 个事务也是本地的，消息队列存储又必须与 user 表在一起。这两者是不可能同时满足的，我们假设消息队列与 transaction 表使用同一套存储资源，则后面从消息队列消费消息的逻辑来看可能会产生不一致的错误：数据库已经更新了 user 的余额信息，但接下来从消息队列中删除消息时发生异常，比如进程死机或者消息服务突发故障，则此消息还在系统中，下次又会被投递，产生了消息被重复投递的问题。除非此消息的处理逻辑具有幂等性，可以重复触发，否则重复投递消息就会引发事故。

那么，如何解决这个问题呢？eBay 给出了一个简单思路：增加一个 message_applied(msg_id) 表来记录被成功消费过的消息，过滤重复投递的消息。

于是，第 2 段逻辑被改为下面这种方式：

```
    for each message in queue
    begin;
    SELECT count(*) as cnt FROM message_applied WHERE msg_id = message.id;
    if cnt = 0 then
    if message.type = "seller" then
    UPDATE user SET amt_sold = amt_sold + message.amount WHERE id = message.user_id;
    else
    UPDATE user SET amt_bought = amt_bought + message.amount WHERE id =
message.user_id;
    end
    INSERT INTO message_applied VALUES(message.id);
    end
    commit;
    if 上述事务成功
    dequeue message
    DELETE FROM message_applied WHERE msg_id = message.id;
    end
    end
```

上述模型中的消息中间件不一定是一个标准的通用的消息中间件，也可以是一个基于数据库存储的简单实现的消息服务，这个消息服务的实现只需保证下面两点即可。

第 2 章 分布式系统的经典理论

- 消息要与第 1 个事务中涉及的数据在同一个存储资源系统中,从而使用本地事务模式,保证事务的原则性结果。
- 消息的服务性能要好。

留一个思考题,如果上述交易流程涉及 3 个或更多的环节,那么这里的消息中间件与数据表之间的本地事务又需要怎样设计?

eBay 的这个分布式事务模型之所以成为一个经典案例,是因为它的思路直观,并且代码和方案简单有效,因此,后来很多人都参考借鉴了它的这一模型,其中,网上公开的蘑菇街的交易订单流程就比较特别,如下图所示。

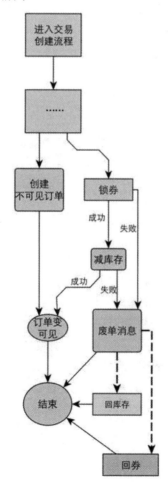

在交易创建流程中，首先创建一个不可见订单，然后在同步调用锁券和扣减库存时，针对调用异常（失败或者超时）发出废单消息到消息中间件。如果消息发送失败，则本地会做时间阶梯式的异步重试；优惠券系统和库存系统在收到消息后，会判断是否需要做业务回滚，这样就实时保证了多个本地事务的最终一致性。

第 3 种方案：X/OpenDTP 模型的支付宝的 DTS 框架

DTS（Distributed Transaction Service）框架是由支付宝在 X/OpenDTP 模型的基础上改进（模仿）的一个设计，定义了类似于 2PC 的标准两阶段接口，业务系统只需要实现对应的接口就可以使用 DTS 的事务功能。DTS 从架构上分为 xts-client 和 xts-server 两部分，前者是一个嵌入客户端应用的 JAR 文件，主要负责事务数据的写入和处理；后者是一个独立的系统，主要负责异常事务的恢复。DTS 最大的特点是放宽了数据库的强一致约束，保证了数据的最终一致性（Eventually Consistent）。

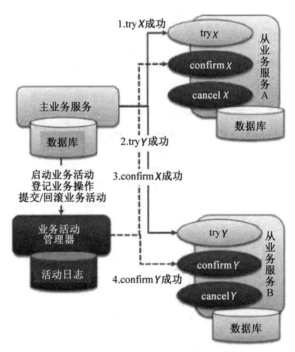

第 3 章

聊聊 RPC

每个分布式系统都离不开多进程的通信问题，包括本机上多进程之间的 IPC 通信和基于网络的远程通信技术，后者是分布式系统架构中的核心和关键基础技术之一，就远程通信而言，抛开各种专用系统的远程通信协议如 NFS、FTP、SNMP、SMTP、POP3 不说，各种通用的远程通信技术也在不断发展和变化，比如从最古老的 RPC 远程通信技术到曾经风靡一时的 SOAP（Web Service）协议，再到后面红极一时的 HTTP REST。如今，由于移动互联网和大数据时代的兴起，支持多语言与高性能传输的各种 RPC 架构再次成为热点技术。

3.1 从 IPC 通信说起

从严格意义上来说，一个系统由多个独立的进程组成，而且进程之间有数据交互的逻辑，那么，不管这几个进程是否被部署在一台主机上，这样的系统都可以叫作分布式系统。IPC（Inter-Process Communication）就是为了解决单主机上多进程之间的通信问题而诞生的一种古老技术。由于进程与操作系统是密切相关的，因此操作系统的不同会导致 IPC 的具体实现也各有不同，但不管是 Windows 系统还是 Linux 系统，都支持以下几种进程间的通信技术。

- 管道（Pipe）及有名管道（named pipe）：管道可用于具有亲缘关系的进程间的通信，有名管道克服了管道没有名称的限制,因此,除了有管道所具有的功能,它还允许无亲缘关系进程间的通信。由于管道存在只能承载无格式字节流及缓冲区大小受限等缺点,所以使用管道进行 IPC 通信的做法已经不太普遍。

- 套接字(Socket):起初是由 UNIX 系统的 BSD 分支开发出来的,现在 Linux 和 Windows 系统都支持 Socket,Socket 如果用于本地进程间的通信,则要比普通的 TCP/IP 快很多,这也是一种比较通用的进程间通信的方式。
- 共享内存:将文件映射到内存中,多个进程通过共享文件的方式使得多个进程可以访问同一块内存空间,这是最快的 IPC 形式。

管道用作 IPC 通信时,有以下缺点。

- 只支持单向数据流(双向通信就需要两个管道)。
- 匿名管道的缓冲区是有限的(匿名管道存在于内存中,在管道创建时为缓冲区分配一个页面大小的内存)。
- 管道所传送的是无格式的字节流,这就要求管道的读出方和写入方必须事先约定好数据的格式,比如多少字节算作一个消息(或命令、记录),等等。

命名管道(Named Pipe 或 FIFO)不同于匿名管道之处,在于它提供了一个路径名与之关联,以 FIFO 的文件形式存在于文件系统中。这样,即使与 FIFO 的创建进程不存在亲缘关系的进程,只要可以访问该路径,就能够彼此通过 FIFO 相互通信(能够访问该路径的进程及 FIFO 的创建进程之间),因此,与 FIFO 不相关的进程也能交换数据。值得注意的是,FIFO 严格遵循先进先出(first in first out)的原则,对管道及 FIFO 的读总从开始处返回数据,对它们的写则把数据添加到末尾。它们不支持诸如寻址等文件的定位操作。

Socket API 原本是为网络通信设计的,但后来在 Socket 的框架上发展出一种 IPC 机制,就是 UNIX Domain Socket。UNIX Domain Socket 也提供面向流和面向数据包两种 API 接口,类似于 TCP 和 UDP。虽然普通的 TCP Socket 也可用于同一台主机的进程间通信(通过 loopback 地址 127.0.0.1),但 UNIX Domain Socket 在同一台主机上的传输速度是 TCP Socket 的两倍,这是因为 UNIX Domain Socket 不需要经过网络协议栈,不需要打包拆包、计算校验和、维护序号和应答等,只是将应用层的数据从一个进程复制到另一个进程,所以速度更快。

UNIX Domain Socket 用于 IPC 通信的具体编程方式与普通的 TCP Socket 编程没有太大的差

别,性能又高,还很容易从单机通信扩展为多主机间的通信,所以这种方式逐步代替了管道的方式。

共享内存可以说是最有用的进程间通信方式,也是最快的 IPC 形式。两个不同进程 A、B 共享内存的意思是,同一块物理内存被映射到进程 A、B 各自的进程地址空间。进程 A 可以即时看到进程 B 对共享内存中数据的更新,反之亦然。由于多个进程共享同一块内存区域,所以必然需要某种同步机制,互斥锁和信号量都可以。

采用共享内存通信的一个显而易见的好处是效率高,因为进程可以直接读写内存,而不需要任何数据的复制。对于像管道和套接字这种方式,需要在内核和用户空间进行 4 次数据复制,共享内存则只复制两次数据:一次从输入文件到共享内存区;另一次从共享内存区到输出文件。实际上,进程之间在共享内存时始终保持共享区域,直到通信完毕。这样,数据的内容一直被保存在共享内存中,并没有写回文件。共享内存中的内容往往是在解除映射时才写回文件的。因此,采用共享内存通信方式的效率是非常高的。

Linux 内核支持多种共享内存方式,例如 mmap() 系统调用、Posix 共享内存及系统共享内存。目前主流的做法是通过 mmap() 实现共享内存,当多个程序调用 mmap() 映射到同一个文件时,它们实际访问的必然是同一个共享内存区域对应的物理页面。

3.2 古老又有生命力的 RPC

RPC(Remote Procedure Call,远程过程调用)是建立在 Socket 之上的一种多进程间的通信机制。不同于复杂的 Socket 通信方式,RPC 的初心是设计一套远程通信的通用框架,这个框架能够自动处理通信协议、对象序列化、网络传输等复杂细节,并且希望开发者在使用这个框架以后,调用一个远程机器上的接口的代码与以本地方法调用的代码"看起来没什么区别",从而大大减小分布式系统的开发难度,使得比较容易开发分布式系统。

为了便于理解 Socket 通信与 RPC 通信在编程方面的区别,我们举个简单的例子来解释:假设目前在 B 机器上有一个进程,可以简单地实现四则运算,比如我们输入 1+1 让它计算并返回计算结果,那么用 Socket 开发时,客户端的伪代码大致如下:

```
client =new Socket(B);
client.write("plus(1,1)");
result=client.read();
client.close();
```

而服务端的伪代码大致如下:

```
            socketServer server=new ServerSocket();
server.listen();
while(true)
    {
        cmd=server.read();
        if(cmd.startWith("plus("))
            {
              …….
              client.write(result);
            }
    }
```

上述代码仅为大量简化后的伪代码,如果要达到生产质量的要求,则还需要考虑如下复杂问题。

- 网络异常问题:在调用过程中如果发生网络异常,则调用失败,客户端需要明确知道发生了异常,然后有针对性地进行处理。
- 复杂数据传输过程中的编码和解码问题:当输入参数或者输出参数很复杂时,参数编码及解码过程中的复杂性经常会让思维不够严密的程序员头脑"短路"。
- 客户端的连接复用问题,如果每次调用都建立一个 TCP 连接,用完关闭,那么调用性会很低,因为将大量时间都用在 TCP 建立连接的过程中了,因此客户端需要一种连接保持及连接复用的机制,还涉及服务端与客户端连接心跳检测及超时机制等相关的复杂问题。
- 服务端需要有多线程机制来应对客户端的并发请求,以提升性能。

所以你会发现,即使我们有了 Socket,有了好的 NIO 框架,也基本上没有多少人能开发出一个基于 Socket 的高质量的远程通信模块,而随便一个分布式系统就有很多远程通信的功能点,如此一来,开发一个分布式系统仍然是一件很难的事。

于是,分布式系统中最重要的一个开发框架诞生了,这就是大名鼎鼎的 RPC。RPC 最初由 Sun 公司提出,即 Sun RPC,后来也成为 IETF 国际标准,至今仍然重要的 NFS 协议就是最早的基于 RPC 的一个重要案例。

为了将一个传统的程序改写成 RPC 程序，我们要在程序里加入另外一些代码，这个过程叫作 Stub。我们可以想象一个传统程序，它的一个进程被转移到一个远程机器中，在客户端及服务端分别有一个 Stub 模块实现了远程过程调用所需要的通信功能，比如参数及调用结果的序列化功能，并通过网络完成远程传输，因为 Stub 与原来的 Server 端使用了同样的接口，因此增加这些 Stub 代码既不需要更改原来 Client 端的调用逻辑，也不需要更改 Server 端的逻辑代码，这个过程如下图所示。

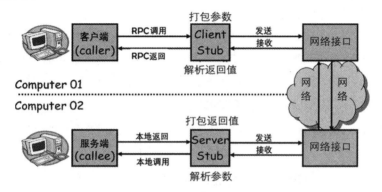

整个 RPC 的调用流程如下。

（1）服务消费方（Client）以本地调用方式调用服务。

（2）Client Stub 在接收到调用后负责将方法、参数等组装成能够进行网络传输的消息体。

（3）Client Stub 找到服务地址，并将消息发送到服务端。

（4）Server Stub 在收到消息后进行解码。

（5）Server Stub 根据解码结果调用本地服务。

（6）本地服务执行并将结果返回给 Server Stub。

（7）Server Stub 将返回结果打包成消息并发送到消费方。

（8）Client Stub 接收到消息并进行解码。

（9）服务消费方得到最终结果。

要实现一个完整的 RPC 架构，就需要如下专有技术。

- 高性能网络编程技术。
- 对象（复杂数据结构）序列化与反序列化技术。
- 自动代码生成或者动态代理编程技术。

比如 Java 里经典的 RPC 实现方案 RMI，就用到了 Java 默认的序列化机制和动态代理编程技术。不过，Java 里的 RMI 及其他语言里特定的 RPC 架构大多存在一个很明显的缺陷，即仅限于本语言的客户端调用，换种语言就无法调用了。而开发需要支持多语言的 RPC 架构，其难度至少提升了一个数量级。

在人类历史上，支持多语言通信的第一次伟大尝试造就了功败垂成的 CORBA 技术，1991 年 CORBA 1.1 诞生，直到 1994 年年底才完成了 CORBA 2.0 规范，该规范希望能够解决不同厂商根据 COBRA 规范所开发的产品"互联互不通"的严重问题，可惜还是失败了。至于 COBRA 失败的原因，一位 COBRA 技术大牛、COBRA 技术的推动者，即后来加入"反 COBRA 阵营"的 Michi Henning，在他的 *The rise and fall of CORBA* 书里做了如下深刻的总结。

- 规范巨大而复杂：许多特性都未曾实现，甚至概念性的证明都没有做过；有些技术特性根本不可能实现，即使实现，也无法提供可移植性。

- CORBA 很难学习：平台的学习曲线陡峭，技术复杂，不容易正确使用，这些因素导致开发周期长、易出错。早期的实现常常充满 Bug 并且缺乏有质量的文档，有经验的 CORBA 程序员稀缺。

- 编程开发过于复杂：有经验的 CORBA 开发者发现编写实用的 CORBA 应用程序相当困难。许多 API 都很复杂、不一致，甚至让人感觉神秘，使得开发者必须关注许多细节问题。相比之下，组件模型的简单性，例如同时代的 EJB，使得编程简单很多。

- 费用昂贵：在使用商用 CORBA 产品时，开发者一般都需要花费几千美元购买开发者 License，此外，部署 CORBA 产品与部署 Oracle 数据库一样，还需要客户支付企业 License 费用，而且这个费用很可能与部署在 CORBA 平台上的应用数量挂钩，因此对很多潜在的客户来说，CORBA 这样的平台太昂贵了。

- Sun 与 Java 成为 COBRA 最大的竞争对手：商业公司转向了 Sun 的 Java 与新兴的 Web，并且开始构建基于 Web 浏览器、Java 和 EJB 的电子商务基础设施。

- XML 技术的兴起加速了 COBRA 的没落：20 世纪 90 年代后期，XML 成为计算机工业新的银弹，几乎被定义为 XML 的事物都是好的。在放弃了 DCOM 之后，微软并没有把电子商务市场留给竞争对手，没有再参与一场不可能打赢的战争，而是使用 XML 开辟了新的战场。1999 年年底，工业界看到了 SOAP 的发布。SOAP 由微软和 DevelopMentor 发布，随后提交给 W3C 作为标准。SOAP 使用 XML 作为 RPC 新的对象序列化机制，IBM 则又继续发扬光大这条路线，推出 Web Service 等整套方案。

SOAP 在严格意义上是属于 XML-RPC（XML Remote Procedure Call）技术的一个变种，一个 XML-RPC 请求消息就是一个 HTTP-POST 请求消息，其请求消息主体基于 XML 格式。客户端发送 XML-RPC 请求消息到服务端，调用服务端的远程方法并在服务端运行远程方法。远程方法在执行完毕后返回响应消息给客户端，其响应消息主体同样基于 XML 格式。远程方法的参数支持数字、字符串、日期等，也支持列表数组和其他复杂结构类型。SOAP 也是第一次真正成功地解决了多语言多平台支持的开放性 RPC 标准。

一个 SOAP 请求报文实例（查询股票价格）如下：

```
<?xml version="1.0"?>
<soap:Envelope
xmlns:soap="http://www.w3.org/2001/12/soap-envelope"
soap:encodingStyle="http://www.w3.org/2001/12/soap-encoding">
  <soap:Body xmlns:m="http://www.example.org/stock">
    <m:GetStockPrice>
      <m:StockName>IBM</m:StockName>
    </m:GetStockPrice>
  </soap:Body>
</soap:Envelope>
```

对应的应答报文实例如下：

```
<?xml version="1.0"?>
<soap:Envelope
xmlns:soap="http://www.w3.org/2001/12/soap-envelope"
soap:encodingStyle="http://www.w3.org/2001/12/soap-encoding">
  <soap:Body xmlns:m="http://www.example.org/stock">
    <m:GetStockPriceResponse>
      <m:Price>34.5</m:Price>
    </m:GetStockPriceResponse>
  </soap:Body>
</soap:Envelope>
```

我们看到，SOAP 的报文很复杂而且编码臃肿，由于它是面向机器识别的表达格式，所以程序员很难直接理解它的报文，该缺陷最终导致了 SOAP 的末路与 HTTP REST 的通信方式的兴起。HTTP REST 采用了让人容易理解的 JSON 格式来传递请求与应答参数，因而开发更为方便，但 HTTP REST 已经脱离了 RPC 的范畴，最明显的几个特征：它无须客户端 Stub 代码与服务端 Stub 代码，调用也不再类似于本地方法调用方式了。

在 RPC 的路线演化过程中虽然意外地产生了 HTTP REST 这个慢慢侵占了 RPC 大部分应用领地的"异类"，并且导致了一度盛行的 XML-RPC 的"灭绝"，但同时推动正统 RPC 技术走向一个新的发展阶段，追求更高的性能及增加对多语言多平台的支持，成为越来越多的开源 RPC 架构的目标。其典型的代表为 Thrift、Avro 等新生的开源框架，这些框架在大数据系统、大型分布式系统及移动互联网应用方面被越来越多的公司使用。

之后，最初参与 CORBA 的技术专家们打造了延续至今的 RPC 平台——ZeroC Ice。现在，ZeroC Ice 已经成为一个很强大的微服务架构平台，很适合作为大型分布式系统、电商系统、电信金融等关键业务系统的基础架构。

RPC 技术发展至今，虽然是相对古老的传统技术，却有着其独特的优势，特别是拥有高性能传输及支持高并发请求的绝对优势，使得 RPC 技术在互联网时代又一次被巨头们所重视。

其中一个典型的代表是 Facebook 开源的跨语言的 RPC 架构 Thrift。Thrift 于 2008 年被贡献给 Apache，目前支持多达 25 种编程语言。Thrift 与 ZeroC Ice 属于 COBRA 一脉相传的"很正统"的 RPC 实现方案，使用方式也很类似，即先编写服务接口的 IDL 文件，然后利用框架提供的编译生成器工具自动生成 Server 端的骨架代码和客户端的调用代码，最后由程序员填充骨架代码。

另一个典型的代表是谷歌于 2015 年开源的跨语言的 RPC 框架——gRPC，gRPC 采用的默认的编码机制也是谷歌设计的 ProtoBuf。gRPC 支持在任意环境下使用，支持物联网、手机、浏览器。支持浏览器这一点很关键，它表明 gRPC 的定位及与传统 RPC 的不同。gRPC 没有基于传统的自定义 TCP Socket 传输通道，而是基于现有的 HTTP 2.0！这样看来，gRPC 的性能肯定比不过 ZeroC Ice、Thrift 这些传统 RPC，但更通用、直接面向浏览器、取得更大的影响力才是谷歌推出 gRPC 的初心。目前用 Go 开发的分布式系统，比较著名的如 Kuberntes、Istio 等，都是以 gRPC 作为分布式通信的接口协议的。

3.3 从 RPC 到服务治理框架

与一般的 HTTP REST 框架不同，一个可用的 RPC 架构不仅解决了远程调用问题，也提供了用于服务注册和服务发现的基础设施，比如 RMI（Java 语言的 RPC）里的 RMI Registry，如下图所示。

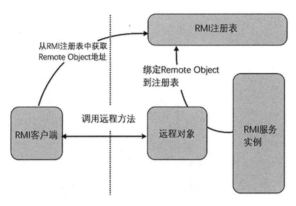

在使用 RMI 时，我们所开发的"远程对象"（Remote Object）都需要被注册（Binding）到 Registry 里，客户端（Client）则首先需要通过 Registry 的接口查询到远程对象的访问地址，然后才能发起对远程对象的"远程过程调用"，将这种模式表达为更抽象的模型，就是如下图所示的服务注册和服务发现的通用模型。

从 RPC 和 COBRA 发展而来的服务注册与服务发现模型，被后来者奉为经典。如下所示是 ZeroC Ice 的实现架构图，其中注册表实现了主从复制的特性，避免了单点故障。

服务注册与服务发现的模型在 Web Service 时代被提到了一个很高的境界，Web Service 的核心架构一般如下图所示。

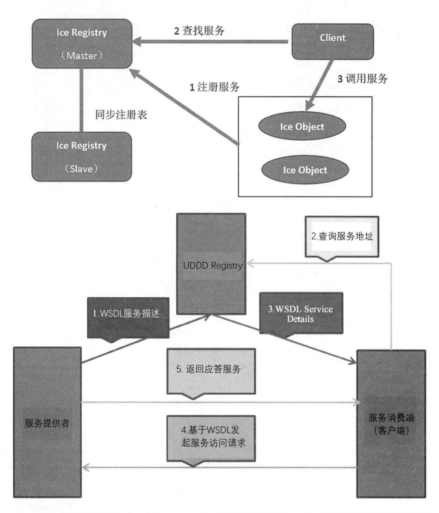

在 Web Service 的技术架构中，用 XML 定义的编程语言中立的服务接口描述语言 WSDL 其实来自 COBRA 中的 IDL，基于 Socket 的复杂 RPC 调用被简单和容易掌握的 HTTP 上的 SOAP 调用所替换。此外，为了应对不同开发商的"互联互不同"及"以自我为中心"的思想，IBM 倡导了全球服务注册中心（UDDI Registry）的理念，希望各个厂商都能将自己的 Web Service 注册到一起，全球联网，服务无国界，这次尝试以失败告终，无数公司不得不重复开发并不很复杂的软件系统。

后来出现了 SOA 这个新概念，虽然业界对 SOA 这个概念有各种"诠释"，但"面向服务的架构"即以服务（Service）为中心的分布式架构深入人心，如下图所示是一个理想化的大一统的

SOA 架构蓝图，我们看到服务注册与服务发布模型及 RPC 技术依然是 SOA 的技术核心。

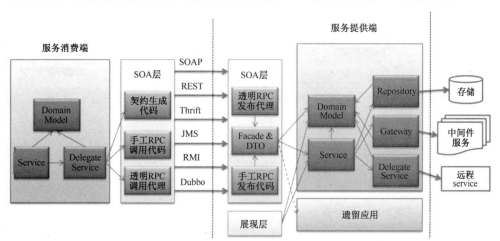

服务注册与服务发布模型成为后来通用分布式系统架构的核心和关键技术基础，也被赋予一个新概念——服务治理框架。服务治理框架这个概念与 SOA 在本质上属于一类，它的一个典型代表是曾经热门的开源项目——Dubbo。下面给出了 Dubbo 的原理概念图，可以看出，相对于 SOA 架构，在 Dubbo 的服务治理框架中最大的一个亮点是增加了服务监控这个必要的运维特性。

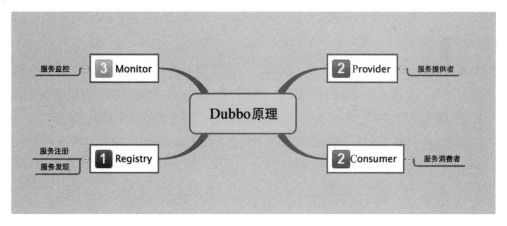

Dubbo 同时提出了很多看起来比较吸引人的新特性，比如服务编排、服务降级、访问规则控制，但实际上这并不是核心。作为一个分布式系统的重要基础设施，稳定、高性能的 RPC 通信及多语言支持才是其关键的核心指标。

3.4 基于 ZeroC Ice 的微服务架构指南

微服务架构的概念、术语及其思想都不复杂，复杂的是具体实践过程中所涉及的框架、产品、API 及配套的相关开发和运维工具。因此，本章先基于 ZeroC Ice 的微服务架构实践一个具体的微服务项目开发全过程，有了这个实践过程，在下一章继续学习微服务架构的相关理论时，我们就能更深刻、更直观地理解微服务架构了。

阅读本章之前，我们假设你已经熟悉 ZeroC Ice 的基本概念和基本用法。

3.4.1 ZeroC Ice 的前世今生

ZeroC Ice 对于很多资深软件工程师或架构师来说并不陌生，特别是对于在电信领域有多年基础开发经验的 IT 人来说，ZeroC Ice 是一个很好很强大的 RPC 架构，腾讯很早就研究（使用）过 ZeroCIce，其之后开源的 RPC 架构 Tars 在设计理念和实现方面也参考和借鉴了 ZeroC Ice 的很多方面。

通过前面章节的学习，我们知道，在早期的分布式系统中，RPC 技术（框架）是关键的热点技术之一，而高性能、支持多语言跨平台开发的超级 RPC 架构一直是其终极目标，最早进多语言跨平台尝试的 RPC 技术是出师未捷身先死的 CORBA。

CORBA 出现于 1991 年，是当时几个 IT 巨头联手发起的支持多语言跨平台开发的超级分布式中间件平台，一度是学院派的"阵地"及商业巨头兜售自己的企业级产品的重要棋子，而在 SUN 的 J2EE 和微软的 DOM 技术兴起后，CORBA 因为缺乏企业市场而快速消亡。虽然 CORBA 已死，但它留下来很多影响深远的珍贵资产，包括 SUN 的 J2EE、微软的 DOM 技术、后面 IBM 及微软联手发起的 Web Service 技术及留存至今的 ZeroC Ice，都是在其直接或间接影响下出现的。

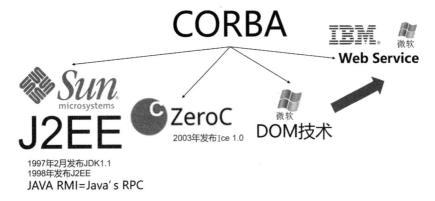

ZeroC Ice 可以说是完美继承了 CORBA 的使命和精华，首次实现了支持多语言可跨平台的梦想。同时，相对于 CORBA 的指数级复杂程度，ZeroC Ice 可谓是很轻量级的平台，它剥离了很多华而不实的功能特性，很容易上手。转眼 20 多年过去了，无数知名软件公司消失了，甚至 SUN 这样的巨头也消失了，但仅凭借一个 ZeroC Ice 产品就能延续至今，最大的功劳应当归当年勇敢"反叛" CORBA 的技术老兵，他们组建了 ZeroC 公司，打出"反叛之冰"的旗号，坚持 CORBA 的初心和梦想，潜心打造了一个跨平台的 RPC 产品，在电信、金融等高端行业吸引了不少客户，并且几十年如一日地坚守代码界的工匠精神，不断优化和扩展 ZeroC Ice，如今又彻底开源了其代码，不管是这家公司的精神还是其产品和源码本身，都值得我们学习。

ZeroC 公司的 Ice 产品目前是一个系列，国内大部分人只熟悉它的 RPC 架构和产品部分，以 C++ 的技术人员为主，这部分技术也是最早用于电信和金融等行业的，高性能和稳定性是它的两大口碑。不过 ZeroC Ice 的精华却是 2005 年左右发布的 IceGrid，可被认为是第一个公开发行的、支持多语言的、功能完备的微服务架构平台，比之后的各种微服务架构要早很多年。至于为什么没有用微服务（Micro Service）这个词，是因为那时候 IT 界更流行另一个词——网格计算（Grid Computing），这个词诞生于 20 世纪 90 年代，其目标是把大量机器整合成一个虚拟的超级机器以支持超大规模的分布式计算，我们也可以将其理解为现在云计算（Cloud Computing）的前身，所以 ZeroC 公司以 Grid 命名其最新的分布式计算框架产品为 IceGrid，也就再正常不过了。

从 Kubernetes、Docker Swarm 这类最新的基于容器技术的分布式计算平台来看，IceGrid 当年所设计的架构、实现方式、运维工具都已经深刻影响许多的后来者，因为跨越的时间很久了，所以我们不能简单地说是"抄袭或模仿"，我们只能说"英雄所见略同"，站在巨人的肩膀上，牛顿才能发现苹果闪耀的不为世人所知的光芒。

如下所示是 IceGrid 及 Kubernetes 与 Docker Swarm 的架构图。

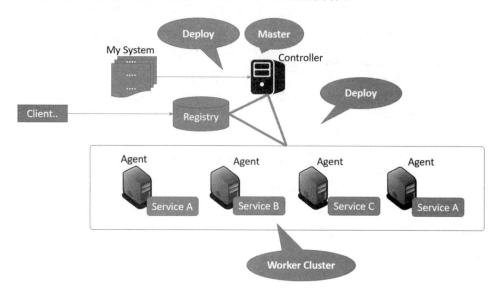

首先，整个服务器集群中的机器被分为两类：Master 及 Worker，其中 Master 只有一台或少量几台，为整个集群的控制中心，上面部署着一些控制器类的软件，这些软件与每台 Worker 上运行的 Agent 类软件双向交互，在 Master 机器上可能还部署着一个 Registry 进程，存储了整个系统的数据，包括集群的信息、状态、已发布的应用的信息，各类服务的地址，以及可用性等信息，甚至包括集群节点采集报告的机器性能信息。我们要发布的应用则采用某种格式的文本文件（如 xml、json、yaml）描述架构信息，其中架构被标准化建模为 Service 为主的逻辑对象，然后通过 Master 提供的工具自动发布到 Worker 集群中，大大降低了运维的复杂度和工作量，而 Kubernetes 等新一代的集群系统由于采用了容器技术，大大增强了平台的自动化能力，具体表现在应用发布、自我监控和自动修复、自动扩容、滚动升级方面，可以说是一个革命性的进步。

3.4.2　ZeroC Ice 微服务架构指南

前面我们说过，虽然 ZeroC IceGrid（简称 IceGrid）是早于微服务架构概念出现的，但 IceGrid

完全符合微服务架构的理念，当我们采用 IceGrid 来实施一个具体的微服务架构时，涉及的知识点如下图所示。

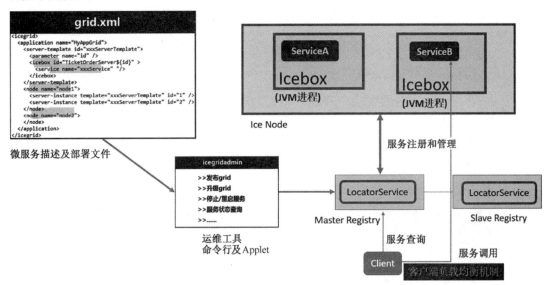

整个 IceGrid 集群由客户端程序、服务注册表（Ice Registry）及多个 Ice Node 组成。构建于 IceGrid 上的微服务系统可以由一个 XML 文件描述，通过命令行工具 icegridadmin 可以完成应用的部署、升级、服务启停等管理功能。Ice Node 进程运行在 IceGrid 集群中的每个物理机上，负责启停和监控本机上的所有 IceBox，每个 IceBox 都是单独的进程，如果是用 Java 开发的 IceBox，其入口类就是 IceBox.Server。我们也可以把 IceBox 理解为极其轻量级的一个 Servlet Server，跑在 IceBox 中的每个 Service（对应接口为 IceBox.Service）则类似于一个 Servlet，这一点从 IceBox.Service 接口的定义即可看出：

```
public abstract interface IceBox.Service {
  public abstract void start(String serviceName, Ice.Communicator commu, java.lang.String[] args);
  public abstract void stop();
}
```

上述接口中的 start 方法用来让我们创建一个具体的 RPC 远程服务对象——Ice Servant，将它绑定到网络通信组件 Communicator 上并开始提供服务；stop 方法则用来销毁和停止 Ice Servant 对象，释放资源。当我们通过管理命令行来重启一个 IceBox 时，就会触发这个 IceBox 里所有 Service 的 stop 与 start 方法。虽然在一个 IceBox.Service 里可以创建多个 Ice Servant，但通常情况下我们只会创建一个 Ice Servant，这种做法比较符合微服务架构的设计理念，即一个微服务为一个单独的进程。如果我们遵循了上述原则，则可以认为一个 IceBox 就是一个具体的微服务实例，部署在多个 Ice Node 上的同一组 IceBox 就组成了一个微服务的所有实例。

那么，这一组实例是如何实现微服务架构中的另外一个重要特性即负载均衡机制的呢？答案很简单——服务别名机制。DNS 负载均衡机制其实也是这个原理，即我们把一组 IP 绑定到一起，给一个别名——域名，每次查询时返回不同的 IP 地址即可实现简单的负载均衡能力。在 IceGrid 里采用了一个名为 replica-group 的负载均衡机制，如下所示的代码片段定义了一个名为 MyServiceRep 的服务负载均衡组，采用的是 round-robin 的简单轮询机制，里面定义了一个名为 MyService 的服务，它对应的接口类型为::demo::MyService 的 Ice Servant 实例。

```
<replica-group id="MyServiceRep">
    <load-balancing type="round-robin" n-replicas="0" />
    <object identity="MyService" type="::demo::MyService" />
</replica-group>
```

然后，IceBox 里对应的 Service 引用这个 replica-group，即可完成捆绑过程：

```
<service name="MyService" entry="xxxxxxx">
<adapter name="MyService" id="MyService${id}" endpoints="default" replica-group="MyServiceRep"/>
</service>
```

这样一来，当客户端通过 Ice Registry 查找 MyService 这个服务时，就会查询到当前所有可用的服务实例，从而实现透明的负载均衡和故障恢复等高级特性，这一切都在 ZeroC Ice 客户端的框架代码里实现了，我们直接使用即可。

如果熟悉 Docker，那么你可能发现 Docker 仓库是一种很不错的设计，它实现了对二进制分发镜像的集中托管，而且具有类似于 Git 和 SVN 的版本控制特性。安装了 Docker 运行环境的任何机器，都可以非常方便地从 Docker 仓库中拉取任何需要的镜像，而不是像之前采用传统的方式时，需要通过 FTP 或者 HTTP 来手动下载并复制到各个目标机器上进行安装。Docker 的这种新思路的确解决了分布式系统中服务部署和升级的一个大问题。

那么，ZeroC Ice 微服务架构是否也可能引入这种思路来解决服务包的分发问题呢？答案是肯定的。我们知道，Java 里的类加载器 URLClassLoader 是可以从网络上加载一个 JAR 文件的。下面这段代码就实现了从一个 HTTP 或者 FTP 站点加载一些指定的 JAR 文件：

```
private URLClassLoader getURLClassLoader(String jarSite, String jarNames) throws MalformedURLException {
```

```
            URLClassLoader loader = null;
            String fileNames[] = jarNames.split(";");
            if (fileNames != null && fileNames.length > 0) {
                URL urls[] = new URL[fileNames.length];
                for (int i = 0; i < fileNames.length; i++) {
                    try {
                        urls[i] = new URL(jarSite + "/" + fileNames[i]);
                    } catch (MalformedURLException e) {
                        throw new RuntimeException("bad url", e);
                    }
                }
                loader = new URLClassLoader(urls,
Thread.currentThread().getContextClassLoader());
            }
            return loader;
        }
```

此外，我们在存放用户微服务 JAR 文件的 HTTP 站点上生成一个 JSON 格式的文件 version.json，里面定义了当前要加载的 JAR 文件的版本信息，当我们要升级某个微服务时，只要上传新的 JAR 文件到站点下，并修改 version.json 里对应的 JAR 文件的版本信息，然后让每个节点上的 IceBox 重新启动，就可完成快速的升级过程，而一旦升级失败，通过还原 version.json 文件，还能快速、安全地回滚。下面的示意图给出了完整的实现思路，图中的 HTTP Server 就相当于 Docker Hub。

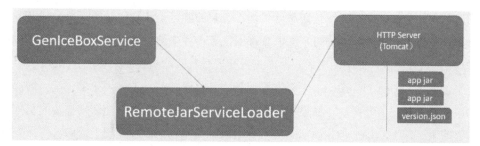

如上所示示意图中的代码已被提交到 GitHub 开源，代码可以用于生产、开发，项目名为 mycat-ice-framework，从 GitHub 的 MyCATapache/mycat-ice 目录即可找到，由于代码比较多，所以这里不再贴出，需要使用此框架的读者可以自行下载和研究，也欢迎提交优质的开源代码。

下面这段来自 grid.xml 中的 LoadJarProps 配置给出了远程加载 JAR 文件相关的配置参数：

```
<properties id="LoadJarProps">
    <property name="LoadJarsFromRemote.Enabled" value="true"/>
    <property name="LoadJarsFromRemote.Site"
value="http://localhost:8080/ice-app-lib"></property>
```

```
<property name="LoadJarsFromRemote.SharedJars" value="iceclient.properties">
</property>
<property name="LoadJarsFromRemote.AutoUpdate" value="true"></property>
</properties>
```

而 GenIceBoxService 类是 IceBox.Service 的一个通用实现类,可以在 grid.xml 里通过配置方式加载(本地或远程)指定的一个 Ice Servant 对象,如此一来,开发 IceGrid 微服务架构时,就不用再为每个 Ice Servant 对象都生成一个 IceBox.Service 适配类了,大大提高了开发效率。下面的配置信息表示加载 com.my.demo.MyServiceImpl 这个 Ice Servant,对应的远程 JAR 文件的名称为 helloservice-xxx.jar,其中 xxx 等版本信息则来源于 HTTP 站点里的 version.json:

```
<service name="MyService" entry="io.mycat.ice.server.GenIceBoxService">
    <properties>
        <properties refid="LoadJarProps" />
        <property name="servantClassName" value="com.my.demo.MyServiceImpl" />
            <property name="myjars" value="helloservice" />
        <property name="jdbc_url" value="jdbc://mysql:localhost" />
    </properties>
</service>
```

接着我们一起分析微服务架构下的第 2 个有代表性的问题,即在微服务架构下是否还需要 Spring Framework？我们知道,Spring Framework 最初是代替复杂的 J2EE 框架的一个开源项目,提供了一个非常灵活也没有侵入性的服务容器框架。通过 Spring Framework,我们很容易实现复杂的服务依赖和服务装配,在传统单体架构下,它的确是无法被代替的一个最佳开发框架。但是,在微服务架构里,我们的每个微服务都聚集于一件事情,微服务之间的调用(依赖)不再是本地(一个 JVM 内部)调用模式,而是需要通过负载均衡机制来实现分布式的调用能力,如此一来,采用 Spring Framework 来开发微服务,其优势就基本上丧失殆尽,反而增加了微服务的响应延时和代码的复杂度。如果不用 Spring Framework,那么与此紧密相关的另外一个问题也随之而来,即 MyBatis、Hibernate 等数据映射框架是否还能继续用于微服务开发？这个问题的正确答案不是特别确定,但有不少人倾向于不再用这些框架开发微服务系统,理由如下。

- 微服务系统通常很少是传统企业应用,多为互联网应用,可能系统中的表很多,但不是每个表都有 CRUD 的操作,更多的是查询操作,因此,MyBatis、Hibernate 等框架的优势并不明显,考虑到性能问题、复杂的数据库读写分离问题、SQL 优化问题,采用原生 JDBC 操作是最佳选择。

- 微服务是系统中的重要骨干，开发速度相对于微服务的实现品质来说并不重要，而且微服务的开发任务通常是由公司里少量比较有经验的工程师来承接的，对于他们来说，采用原生 JDBC 来实现业务代码，更能体现其技术水平和经验。

笔者的建议也是不采用 Spring Framework 及 MyBatis、Hibernate 等框架，而是直接采用原生 JDBC 来实现微服务的业务代码。

本节最后，我们来看看微服务架构系统中无法绕开的一个基础问题——集中化的配置中心。由于一个微服务通常有很多实例部署在不同的机器上，而一个微服务系统又是由很多微服务组成的庞大系统，所以在这种情况下，如果服务的配置信息都是以本地文件的方式打包在部署包里发布的，那么对于运维工程师来说将是可怕的梦魇。

要解决集中化的配置问题其实并不难，而且已经有现成的开源利器 ZooKeeper 可以完美解决配置信息动态实时推送的复杂难题。但是在这方面并没有好的开源项目可以很方便地拿来使用，而且这些开源项目最好用起来就像我们非常熟悉的 Properties 对象。为了解决这个问题，在 mycat-ice-framework 里，笔者提供了一个简单的框架，如下所示。

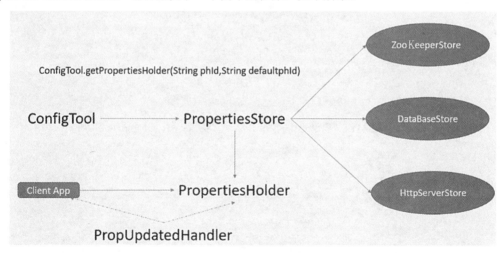

通常我们会以一个微服务为单元，将其所有的配置项作为一个 Group 统一进行管理，这就是上图中的 PropertiesHolder 对象。PropertiesHolder 内部采用 Map 来存储具体的配置项。为了解决部分配置项需要在运行期间改变的问题，这里采用了简单的回调思路，使用者实现一个 PropUpdatedHandler 接口来处理配置项改变时需要执行的业务逻辑，并在获取配置项的方法调用中传递这个接口，一旦此配置项发生改变，即可被通知到。下面是 PropUpdatedHandler 的接口定义：

```java
public interface PropUpdatedHandler {
 public void valueChanged(String propName, String oldVal, String newValue);
}
```

PropertiesHolder 的完整代码也很简单：

```java
public class PropertiesHolder {
    private Map<String, String> propMap = new HashMap<String, String>();
    private Map<String, PropUpdatedHandler> propUpdatedHandlerMap = new HashMap<String, PropUpdatedHandler>();
    public String getPropValue(String propName) {
        return propMap.get(propName);
    }
    /**
     * 对于运行期变化的配置变量，传入回调接口，在变量发生变化后，被及时通知修改赋值
     */
    public String getPropValue(String propName, PropUpdatedHandler updatedHandler) {
        if (updatedHandler != null) {
            synchronized (propUpdatedHandlerMap) {
                propUpdatedHandlerMap.put(propName, updatedHandler);
            }
        }
        return getPropValue(propName);
    }
}
```

PropertiesHolder 则由具体的 PropertiesStore 实现类所托管，PropertiesStore 的接口如下：

```java
public abstract class PropertiesStore {
    /**
     * 获取某个资源所对应的配置变量集（PropertiesHolder），这里的资源主要指 Ice 服务，
     * 通常一个服务对应一套 PropertiesHolder，
     * 如果对应的 PropertiesHolder 不存在，则装载 defaultphId 对应的 PropertiesHolder，
     * 如果还不存在，则返回空的 PropertiesHolder
     *
     * @param phId
     * @param defaultphId
     * @return
     */
    public abstract PropertiesHolder loadPropertiesHolder(String phId, String defaultphId);
    /**
     * 持久化保存配置变量
```

```
     *
     * @param ph
     */
    public abstract void updatePropertiesHolder(PropertiesHolder ph);
}
```

我们可以分别实现基于 Properties 文件、数据库、ZooKeeper 的各种 PropertiesStore 实现，最终通过 ConfigTool 来实例化一个 PropertiesStore，并提供静态方法供客户端程序获取指定的 PropertiesHolder 对象，ConfigTool 的代码如下：

```
public class ConfigTool {
    static final PropertiesStore propStore;
    static {
        propStore = new LocalPropertiesStore();
    }
    public static PropertiesHolder getPropertiesHolder(String phId, String defaultphId) {
        return propStore.loadPropertiesHolder(phId, defaultphId);
    }
};
```

客户端使用此框架就非常简单了，下面是全部的代码：

```
PropertiesHolder ph=ConfigTool.getPropertiesHolder("MyHellowService",null);
String paramxx=ph. getPropValue("paramxxx");
```

此框架目前只提供了接口定义，还没有提供具体的实现代码，也希望高手能实现基于数据库与 ZooKeeper 的 PropertiesStore 并贡献到开源项目中。

3.4.3 微服务架构概述

考虑到第 8 章才会完整介绍微服务相关的内容，所以这里先简单概述，以巩固上一节的实践成果。

说到微服务架构，我们先来看看与之"对立"的一种程序架构——单体架构，如下图所示，这个采用 REST 接口定义了多个 Service 并且完全运行在一个 Tomcat 里的应用就是我们很熟悉的单体架构。

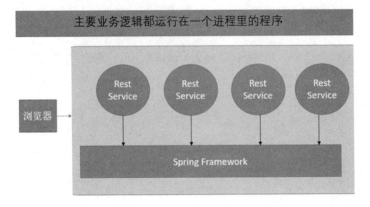

单体架构的好处显而易见：通常只建立一个 Project 工程即可，当系统比较小时，开发、部署、测试等工作都更加简单快捷，容易实现项目上线的目标。但随着系统的快速迭代，就会产生一些难以调和的矛盾和发现先天的缺陷。

- 过高耦合的风险：服务越来越多，不停地变化，由于都在一个进程中，所以一个服务的失败或移除，都将导致整个系统无法启动或正常运行的系统性风险越来越大。
- 新语言与新技术引入的阻力：单体架构通常只使用一种开发语言，并且完全使用一种特定的框架，运行在一个进程内，从而导致新语言和新技术很难被引入。在互联网应用时代，多语言协作开发是主流，特别是对于复杂的大系统、大平台。各种新技术层出不穷，拒绝新技术就意味着技术上的落后，从而可能逐步被市场抛弃。
- 水平扩展的问题：单体架构从一开始就没有考虑分布式问题，或者即使考虑了但仍然开发为单体架构，所以遇到单机性能问题时，通常难以水平扩展，往往需要推倒重来，代价比较大。
- 难以可持续发展：随着业务范围的快速拓展，单体架构通常难以复用原有的服务，一个新业务的上线，通常需要重新开发新服务、新接口，整个团队长期被迫加班是必然的结果，老板则怀疑技术团队及 Leader 的能力。

下图则是 Amazon EC2 PaaS 平台 CloudFoundry 的创始人 Chris Richardson 在 *Introduction to Microservices* 中提到的一个典型单体架构案例，这是一款类似于滴滴打车的出租车调度软件（不妨称之为哥哥打车），整个系统（不含面向司机与乘客的手机客户端）被打包为一个大的单体架构，部署在 Tomcat 里。

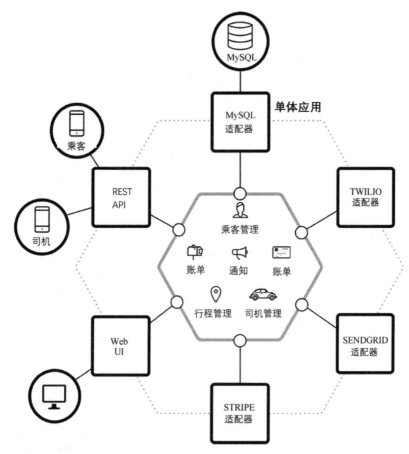

而微服务架构的出现，恰恰就是为了弥补"单体架构"所带来的各种问题及先天的缺陷。最早提出微服务架构及实践微服务架构的公司有 Google、Amazon、eBay 和 NetFlix 等。在这种新的微服务架构下，整个系统被分解为独立的几个微服务，每个微服务都可以独立部署在多台机器上，前端应用可以通过负载均衡器（Load Balancer）来访问微服务，微服务之间也可以通过同样的接口进行远程通信。

如下所示为"哥哥打车"微服务化后的架构图（其中每个六边形都代表一个微服务）。

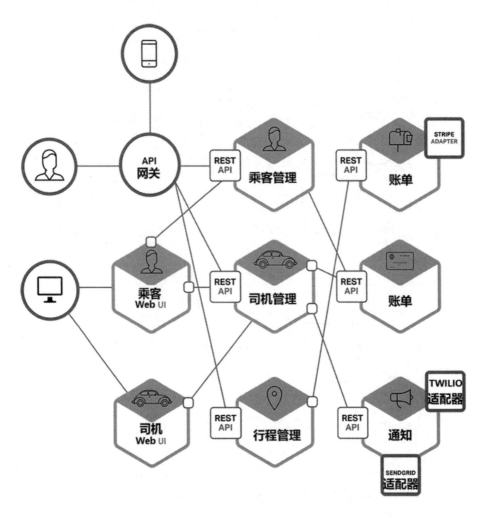

如下所示为 Load Balancer 实现微服务负载均衡的部署示意图（基于亚马逊公有云和 Docker）。

第 3 章 聊聊 RPC

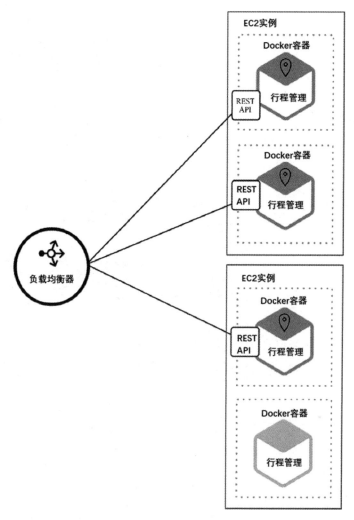

一般而言，如果一个分布式系统具备如下特点，则我们可以称之为"微服务架构"。

- 任何一个服务都由多个独立的进程提供服务，这些进程可以分布在多台物理机上，任何进程宕机，都不会影响系统提供服务。
- 整个系统是由多个微服务有机组成的一个分布式系统，换而言之，不是一个巨大的单体架构。

如下所示为微服务架构的原理概念图，可以看出，微服务架构从某种意义上来说可以被看作服务治理框架的延伸。

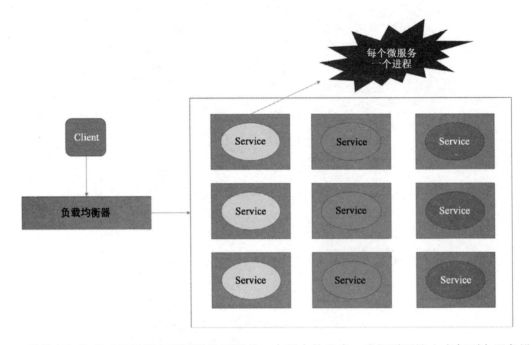

微服务架构背后的思想和顶层设计无疑是一个巨大的进步。我们说了这么多年面向服务设计与建模的梦想，终于在分布式时代被第一次真正重视和彻底实现，而这一切都源自全新的微服务架构。

总结下来，当前主流的微服务架构可以分为以下三类。

- 第 1 类：基于传统的高性能 RPC 技术和服务治理的微服务架构，这个领域的王者为 ZeroC IceGrid。

- 第 2 类：以 HTTP REST 为通信机制的通用性微服务架构，典型的为 Spring Cloud。

- 第 3 类：基于容器的技术，目标是部署在公有云平台上的微服务架构基础平台，这种微服务架构平台并没有提供特定的 RPC 通信机制，只保证 TCP 通信的可达性，所以理论上，任何分布式应用都可以运行在微服务架构平台上，言外之意就是要选择合适的通信协议，比如 REST、Thrift、gRPC 或者自定义的某种 TCP 通信协议。这个领域的王者为 Google 的 Kubernetes，本书后面会提到它。

第 4 章

深入浅析内存

除了 CPU，内存大概是最重要的计算资源了。基本成为分布式系统标配的缓存中间件、高性能的数据处理系统及当前流行的大数据平台，都离不开对计算机内存的深入理解与巧妙使用。在本章中我们将探索这个让人感到既熟悉又复杂的领域。

4.1 你所不知道的内存知识

4.1.1 复杂的 CPU 与单纯的内存

首先，我们澄清几个容易让人混淆的 CPU 术语。

- Socket 或者 Processor：指一个物理 CPU 芯片，盒装的或者散装的，上面有很多针脚，直接安装在主板上。
- Core：指在 Socket 里封装的一个 CPU 核心，每个 Core 都是完全独立的计算单元，我们平时说的 4 核心 CPU，就是指在一个 Socket（Processor）里封装了 4 个 Core。
- HT 超线程：目前 Intel 与 AMD 的 Processor 大多支持在一个 Core 里并行执行两个线程，此时在操作系统看来就相当于两个逻辑 CPU（Logical Processor）。在大多数情况下，我们在程序里提到 CPU 这个概念时，就是指一个 Logical Processor。

然后，我们先从第 1 个非常简单的问题开始：CPU 可以直接操作内存吗？可能 99%的程序员会不假思索地回答："肯定的，不然程序怎么跑。"如果理性地分析一下，你会发现这个回答有问题：CPU 与内存条是独立的两个硬件，而且 CPU 上没有插槽和连线可以让内存条挂上去，也就是说，CPU 并不能直接访问内存条，而是要通过主板上的其他硬件（接口）间接访问内存条。

第 2 个问题：CPU 的运算速度与内存条的访问速度之间的差距究竟有多大？通常来说，CPU 的运算速度与内存访问速度之间的差距不过是 100 倍。既然 CPU 的速度与内存的速度还是存在高达两个数量级的巨大鸿沟，所以它们注定不能"幸福地在一起"，于是 CPU 的亲密"伴侣"Cache 闪亮登场。与来自 DRAM 家族的内存（Memory）出身不同，Cache 来自 SRAM 家族。DRAM 与 SRAM 最简单的区别是后者特别快，容量特别小，电路结构非常复杂，造价特别高。

造成 Cache 与内存之间巨大性能差距的主要原因是工作原理和结构不同，如下所述。

- DRAM 存储一位数据只需要一个电容加一个晶体管，SRAM 则需要 6 个晶体管。由于 DRAM 的数据其实是被保存在电容里的，所以每次读写过程中的充放电环节也导致了 DRAM 读写数据有一个延时的问题，这个延时通常为十几到几十 ns。

- 内存可以被看作一个二维数组，每个存储单元都有其行地址和列地址。由于 SRAM 的容量很小，所以存储单元的地址（行与列）比较短，可以被一次性传输到 SRAM 中；DRAM 则需要分别传送行与列的地址。

- SRAM 的频率基本与 CPU 的频率保持一致；而 DRAM 的频率直到 DDR4 以后才开始接近 CPU 的频率。

Cache 是被集成到 CPU 内部的一个存储单元，一级 Cache（L1 Cache）通常只有 32～64KB 的容量，这个容量远远不能满足 CPU 大量、高速存取的需求。此外，由于存储性能的大幅提升往往伴随着价格的同步飙升，所以出于对整体成本的控制，在现实中往往采用金字塔形的多级 Cache 体系来实现最佳缓存效果，于是出现了二级 Cache（L2 Cache）及三级 Cache（L3 Cache），每一级 Cache 都牺牲了部分性能指标来换取更大的容量，目的是缓存更多的热点数据。以 Intel 家族 Intel Sandy Bridge 架构的 CPU 为例，其 L1 Cache 容量为 64KB，访问速度为 1ns 左右；L2 Cache 容量扩大 4 倍，达到 256KB，访问速度则降低到 3ns 左右；L3 Cache 的容量则扩大 512

倍，达到 32MB，访问速度也下降到 12ns 左右，即便如此，也比访问主存的 105ns（40ns+65ns）快一个数量级。此外，L3 Cache 是被一个 Socket 上的所有 CPU Core 共享的，其实最早的 L3 Cache 被应用在 AMD 发布的 K6-III 处理器上，当时的 L3 Cache 受限于制造工艺，并没有被集成到 CPU 内部，而是被集成在主板上。

下面给出了 Intel Sandy Bridge CPU 的架构图。可以看出，CPU 如果要访问内存中的数据，则要经过 L1、L2 与 L3 这三道关卡后才能抵达目的地，在这个过程中 CPU "亲自出马"，3 个级别的 Cache 层层转发内存指令，最终抵达内存。

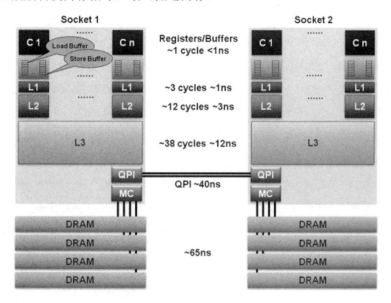

4.1.2 多核 CPU 与内存共享问题

现在恐怕很难再找到单核的 CPU 了，问题来了：在多核 CPU 的情况下，如何共享内存？

如果擅长多线程高级编程，那么你肯定会毫不犹豫地给出以下伪代码解决方案：

```
synchronized(memory)
    {
        writeAddress(….)
    }
```

如果真这么简单，那么这个世界上就不会只剩下两家主流 CPU 制造商了。

多核心 CPU 共享内存的问题也被称为 Cache 一致性问题，简单地说，就是多个 CPU 核心所看到的 Cache 数据应该是一致的，在某个数据被某个 CPU 写入自己的 Cache（L1 Cache）以后，其他 CPU 都应该能看到相同的 Cache 数据；如果在自己的 Cache 中有旧数据，则抛弃旧数据。考虑到每个 CPU 都有自己内部独占的 Cache，所以这个问题与分布式 Cache 保持同步的问题是同一类问题。来自 Intel 的 MESI 协议是目前业界公认的 Cache 一致性问题的最佳方案，大多数 SMP 架构都采用了这一方案，虽然该协议是一个 CPU 内部的协议，但由于它对我们理解内存模型及解决分布式系统中的数据一致性问题有重要的参考价值，所以这里对它进行简单介绍。

首先说说 Cache Line，如果有印象的话，你会发现 I/O 操作从来不以字节为单位，而是以"块"为单位。这里有两个原因：首先，因为 I/O 操作比较慢，所以读一个字节与一次读连续 N 个字节所花费的时间基本相同；其次，数据访问往往具有空间连续性的特征，即我们通常会访问空间上连续的一些数据。举个例子，在访问数组时通常会循环遍历，比如查找某个值或者进行比较等，如果把数组中连续的几个字节都读到内存中，那么 CPU 的处理速度会提升几倍。对于 CPU 来说，由于 Memory 也是慢速的外部组件，所以针对 Memory 的读写也采用类似于 I/O 块的方式就不足为奇了。实际上，CPU Cache 里的最小存储单元就是 Cache Line，Intel CPU 的一个 Cache Line 存储 64 个字节，每一级 Cache 都被划分为很多组 Cache Line，典型的情况是 4 条 Cache Line 为一组，当 Cache 从 Memory 中加载数据时，一次加载一条 Cache Line 的数据。下图给出了 Cache 的结构。

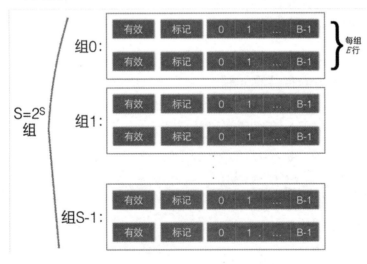

在每个 Cache Line 的头部都有两个 Bit 来表示自身的状态，总共有 4 种状态。

- M（Modified）：修改状态，在其他 CPU 上没有数据的副本，并且在本 CPU 上被修改过，与存储器中的数据不一致，最终必然会引发系统总线的写指令，将 Cache Line 中的数据写回 Memory 中。
- E（Exclusive）：独占状态，表示当前 Cache Line 中的数据与 Memory 中的数据一致，此外，在其他 CPU 上没有数据的副本。
- S（Shared）：共享状态，表示 Cache Line 中的数据与 Memory 中的数据一致，而且当前 CPU 至少在其他某个 CPU 中有副本。
- I（Invalid）：无效状态，在当前 Cache Line 中没有有效数据或者该 Cache Line 数据已经失效，不能再用；当 Cache 要加载新数据时，优先选择此状态的 Cache Line，此外，Cache Line 的初始状态也是 I 状态。

MESI 协议是用 Cache Line 的上述 4 种状态命名的，对 Cache 的读写操作引发了 Cache Line 的状态变化，因而可以将其理解为一种状态机模型。但 MESI 的复杂和独特之处在于状态有两种视角：一种是当前读写操作（Local Read/Write）所在 CPU 看到的自身的 Cache Line 状态及其他 CPU 上对应的 Cache Line 状态；另一种是一个 CPU 上的 Cache Line 状态的变迁会导致其他 CPU 上对应的 Cache Line 状态变迁。如下所示为 MESI 协议的状态图。

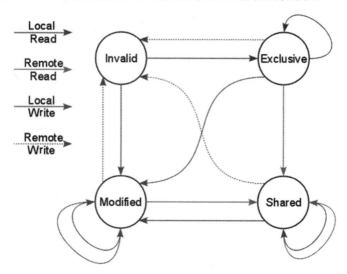

结合这个状态图，我们深入分析 MESI 协议的一些实现细节。

（1）某个 CPU（CPU A）发起本地读请求（Local Read），比如读取某个内存地址的变量，如果此时在所有 CPU 的 Cache 中都没加载此内存地址，即此内存地址对应的 Cache Line 为无效状态（Invalid），则 CPU A 中的 Cache 会发起一个到 Memory 的内存 Load 指令，在相应的 Cache Line 中完成内存加载后，此 Cache Line 的状态会被标记为 Exclusive。接下来，如果其他 CPU（CPU B）在总线上也发起对同一个内存地址的读请求，则这个读请求会被 CPU A 嗅探到（SNOOP），然后 CPU A 在内存总线上复制一份 Cache Line 作为应答，并将自身的 Cache Line 状态改为 Shared，同时 CPU B 收到来自总线的应答并将其保存到自己的 Cache 里，也修改对应的 Cache Line 状态为 Shared。

（2）某个 CPU（CPU A）发起本地写请求（Local Write），比如对某个内存地址的变量赋值，如果此时在所有 CPU 的 Cache 中都没加载此内存地址，即此内存地址对应的 Cache Line 为无效状态（Invalid），则在 CPU A 中的 Cache Line 保存了最新的内存变量值后，其状态被修改为 Modified。随后，如果 CPU B 发起对同一个变量的读操作（Remote Read），则 CPU A 在总线上嗅探到这个读请求以后，先将在 Cache Line 里修改过的数据回写（Write Back）到 Memory 中，然后在内存总线上复制一份 Cache Line 作为应答，最后将自身的 Cache Line 状态修改为 Shared，由此产生的结果是 CPU A 与 CPU B 里对应的 Cache Line 状态都为 Shared。

（3）以上面的第 2 条内容为基础，CPU A 发起本地写请求并导致自身的 Cache Line 状态变为 Modified，如果此时 CPU B 发起同一个内存地址的写请求（Remote Write），则我们看到在状态图里此时 CPU A 的 Cache Line 状态为 Invalid，其原因如下。

CPU B 此时发出的是一个特殊的请求——读并且打算修改数据，CPU A 在从总线上嗅探到这个请求后，会先阻止此请求并取得总线的控制权（Takes Control of Bus），随后将在 Cache Line 里修改过的数据回写到 Memory 中，再将此 Cache Line 的状态修改为 Invalid（这是因为其他 CPU 要修改数据，所以没必要将其改为 Shared）。与此同时，CPU B 发现之前的请求并没有得到响应，于是重新发起一次请求，此时由于在所有 CPU 的 Cache 里都没有内存副本，所以 CPU B 的 Cache 从 Memory 中加载最新的数据到 Cache Line 中，随后修改数据，然后改变 Cache Line 的状态为 Modified。

（4）如果内存中的某个变量被多个 CPU 加载到各自的 Cache 中，从而使变量对应的 Cache Line 状态为 Shared，若此时某个 CPU 打算对此变量进行写操作，则会导致所有拥有此变量缓存的 CPU 的 Cache Line 状态都变为 Invalid，这是引发性能下降的一种典型的 Cache Miss 问题。

在理解了 MESI 协议以后，我们明白了一个重要的事实，即存在多个处理器时，对共享变量的修改操作会涉及多个 CPU 之间的协调问题及 Cache 失效问题，这就引发了著名的"Cache 伪共享"问题。

下面说说缓存命中的问题。如果要访问的数据不在 CPU 的运算单元里，则需要从缓存中加载，如果在缓存中恰好有此数据而且数据有效，就命中一次（Cache Hit），反之发生一次 Cache Miss，此时需要从下一级缓存或主存中再次尝试加载。根据之前的分析，如果发生了 Cache Miss，则数据的访问性能瞬间下降很多！在我们需要大量加载运算的情况下，数据结构、访问方式及程序算法方面是否符合"缓存友好"的设计，就成为"量变引起质变"的关键性因素了。这也是为什么最近国外很多大数据领域的专家都热衷于研究设计和采用新一代的数据结构和算法，而其核心之一就是"缓存友好"。

4.1.3　著名的 Cache 伪共享问题

Cache 伪共享问题是编程中真实存在的一个问题，考虑如下所示的 Java Class 结构：

```
class MyObject
{
 private long  a;
private long  b;
private long  c;
}
```

按照 Java 规范，MyObject 的对象是在堆内存上分配空间存储的，而且 a、b、c 三个属性在内存空间上是近邻，如下所示。

a（8 个字节）	b（8 个字节）	c（8 个字节）

我们知道，在 X86 的 CPU 中 Cache Line 的长度为 64 个字节，这也就意味着 MyObject 的 3 个属性（长度之和为 24 个字节）是完全可能加载在一个 Cache Line 里的。如此一来，如果我们有两个不同的线程（分别运行在两个 CPU 上）分别同时独立修改 a 与 b 这两个属性，那么这两个 CPU 上的 Cache Line 可能出现如下所示的情况，即 a 与 b 这两个变量被放入同一个 Cache Line 中，并且被两个不同的 CPU 共享。

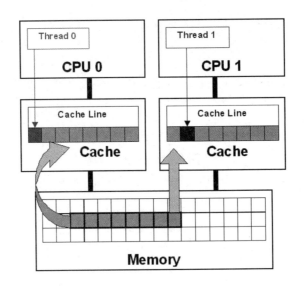

根据 4.1.2 节里 MESI 协议的相关知识，我们知道，如果 Thread 0 要对 a 变量进行修改，则在 CPU 1 上有对应的 Cache Line，这会导致 CPU 1 的 Cache Line 无效，从而使得 Thread 1 被迫重新从 Memory 里获取 b 的内容（b 并没有被其他 CPU 改变，这样做是因为 b 与 a 在同一个 Cache Line 里）。同样，如果 Thread 1 要对 b 变量进行修改，则同样导致 Thread 0 的 Cache Line 失效，不得不重新从 Memory 里加载 a。如此一来，本来是逻辑上无关的两个线程，就完全可以在两个不同的 CPU 上同时执行，但阴差阳错地共享了同一个 Cache Line 并相互抢占资源，导致并行成为串行，大大降低了系统的并发性，这就是 Cache 伪共享问题。

解决 Cache 伪共享问题的方法很简单，将 a 与 b 两个变量分到不同的 Cache Line 里，通常可以用一些无用的字段填充 a 与 b 之间的空隙。由于伪共享问题对性能的影响比较大，所以 JDK 8 首次提供了正式的普适性方案，即采用@Contended 注解来确保一个 Object 或者 Class 里的某个属性与其他属性不在同一个 CacheLine 里。在下面的 VolatileLong 的多个实例之间就不会产生 Cache 伪共享问题：

```
@Contended
class VolatileLong {
    public volatile long value = 0L;
}
```

4.1.4 深入理解不一致性内存

MESI 协议解决了多核 CPU 下的 Cache 一致性问题，因而成为 SMP 架构的唯一选择，而 SMP 架构近几年迅速在 PC 领域（X86）发展。SMP 架构是一种平行的架构，所有 CPU Core 都被连接到一个内存总线上，它们平等访问内存，同时整个内存是统一结构、统一寻址的。如下所示给出了 SMP 架构的示意图。

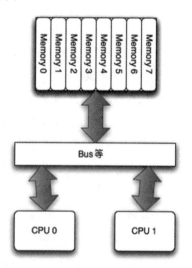

但是，随着 CPU 核心数量的不断增加，SMP 架构也暴露出天生的短板，其根本瓶颈是共享内存总线的带宽无法满足 CPU 数量的增加，同时，在一条"马路"上通行的"车"多了，难免会陷入"拥堵模式"。在这种情况下，分布式解决方案应运而生，系统的内存与 CPU 进行分割并捆绑在一起，形成多个独立的子系统，这些子系统之间高速互联，这就是 NUMA（None Uniform Memory Architecture）架构，如下图所示。

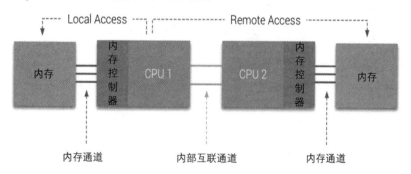

我们可以认为 NUMA 架构第 1 次打破了"大锅饭"模式，内存不再是一个整体，而是被分割为相互独立的几块，被不同的 CPU 私有化（Attach 到不同的 CPU 上）。因此，当 CPU 访问自身私有的内存地址时（Local Access）会很快得到响应，而如果需要访问其他 CPU 控制的内存数据（Remote Access），则需要通过某种互联通道（Inter-connect 通道）访问，响应速度与之前相比变慢。NUMA 的主要优点是伸缩性，NUMA 的这种体系结构在设计上已经超越了 SMP，可以扩展到几百个 CPU 而不会导致性能严重下降。

NUMA 技术最早出现于 20 世纪 80 年代，主要运行在一些大中型 UNIX 系统中，Sequent 公司是世界公认的 NUMA 技术领袖。早在 1986 年，Sequent 公司就率先利用微处理器构建了大型系统，开发了基于 UNIX 的 SMP 体系结构，开创了业界转入 SMP 领域的先河。1999 年 9 月，IBM 公司收购了 Sequent 公司，将 NUMA 技术集成到 IBM UNIX 阵营中，并推出了能够支持和扩展 Intel 平台的 NUMA-Q 系统及解决方案，为全球的大型企业客户适应高速发展的电子商务市场提供了更加多样化、高可扩展性及易于管理的选择，成为 NUMA 技术的领先开发者与革新者。随后很多老牌 UNIX 服务器厂商也采用了 NUMA 技术，例如 IBM、Sun、惠普、Unisys、SGI 等公司。2000 年，在全球互联网泡沫破灭后，X86+Linux 系统开始以低廉的成本侵占 UNIX 的地盘，AMD 率先在其 AMD Opteron 系列处理器中的 X86 CPU 上实现了 NUMA 架构，Intel 也跟进并在 Intel Nehalem 中实现了 NUMA 架构（Intel 服务器芯片志强 E5500 以上的 CPU 和桌面的 i3、i5、i7 均基于此架构），至此 NUMA 这个贵族技术开始真正普及。

下面详细分析一下 NUMA 技术的特点。首先，在 NUMA 架构中引入了一个重要的新名词——Node，一个 Node 由一个或者多个 Socket Socket 组成，即物理上的一个或多个 CPU 芯片组成一个逻辑上的 Node。如下所示为来自 Dell PowerEdge 系列服务器的说明手册中的 NUMA 的图片，4 个 Intel Xeon E5-4600 处理器形成 4 个独立的 NUMA Node，由于每个 Intel Xeon E5-4600 都为 8 Core，支持双线程，所以每个 Node 里的 Logic CPU 数量都为 16 个，占每个 Node 分配系统总内存的 1/4，每个 Node 之间都通过 Intel QPI（QuickPath Interconnect）技术形成了点到点的全互联处理器系统。

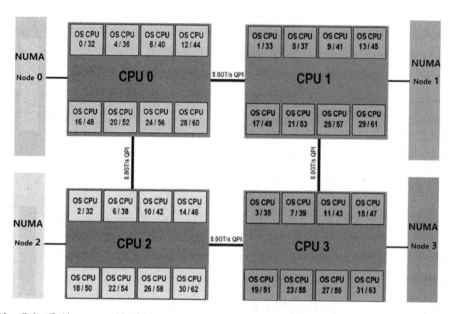

其次,我们看到 NUMA 这种基于点到点的全互联处理器系统与传统的基于共享总线的处理器系统的 SMP 还是有巨大差异的。在这种情况下无法通过嗅探总线的方式来实现 Cache 一致性,因此为了实现 NUMA 架构下的 Cache 一致性,Intel 引入了 MESI 协议的一个扩展协议——MESIF。MESIF 采用了一种基于目录表的实现方案,该协议由 Boxboro-EX 处理器系统实现,但独立研究 MESIF 协议并没有太大的意义,因为目前 Intel 并没有公开 Boxboro-EX 处理器系统的详细设计文档。

最后说说 NUMA 架构的当前困境与我们对其未来的展望。

NUMA 架构打破了传统的"全局内存"概念,所以目前还没有任意一种编程语言从内存模型上支持它,当前也很难开发适应 NUMA 的软件。但这方面已经有很多尝试和进展了。Java 在支持 NUMA 的系统里,可以开启基于 NUMA 的内存分配方案,使得当前线程所需的内存从对应的 Node 上分配,从而大大加快对象的创建过程。在大数据领域,NUMA 系统正发挥着越来越强大的作用,SAP 的高端大数据系统 HANA 被 SGI 在其 UV NUMA Systems 上实现了良好的水平扩展。在云计算与虚拟化方面,OpenStack 与 VMware 已经支持基于 NUMA 技术的虚机分配能力,使得不同的虚机运行在不同的 Core 上,同时虚机的内存不会跨越多个 NUMA Node。

NUMA 技术也会推进基于多进程的高性能单机分布式系统的发展,即在 4 个 Socket、每个 Socket 为 16Core 的强大机器里,只要启动 4 个进程,通过 NUMA 技术便可将每个进程都绑定到一个 Socket 上，并保证每个进程只访问不超过 Node 本地的内存，即可让系统以最高性能并发，而进程间的通信通过高性能进程间的通信技术实现即可。

4.2 内存计算技术的前世今生

无论是我们的手机、笔记本计算机还是公司的服务器，我们都明显感受到内存越来越大，在很长一段时间内（包括现在），我们仅仅把大内存当作缓存来使用。除了关系型数据库，我们最熟悉的就是缓存中间件如 Memcache、Redis 等，它们用来简单缓存 Key-Value 的数据，而大量的数据计算仍然离不开关系型数据库。

其中的原因在笔者看来，主要有以下几点。

（1）直到近几年，我们所开发的大量软件都是面向企业使用的 MIS 系统，绝大多数数据被存放在关系型数据库中，甚至图片这种明显不合适的二进制数据也被尽量存放在数据库中，而大部分软件工程师要做的工作就是围绕数据库的 CRUD 操作及页面展现而年复一年地重复编程。

（2）由于之前的系统产生的数据量不大，数据处理的逻辑也不是很复杂，同时不追求实时性，因此传统的关系型数据库及数据仓库产品足够应付，无须更高端的技术。

（3）长期以来，内存都是比较昂贵的硬件，容量越大的内存条价格越高，机械硬盘则不断刷新性能与存储容量的新纪录。这种情况更加巩固了关系型数据库的地位，并促进了大量的基于硬盘（文件）的数据处理系统的发展。

突如其来的互联网时代则是一个全新的软件时代。一方面，系统的用户量庞大，系统中的业务数据也随之迅速膨胀，数据量越来越大，运算越来越复杂；另一方面，由于互联网用户的个人意识增强，在其个性化诉求增加的同时忠诚度大大降低，导致我们不得不努力提高系统的响应速度，提升用户体验，同时使系统变得更加智能以吸引和留住用户。

那么，问题来了，如果提升系统的响应速度，则如何让系统变得更加智能呢？

这个问题很复杂，但关键点只有两个：内存计算及更快的大数据分析技术。如果深入分析，则内存计算技术可以说是基础。大家都知道，Spark 可以说是很火的开源大数据项目，就连 EMC 旗下专门做大数据的 Pivotal 也转而投入 Spark 技术的开发中。那么，Spark 的核心和关键技术是什么？就是内存计算。下图给出了各种存储的速度对比，可以看出内存计算达到传统机械硬盘的 10 万倍，因此 Spark 尽可能地将数据放入内存中运算，尽可能得到实时结果，这种新颖大胆的设计思想使得 Spark 从一开始就超越了 Hadoop。

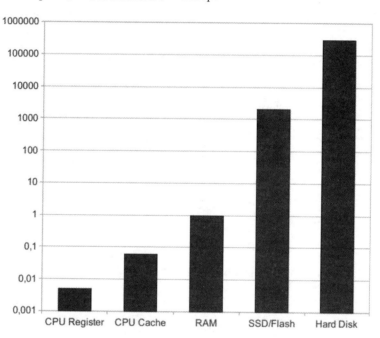

内存计算其实并不是一种新生事物，至少在 10 年前就有一波内存计算的热潮，那时的代表性产品为内存数据库，例如 TimesTen 和 Altibase。内存数据库的最大特点是放弃了磁盘存储数据的思路，把数据放入内存里，因为相对于磁盘，内存的数据读写速度要高出几个数量级，将数据保存在内存中相比从磁盘上访问能够极大提高应用的性能；同时，内存数据库抛弃了传统的磁盘数据管理方式，以全部数据都在内存中为基础重新设计了其体系结构，并且在数据缓存、快速算法、并行操作方面进行了相应改进，所以比传统数据库对数据的处理速度要快很多，一般都在 10 倍以上，在某些性能要求很高的专有领域占有重要的市场份额。

TimesTen 是内存数据领域的佼佼者，拥有很多客户，知名的 Salesforce.com 的核心也采用了 TimesTen，后来 TimesTen 被 Oracle 收入旗下，其中的一个用途是作为 Oracle 数据库的 Cache 以提升传统数据库系统的性能，另一个用途是嵌入 Oracle 强大的全内存 BI 分析一体机 Exalytics 中，加速数据分析和处理。

实际上，Oracle 在大数据方面的战略就是延续传统关系型数据库的思路，通过打造专有软硬件一体的、基于内存数据库技术（TimesTen）的强大一体机 Exalytics 来进入大数据领域。在收购 Sun 公司以后，Oracle 拥有了可以抗衡 IBM Power 处理器的 SPARC 芯片及最强的 Solaris UNIX 系统，更加快了 Exalytics 一体机改进的步伐。于 2013 年发布的 Exalytics T5-8 采用了 8 路 SPARC T5-8 服务器芯片，拥有 128 个 CPU 内核、1024 个硬件线程、4TB 主内存、3.2TB 闪存、7.2TB 硬盘，集成系统还支持每秒 256GB 的输入、输出带宽，支持多种 10GB 高速网络、无限带宽技术与 Oracle ZFS 存储软件，因此可在同一个分析服务器中实现大量的并行操作。2016 年，Oracle 更是推出全新的 SPARC S7 芯片，成为 Intel 志强服务器芯片的最强对手之一，SPARC S7 拥有 8 个 Core，在一个 Core 上能运行 8 个线程（超过 Intel Xeons4 倍），单一处理就支持 64 个逻辑 CPU，这意味着升级到 SPARC S7 芯片的 Exalytics 8 路一体机将拥有 512 个 CPU 内核。令人遗憾的是一年以后，Oracle 正式放弃了 SPARC 处理器，而 Exalytics 一体机的最新版也停留在了 2013 年发布的 Exalytics T5-8 型号，不过截至目前，Oracle 仍在售卖这款机器。从 Exalytics 的硬件规格我们可以看出，要实施大数据和内存计算，最重要的一个基础和前提就是拥有强大的服务器，特别是超大内存，注意，这里的内存已经以 TB 为单位了。已经上市的 DDR5 内存条，除频率更高外，存储密度进一步提升，单条内存容量高达 128GB。随着 DDR5 内存条的推广和普及，以及大数据分析业务、公有云市场的推动，相信超大内存的服务器会很快普及。

在内存计算和大数据方面，软件巨头之一的 SAP 也走了一条类似于 Oracle Exalytics 的路线，但 SAP 的路线更为"革新"。SAP 推出了 HANA 平台，这是对传统数据库市场的挑战，HANA 的目标是通过一个统一架构来同时支持 OLTP+OLAP，但主体仍然是先进的内存计算，并且采用了很多新的软件设计思想和算法。此外，HANA 在分布式方面走得更远，目前单台 HANA 节点的内存配置为 4TB。2011 年 10 月，农夫山泉成为国内第一代 HANA 用户；之后中国电信、联想集团、上海大众、安踏等大客户也从 Oracle、DB2 迁移到 HANA 上；国内某些计算机高校也开展了 HANA 专业课程。由于 HANA 走的是一条合作共赢的路线，而 SAP 主要集中在软件平台方面，所以 HANA 并没有专有的封闭式硬件环境，因此 2015 年华为开始跟进，与 SAP 合作研发 HANA 一体机。截至 2020 年 3 月，将近 46% 的 SAP HANA 许可都与慧与（HPE）服务器关联，慧与在 SAP HANA 服务器部署上排名第一，慧与部署的 SAP HANA 服务器超过后三家供应商的总和。另外，在公有云上部署 SAP HANA，能充分利用云服务的优势，扩展方便、使用灵活，在降低购买成本的同时大大提高了部署效率，包括微软、阿里巴巴、华为等在内的公有云提供商也都在积极拥抱 SAP HANA。

除了内存数据库，另外一项被称为内存数据网格/内存计算网格（In Memory Data Grid/In Memory Compute Grid，即 IMDG/IMCG）的内存计算技术也在独立发展，与内存数据库的不同之处在于，它是一个完全分布式的内存存取系统，目的是将不同 X86 服务器上的内存整合为一个超大内存（通用的 X86 服务器的内存要比专有 UNIX 服务器的内存小得多），以解决单机内存资源不足的问题。除此之外，IMDG/IMCG 与内存数据库有两个明显的区别：首先，IMDG/IMCG 存放在内存中的是序列化对象，它们之间没有依赖关系；其次，IMDG/IMCG 集群还得考虑动态增添主机所带来的复杂问题。IMDG/IMCG 领域比较有名的几个产品如下。

- Hazelcast：通过 Java 实现的开源商业性方案。
- Terracotta 的 BigMemory：通过 Java 实现的开源商业性方案。
- VMware Pivotal Gemfire：铁道部采用的方案，解决了售票系统瘫痪的历史难题。
- Apache Ignite（后简称 Ignite）：为 2007 年创建的 GridGain 公司的产品，是个强大的整体解决方案和开发平台，功能很多且复杂，2015 年加入 Apache 开源，与 Hazelcast 是老对手，两者都有开源及商业版本。
- Oracle Coherence：Oracle 的商业产品，通过 Java 实现。
- Gigaspaces XAP：商业性的整体技术解决方案。
- JBoss Infinispan：开源方案，通过 Java 实现，目前可以对接 Hadoop 和 Spark。

我们看到，IMDG/IMCG 产品多数是通过 Java 实现的，目前在开源界比较有影响力的有 Hazelcast、Terracotta 两家公司。特别是在 Terracotta 收购了 Java 界最有名的缓存中间件 Encache 并将其与自家主打产品 BigMemory 结合以后，缓存中间件与 IMDG/IMCG 产品之间失去了明显的界限，比如 Terracotta 的 BigMemory 及系列产品可以做到将一个巨大的数据库完整地加载到分布式内存集群中，而延时在微秒级级别，这与 HANA 目前看起来是一致的。就在 HANA 发布后的第 2 年，Software AG 宣布收购 Terracotta，Software AG 认为 SAP 在内存云平台上的投入证明了这类解决方案拥有巨大的潜力和客户需求量。我们相信 Terracotta 有很大潜力来构建云平台，同时看到了开源的价值：Terracotta 社区的用户量在不断增长，社区内的讨论活跃，远胜于大多数企业软件公司，截至 2020 年，Terracotta 全球部署数量已达 250 万个，而相关开发人员也超过 200 万人，成为 Java 实时应用领域热门中间件之一。

仔细研究 Hazelcast、Ignite 及 JBoss Infinispan 的最新版本，你会发现有一个共同特性：它们都开始支持 Spark 了，通过自定义 RRD 的实现，将 Spark RRD 的数据存储到分布式内存集群中。在这里，我们再一次看到软件技术发展过程中不断革新、不断融合的趋势。

随着数据库实时计算的需求越来越多，出现了一种新的内存计算技术，可以称之为"分布式内存数据库"。严格意义上讲，这种产品并不属于传统意义上的数据库，只不过提供了很好的 SQL 查询能力，对 Spark 这种支持 SQL 查询的大数据系统来说，它们更像关系型数据库，也可以将其看作一种 NewSQL 产品。分布式内存数据库的显著特性是增加了基于标准 SQL 或 MapReduce 的 MPP（大规模并行处理）能力。如果说 IMDG/IMCG 的核心是解决数据量不断增加情况下存储的困境，那么分布式内存数据库就是解决计算复杂度不断增长的困境，它提供了分布式 SQL、分布式共享索引、MapReduce 处理等编程工具。实际上部分 IMDG/IMCG 产品都具备一定的 SQL 查询能力，只不过这方面不是它们的重点。分布式内存数据库领域的代表作品为 VoltDB。VoltDB 虽然主要在内存中执行 SQL，但它也符合 ACID 原则，并定期将数据持久化到磁盘中，也存在开源和商业两个不同的版本。

内存计算技术之后逐步发展为 Spark 这种实时大数据查询及分析系统的关键技术。另外，新型的数据仓库系统及并行数据库系统也大量依赖分布式内存计算技术，比如 Impala，它是 Cloudera 公司主导开发的企业级数据仓库系统，提供 SQL 语义，能查询存储在 Hadoop 中的 HDFS 和 HBase 中的 PB 级大数据。

Alluxio 是内存计算领域的另一个知名项目，也是基于 Java 开发的，在 2012 年诞生于 UC Berkeley AMPLab（这也是孵化了 Apache Spark 的知名实验室）。Alluxio 于 2013 年 4 月开源，由最初的 Tachyon 改名而来，目前社区免费版与商业版并存。Alluxio 是世界上第一个以内存为中心的虚拟的分布式存储系统，它统一了数据访问方式，为上层计算框架和底层存储系统构建了桥梁。在传统的计算引擎中，数据被存储在同一个 JVM 中，而基于 Alluxio 的中间件将数据存储到不同的 JVM 中，对外提供统一的访问接口，并且利用集群中每个节点的内存、SSD 等高性能存储器实现整合的高效内存计算。据报道，百度的一项数据分析流水线采用 Alluxio 集群代替 Spark 后吞吐量提升 30 倍，去哪儿网基于 Alluxio 进行实时数据分析，巴克莱银行使用 Alluxio 将其作业分析的耗时从小时级降到秒级。Alluxio 也可以被部署到 Kubernetes 集群中，官方的社区版就有此功能，更方便云端大规模部署。截至目前，Alluxio 已经在超过 100 家公司的生产中进行了部署，并且在超过 1000 个节点的集群上运行。

在大数据时代，无论是存储还是计算，都已经离不开内存计算技术了，越来越多的新型软件都需要高级的内存编程技术。Java 在这方面不断前进，如果有志于这方面的研发，则建议你深入学习和掌握 Java Unsafe 所提供的底层内存控制 API 的用法。

4.3 内存缓存技术分析

4.3.1 缓存概述

缓存在计算机世界里从来都是一个不可忽视的重要因素，我们在计算机系统中经常能见到缓存的存在，例如网卡上的硬件缓存、数据库系统中用来加速数据查询的缓存区、Web Server 及浏览器用来加快网站访问速度的网页缓存目录等。总体上来说，会影响运行速度的逻辑都可能通过缓存的方式来改善或者解决，不管是硬件设备还是软件系统。

缓存也被称为 Cache（不同于 CPU 内部的 Cache），本质上来说，缓存就是数据交换的一段缓冲区，相当于一个"台阶"，用来大幅度缩减数据交换双方在"数据匹配速度"方面的巨大鸿沟。

我们在使用缓存时需要清楚地认识到缓存的数据随时可能会丢失，即使某些缓存组件或者缓存中间件提供了一些数据持久化的功能，例如 Redis 可以把缓存的数据写入磁盘中，但我们要明白这种辅助功能并不是缓存系统的核心，因为缓存的目的是提供高速的数据访问性能，而一旦涉及磁盘 I/O 操作，则其性能必然大打折扣，从而降低缓存的价值。

在有限的存储空间中，究竟哪些数据适合缓存呢？一般原则是优先考虑缓存符合下述特征的数据。

- 一旦生成就基本不会变的数据。
- 频繁访问的数据（热点数据）。
- 计算代价很大的数据。

一旦生成就基本不会变的数据很符合缓存的要求，这类数据由于不涉及复杂的数据同步问题，所以只要将其装载到缓存中即可，所以编程很简单。如果这类数据被频繁使用，则特别适合将其放入缓存中，比如网站中用户的 Session 信息、浏览过的商品列表、历史足迹等。

某些计算代价很大的数据，在特定的一些情况下也适合进行缓存。比如对于一个复杂的报表或查询，需要 1 分钟或更长的时间才能计算出来，此时，如果预先在后台计算出来并且缓存结果，那么用户在单击并访问报表时，就会感觉速度非常快，体验非常好。再比如，某个 SQL 查询非常消耗数据库的 CPU，因此会对数据库服务器造成比较大的压力，如果几个用户同时单击了这个查询按钮，那么可能导致数据不堪重负而停止响应！在这种情况下，我们也可以采用缓存技术来解决问题，即缓存查询结果集 5 分钟，后面的用户直接访问之前用户的查询缓存结果。虽然这种做法可能会导致某些用户看到过时的数据，但总比系统崩溃影响全部用户好得多。另外，在很多情况下，用户只是浏览一下数据而已，并不关心数据的细节，比如电商网站里的商品列表信息；用户真正关心的是商品的图片、价格，而对于库存在当前究竟是 99 件还是 999 件，并不在意。

缓存数据具有很强的时效性，存储空间又有限，这便决定了缓存系统必须以某种方式淘汰旧数据，缓存新数据。最优的淘汰策略就是把缓存中最没用的数据给踢出去，但未来是不能够被预知的，所以这种策略只是我们的一厢情愿！我们设计了很多策略，都是奔着这个"终极目标"去努力的，这些不同的策略没有哪个更好，只有哪个更合适。在不同的场景下如何判断和选择最合适的淘汰策略也是一个需要经验和技能二合一的难题。下面讲解在缓存系统中采用的缓存淘汰策略。

（1）Least Frequently Used（LFU）策略：缓存系统会为每个缓存条目都计算被使用的频率，在淘汰时先淘汰最不常用的缓存条目。CPU 的 Cache 所采用的淘汰策略为 LFU 策略。

（2）Least Recently Used（LRU）策略：缓存系统会把最近使用最少的缓存条目淘汰。

（3）Adaptive Replacement Cache（ARC）策略：被认为是性能最好的缓存算法之一，介于 LRU 和 LFU 之间，具有记忆效果，能够自调。该策略由两个 LRU 组成，其中第 1 个 LRU 包含的条目是最近只被使用过一次的条目，放的是新的对象；而第 2 个 LRU 包含的是最近被使用过两次的条目，放的是常用的对象。

（4）还有一些基于缓存时间的淘汰策略，比如淘汰存活时间（或者最近一次访问的时间）超过 5 分钟的缓存条目。

4.3.2 缓存实现的几种方式

软件系统中实现缓存机制的几种方式如下。

- 进程内缓存。
- 单机版的缓存中间件。
- 分布式缓存中间件。

进程内缓存是用得最多的一种缓存实现机制，缓存的数据占用进程的内存空间，在这种情况下，缓存数据的访问速度最快，编程也最简单，在极端情况下用一个 HashTable 即可实现目的。进程内缓存的缺点是占用主进程的内存，能缓存的数据量比较有限，而且对于 Java 来说，比较大的堆内存容易导致 GC 响应缓慢，从而产生让人意想不到的影响。为了解决这个矛盾，通常有两种做法。

- 内存结合文件的二级缓存方式，限制缓存使用的内存大小。
- Java 堆外缓存，绕过 GC 的影响。

其中堆外缓存相对来说效果更好，但实现难度很大，所以目前在 Java 界几乎没有什么开源、免费的产品。我们所熟悉的知名 Java 缓存组件 Ehcache 的开源版本并不提供堆外存储功能，它的堆外存储被称为 BigMemory（为 Java 分布式内存领域里一个知名公司的产品），只在企业版本的 Ehcache 中提供，它是利用 Java 的 DirectByteBuffer 实现的，比存储到磁盘上快，而且完全不受 GC 的影响，可以保证响应时间的稳定性。

单机版的缓存中间件正在成为一些大型分布式系统中不可或缺的基础设施之一，特别是电商系统和互联网应用，原因很简单，如下所述。

- 首先，开发一个高质量的缓存组件并不是一件容易的事。
- 其次，越来越多的系统都需要多语言协同开发，缓存组件需要从具体的业务进程中剥离出来，成为不同业务进程之间进行数据交换的一个枢纽。

缓存中间件的出现，从程序来看更像数据从数据库里被"复制"到缓存中间件里，这样一来，即使还是需要通过网络获取数据，数据的访问速度也提高了很多倍。当前比较知名的单机版的缓存中间件有历史悠久的 Memcache 及后起之秀 Redis，它们都是开源产品，都支持多语言的客户端访问，经过多年发展和大量使用，在缓存领域的地位已经不可动摇。

单机版的缓存中间件也带来一个问题，即跨网络访问缓存数据所增加的延时问题。这个问题其实并不明显，主要因为客户端的 Drive 通常采用 TCP 长连接与缓存中间件进行数据通信，而且用了类似于 JDBC 的连接池机制。如果特别在意这个延时问题，则还可以采用如下图所示的进程内缓存+缓存中间件的设计思路，程序先从进程内的缓存模块里查询数据，若查询不到则再去中间件中查询，对于命中率高的热点数据来说，采用这种方式的效果不错。

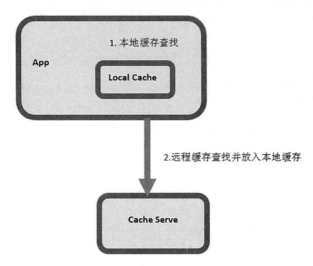

单机版的缓存中间件基本上能解决大部分系统的数据缓存问题，毕竟在大多数情况下，需要缓存的业务数据只是整个数据中的热点数据，往往只占一小部分比例。但也有一些特殊情况，比如需要存放大量的数据到缓存中间件中，此时单机版的中间件无法承受这么多数据，于是出现了分布式缓存中间件。

分布式缓存中间件通过整合多台服务器来实现一个容量巨大的缓存系统，在绝大多数情况下，分布式缓存中间件都采用 Hash 算法进行数据分片，将数量庞大的缓存项均匀分布到集群中的每个节点上，比如从 Redis 3.0 开始实现的分布式集群功能就采用了 Hash 算法，将缓存项均匀分布到 16384 个 Slot 上。而以 Redis 2.x 为基础改造的开源分布式缓存解决方案 Codis，可以说是国内开源的一个典范，它出自豆瓣网，在生产系统中有不少案例。Memcache 本身并没有提供集群功能，但很多客户端 Driver 都实现了 Hash 算法的分片逻辑，因此也可以被看作一种分布式缓存的解决方案。

4.3.3 Memcache 的内存管理技术

设计和开发一个好的缓存系统时，最难解决的问题是什么？答案是如何在有限的内存里保存尽可能多的数据。这个问题其实很不好解决，原因如下。

- 缓存数据的长度无法预估，可能从几十字节到几十 KB，甚至到几 MB。
- 需要清除缓存项以释放空间，在这个过程中会产生内存碎片。
- 动态内存管理的编程很难。

本质上，缓存系统的核心就是一个高效的动态内存管理组件，这个组件精确地控制和管理整个系统的内存，最大可能地提升内存的空间使用率及缓存命中率，从而使宝贵、有限的服务器内存被更高效地利用。

如果对计算机系统的底层原理有一些深入了解，就会知道操作系统中内存的管理基于块而不是字节，Linux 将物理内存按固定大小的页面（一般为 4KB）划分内存，如果在系统中有 76GB 的物理内存，则物理内存页面数为 $76 \times 1024 \times 1024/4 = 19\,922\,944$ 个页面，内存分配和管理以内存页为单元。固定内存页大小的做法实现起来比较简单，操作系统很容易根据应用程序的要求，分配所需容量的连续内存空间给应用。在 Memcache 申请了一块很大的内存空间（比如 1GB）后，应该如何有效地使用这个内存空间来缓存数据呢？

与大多数采用固定大小的内存单元格来存储缓存项的常规设计思路不同，Memcache 很巧妙地创新了一种步进递增的内存单元格设计思路，很好地解决了缓存对象大小不同与高效内存使用之间的矛盾。具体思路如下。

首先，Memcache 以 1MB 为单位将内存分为许多 page，每个 page 再继续被切分为更小的单元格——chunk，每个 chunk 都存放一个缓存项。独特之处在于，不同 page 划分的 chunk 大小可能是不一样的，在默认情况下，最小的 chunk 容量是 80 个字节，第 2 级 chunk 的大小为 80×1.25，第 3 级 chunk 的大小为 80×1.25^2，以此类推。

然后，具有相同尺寸规格的 chunk 的一组 page 成为一个 slab，同规格的一组 slab 就成为一种 slab_class 以区分于其他规格的 slab。出于对效率的考虑，采用数组记录上述数据结构，整个结构如下图所示。

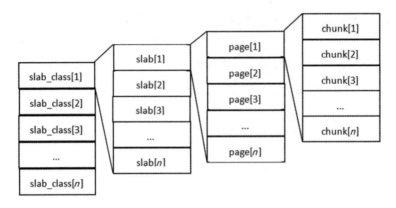

于是,我们得到下面的结果。

- slab_class[1]里对应的 chunk 可以存储最大长度为 80 个字节的缓存对象。
- slab_class[2]里对应的 chunk 可以存储最大长度为 100 个字节的缓存对象。
- slab_class[2]里对应的 chunk 可以存储最大长度为 125 个字节的缓存对象。

我们看到,在这种方式下,不同 slab_class 里的 chunk 尺寸并非是剧烈变化的,而是缓慢递增的。如此一来,程序中大部分相似的缓存对象基本都成了邻居,因为它们会被存储在相近的几个 slab_class 内,通过合理设置初始 chunk 的大小,还能让这些 slab 内的 chunk 大小很适合实际的缓存对象。

如果仔细思考,则你可能会觉得有问题,如果 page 页事先已经按照预定的 chunk 大小分配好了单元格,比如最小的为 88 个字节,那么如果所有缓存对象都是 60 个字节,岂不是后面比较大的 slab 都浪费了巨大的内存空间?Memcache 面对这一问题采用了我们常见的策略——延时创建:page 页只有在需要时才被分配给指定的 slab,此时才会根据该 slab 的规格进行 chunk 的划分。这样一来,如果我们缓存的对象都是同一类对象,而且它们的大小差不多,则几乎内存中的所有 slab 都是同一个或者相邻的几个 slab_class。

Memcache 的内存管理很简单、很优雅、适应能力很强,但也有一个严重缺陷:page 页一旦被分配给 slab,在 Memcache 生命周期内便不再更改,在内存总量确定的情况下,其他 slab 可能出现饿死及内存大量浪费的现象。举个例子,在某程序中一开始缓存的对象大部分是小对象(80Byte),后面突然来了一些大对象(1000Byte),则会导致 Memcache 分配没有被使用的 page 页给新的 slab,这些新的 slab 里的 chunk 很大,所以同样 1MB 的 page 只能存放少量的大对象，这个过程也导致可分配的 page 页被大量消耗，如果后面又忽然大量冒出另一个规格的对象（500Byte），则所有的空闲 page 页（可能还不够）很快被消耗完，最后程序恢复正常，又开始缓存大量的小对象，Memcache 就没有多余的 page 页来分配了，从而导致内存的极度浪费。

如果应用程序出现上述现象，则客观地来说，不是 Memcache 的问题，而是应用程序开发者或者架构师本身的问题。Memcache 后来增加了 slab automove 的特性，用来自动将某个 slab 内的 page 页转移到其他 slab 下，进而解决了这个问题，但官方表示，这个过程很缓慢并且比较保守。

在探讨完 Memcache 的内存设计思路之后，我们不得不承认，Memcache 的内存管理模块是一个很适合缓存这种特定需求场景的、高度自适应的、设计精妙的同时体现了简单即美的大师作品。

4.3.4 Redis 的独特之处

只要稍微了解缓存中间件，我们就知道 Memcache 和 Redis 是这个领域无可代替的王者，但为什么早在 2003 年就诞生的 Memcache 被比其晚出现 6 年的 Redis 超越了呢？其中很关键的原因有以下两点。

- Memcache 始终秉承"简单即美"的理念，使用简单、功能稳定，拒绝增加新的功能。
- Redis 是在前辈的基础上发展而来的，汲取了 Memcache 的很多经验和教训，并且不断与时俱进，增加了很多新的特性。

这两种截然不同的指导思想也导致了 Memcache 与 Redis 的重大差异。虽然 Memcache 仍然在缓存领域占据着不可代替的地位，但目前在知名度和使用率方面被 Redis 超越了不少。

Redis 的优秀特性有很多，主要有以下几点。

- 更加丰富的缓存失效策略及更加复杂的内存管理模型带来的高级特性。
- 对缓存项的 key 与 value 的长度限制大大放宽，相对于 Memcache 最长 250 个字节的 key 及默认最大 1MB 的 value，Redis 的 key 与 value 则可以超过 512MB。

- 相对于 Memcache 的缓存功能只能针对字符串类型的数据，Redis 支持 6 种数据类型，这大大方便了程序员。
- Redis 一直在 NoSQL 和分布式等热点领域积极突破，使得它的使用场景越来越广泛，支持数据持久化及主从复制的特性使得它在某些特定场合代替了数据库，而 Redis 3.0 在分布式方面的创新，也使它能够胜任更大规模的数据集。

Redis 的设计在很多方面看起来都是违背常理的。首先，它采用了单线程模型，这似乎是不可思议的做法，但是仔细想想的确有合理之处：缓存系统在绝大多数情况下的使用场景只是内存数据的简单读取操作，单线程避免了复杂的线程同步、上下文切换、锁等复杂逻辑，也使得原子性计算这种功能很容易被实现。另外，在这种网络 I/O 的场景下，CPU 很难成为瓶颈，所以，Redis 用单线程模型是一个经过深思熟虑的决定。

那么，问题也出现了，单线程只能用一个 Core（或者一个超线程），在多核 CPU 的情况下如何充分发挥 CPU 的功能呢？答案就是分片（Sharding）。启动多个 Redis 进程实例（如果每个进程都通过 NUMA 技术绑定到一个 Core，则理论上性能更高），每个实例都承担一部分缓存，多个 Redis 实例组成一个集群。

为什么 Redis 作者没有采用大家都推荐的高大上的一致性 Hash 算法作为集群分片规则，而是采用了固定 Slot 分片方式呢？主要原因是一致性 Hash 算法非常复杂，举个例子，90%的人认为一致性 Hash 算法在某个节点宕机的情况下无须迁移数据！而实际上，一致性 Hash 算法仅仅减少了节点数据的迁移量，要计算出哪些虚拟节点上的哪些数据被迁移到哪些虚拟节点上，这个逻辑并不好懂，而且很复杂。另外，如果集群要扩容和增加节点，则也涉及复杂的计算和数据迁移问题，因此从整体来看，一致性 Hash 算法的实用性并不是很强。

4.4 内存计算产品分析

本节对几个经典的内存计算产品进行研究和分析，以了解和掌握分布式内存计算领域的设计思想、设计原则、核心技术等相关知识和技能。

4.4.1 SAP HANA

SAP HANA（简称 HANA）的第 1 个特点是把数据全部放入内存中存储，由于内存存储的数据有易失性，系统掉电或者重启时内存中的数据会丢失，所以针对这个问题，HANA 有一个后台的异步进程 savepoint（Data persistence），定时把内存数据写回磁盘。

HANA 的第 2 个特点是充分并行编程，利用 NUMA 架构与并行编程技术，把大数据量和计算量分散到不同的处理器中并行计算。

HANA 的第 3 个特点是最小化数据传输，这对于大数据实时计算有至关重要的影响，具体的做法如下。

首先，采用合适的数据压缩技术，尽可能地压缩数据的存储空间，这样一来，当数据从内存中加载到 CPU Cache 中时，一个 Cache Line 会加载更多的数据，如果也需要 I/O 传输，则传输量会小很多。HANA 采用了数据字典的方式来压缩数据，用整数来表示相应的文本字符串，其原理如下图所示，将 Customer 与 Material 两个字段抽出来，在数据库记录里就可以用两个数值型字段来表示它们，仅此一种方式就节省了很多存储空间。有限的内存可以加载更多的数据，因此数据压缩技术基本上是大数据系统的标配技术之一。

Row ID	Date/Time	Material	Customer Name	Quantity
1	14:05	Radio	Dubois	1
2	14:11	Laptop	Di Dio	2
3	14:32	Stove	Miller	1
4	14:38	MP3 Player	Newman	2
5	14:48	Radio	Dubois	3
6	14:55	Refrigerator	Miller	1
7	15:01	Stove	Chevrier	1

#	Customers
1	Chevrier
2	Di Dio
3	Dubois
4	Miller
5	Newman

#	Material
1	MP3 Player
2	Radio
3	Refrigerator
4	Stove
5	Laptop

Row ID	Date/Time	Material	Customer Name	Quantity
1	845	2	3	1
2	851	5	2	2
3	872	4	4	1
4	878	1	5	2
5	888	2	3	3
6	895	3	4	1
7	901	4	1	1

其次，下推计算逻辑到数据存储层（数据库端），即把应用逻辑和计算由应用层转移到数据库层，这非常类似于我们很少使用的存储过程所做的事情。我们在处理数据时，通常的逻辑是先把数据从数据库中读出来，再进行相应的计算处理，最后把处理后的数据写回数据库。由于在数据库和应用程序之间要通过网络传输大量的数据包，所以网络资源的开销、延时、传输速率及网络带宽都导致了数据计算性能的下降。移动计算，而不是移动数据，这也是分布式计算中重要的指导思想之一。

如下所示为 HANA 的架构图。

我们看到有几个与众不同的亮点，如下所述。

首先，HANA 将传统的在线交易数据库（OLTP）与数据仓库分析系统（OLAP）整合到一起，其中的 MDX 及 Calculation Engine 模块用于实现数据仓库的分析功能，这是一种创新设计理念。

其次，下层的关系型数据库引擎层（Relational Engines）同时提供了传统的基于行的数据存储模块（RowStore）与新型的基于列的数据存储模块（Column Store），这是因为两种存储模式有各自的优缺点：基于行的数据存储模块主要用于传统的关系型数据库；基于列的数据存储模块在数据分析方面有一些独特的性能优势，同时支持这两种存储方式，而且是在内存中存储的，可以让 HANA 的适应能力更强，适合更多的应用场景。

最后，HANA 采用了分布式集群的设计思路，可以水平扩展到很大的一个规模，这给 Oracle 这种传统数据库带来了很大的压力。

硬件方面，SAP HANA 并没有走 Oracle 一体机的全封闭路线，而是和多个硬件厂商合作生产支持 HANA 的高性能一体机。其中，IBM 推出了基于 Power 芯片架构的 HANA；惠普推出了单节点达 12TB 内存的 HANA 系统；VMware 也宣布和 SAP 结盟，HANA 可以在 VMware 的 vSphere 5.5 平台上虚拟化。除此之外，SAP 分别认证了 IBM、惠普、戴尔、思科、富士通、日立、NEC 和华为等 8 家公司的多款 HANA 服务器，全球已经有数千家企业在使用 HANA 系统。

4.4.2　Hazelcast

前面说过，Hazelcast 是 IMDG/IMCG 领域的佼佼者，它与同类软件相比有如下优势。

- 使用和集成简单，只有一个 Jar 文件。
- 功能众多，但都集中于自己专注的领域。
- 开发人员友好，提供了很多方便使用的分布式数据，支持 MapReduce 操作及简单的 SQL 查询 API，同时提供了常见框架的集成，例如 Tomcat、Spring、Hibernate 等。

简单来说，我们在需要一个分布式的超大 Map（或 Set、Queue 等）时可以用 Hazelcast。另外，在 Tomcat 组成集群时，Hazelcast 可以用来实现分布式的 Session 管理。此外，Hazelcast 的分布式计算框架极其强大，它也提供了分布式并发的常用编程工具：锁、信号量、队列等。如下所示是其功能架构图。

Clients									
				Java Near Cache	C++	C#/.Net	Python	Node.js	Scala
	REST	Memcached	Clojure	开放客户端网络协议					
	序列化机制								

APIs									
	java.util.concurrent		Web Sessions (Tomcat/Jetty/Generic)		Hibernate 2nd Level Cache		JCache		
	Map	MultiMap	Replicated Map	Set	Ring Buffer	Lock/ Sem.	Atomic Long	UUID	Queue	Topic
	SQL Query		Predicate		Entry Processor		Executor Service	MapReduce	Aggregation

Engine:
底层服务API
节点引擎
分区管理
集群管理及公有云服务发现SPI
网络

Storage: 堆外存储

Operating Environment:
JVM
操作系统
裸机、虚机、容器

Hazelcast 集群采用的是去中心化的设计思想，首先启动的节点是 Master 节点，其他加入的节点是 Worker 节点，Hazelcast 在设计方面的优点如下所述。

- Partition：即内存数据分区存储，Hazelcast 默认有 271 个 partition，这 271 个 partition 平均分布在集群里的节点中，因此集群里的数据被分散在每个节点中，get/set 操作时先计算得到 key 所在的 partition，再与相关的节点通信，完成数据的操作过程。

- Near cache：即一个本地的二级缓存，在 get 时先到本地的 nearcache 里查找，如果没有找到，则到对应的节点中取数据，再放到 nearcache 里。

- Distributed Backups：即分布式备份节点主数据，在可扩展的动态分区存储系统中，无论是 NoSQL 数据库、文件系统还是内存数据网格，在集群更改或者重新平衡时可能导致网络中的大数据传输，例如一个节点挂了，该节点的数据必须被重新分配给其他在线的节点，在此期间大量的网络传输和 CPU 消耗都可能导致严重的操作延时。Hazelcast 则采取了另外一种思路，一个节点的主数据被均匀地备份到其他节点（Distributed

Backups），每个节点都负责备份其他节点的主数据，这样的备份机制在节点挂了之后是不需要立刻重新均衡的，假设添加了额外的 1 个节点，在集群中也不会立即进行均衡，因为存在的节点已经在最佳状态，在随后的操作过程中，Hazelcast 会自动、平滑地迁移一些数据到这些新的节点，最终数据均匀存储。

- Elastic Memory：即弹性存储，简单地说，就是 JVM 在超大内存堆的情况下，可能由于 GC 的原因，导致 JVM 暂停工作几秒甚至十几秒，从而影响程序的响应时间。弹性内存是 Hazelcast 使用堆外存储（off-heap）进行存储以避免 GC 时造成的暂停服务，在堆外存储的情况下，每个节点的主数据与备份数据及可用的 Near cache 对象都被存储在堆外，即使频繁更新 TB 级别的内存数据，在 GC 时也几乎不会造成影响，从而使应用有可预见的延时和吞吐量。但遗憾的是弹性存储的特性仅限于企业版，这是由于在堆外存储时进行编程的难度很大，有一定的技术壁垒。

Hazelcast 堆外存储的工作原理为：假设指定每个 JVM 都使用 40GB 的堆外存储，则 Hazelcast 会创建 40 个 DirectBuffer，每个 DirectBuffer 都有 1GB 的容量，每个 DirectBuffer 的内部都被分成默认大小为 1KB 的 Chunck，例如 3KB 将被存储为 3 个 Chunck，在存储的对象被移除后，这些 Chunck 被归还以便下次使用，但实际上实现的过程很复杂，在堆外存储里还包括必要的索引数据。Hazelcast 的堆外存储技术采用了 JDK 的 Unsafe API，我们可以将 Hazelcast 视作 Java 界分布式内存编程方面的一个典范。

Hazelcast 与 Redis 分属不同的开发语言，本来井水不犯河水，但是两个产品在使用场景上有一定的重合性，因此也有一定的竞争。

4.4.3 VoltDB

VoltDB 是一种开源的高性能的内存关系型数据库，提供社区版本和商业版本，它是由 Ingres 和 Postgres 联合创始人 Mike Stonebraker 带领开发的一种 NewSQL 产品。VoltDB 采用 Shard-nothing 架构，由此既获得了 NoSQL 的良好可扩展性及高吞吐量数据处理能力，又没有放弃传统关系型数据库的事务支持特性（ACID）。

VoltDB 采用分区表结合副本表（Replicated Table，类似于 Mycat 的全局表概念）的方式来处理数据库的水平扩展问题，其中每张表都指定一个字段作为分区字段，对分区字段做哈希算法以确定某条记录被存储在哪个节点上；副本表则是在每个节点上都存储相同的全部表记录，副本表通常用于解决多表 JOIN 问题或者提升单表查询的性能。下图给出了 VoltDB 的 3 节点集群及分区表示例，其中 A、B 及 C 三个分区表的数据被分散在 3 个 VoltDB 节点上。

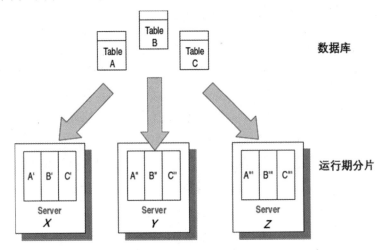

VoltDB 的思想是"所有事务都由以 Java 实现的预编译存储过程完成，且所有存储过程在任意站点上都是序列化执行的"，这样使 VoltDB 达到了最高的隔离级别，且消除了锁的使用，很好地加快了处理速度。在官方的测试结果中，VoltDB 可被轻松地扩展到 39 台服务器（300 核）、120 个分区，每秒处理 160 万复杂事务，VoltDB 的这个设计再次验证了靠近数据进行计算的重要性。

下面是 VoltDB 与 MySQL 的测试对比结果。

数据库	机器数	数据量（条）	复杂 SQL 查询耗时	数据持久化
MySQL	13	13×8000 万=10 亿	30 分钟	有
VoltDB	5	10 亿	10～30 秒	无（社区版）

从测试结果来看，差距还是很明显的，这也表明了先进的内存计算技术对于大数据处理的重要性。那么，关键问题来了，VoltDB 是怎样实现内存数据库的呢？它并没有像 Hazelcast 那样自己设计实现复杂的内存模块，而是采用取巧的做法，整个数据库引擎"复刻"了 HSQL 这个在 Java 界有名的数据库，HSQL 与 H2 Database 一样，很多时候被用作内存数据库或者内嵌的数据库。

实际上，我们可以认为 VoltDB 是一个基于 HSQL 的分片内存数据库集群。HSQL 在内存中存储数据时，并没有用到 Java 堆外内存，在数据量特别大时可能会引发 GC 的延时。但 H2 Database 项目组研发了一个 Java 堆外存储模块 OffHeapStore，可以将其用于下一代的数据库存储模块 MVStore 中，如果 VoltDB 采用 H2 Database 并且启用堆外存储模式，则在面对更大的内存数据时，整体性能可能会表现得更加平稳。

为了充分发挥多核机器的性能，而又不引入多线程执行事务的复杂性，VoltDB 的数据分片规模是按照集群核数来划分的。在一台物理机器上可能运行着多个 VoltDB 服务器进程，每个进程都对应一个核，服务器进程之间都通过网络进行通信。在单个进程内只使用单线程，所有事务都按顺序执行，这种做法如果能处理好进程间通信的性能问题，则的确是很高效的一种并发编程模式。

VoltDB 适合 OLTP 系统，即单个事务较小但是事务总量非常多的应用，比如金融、零售、互联网应用，不适合进行范围查询或者频繁多表 JOIN 这样的报表场景。不管怎样，我们不得不承认，VoltDB 的确是传统关系型数据库在面对众多 NoSQL 产品进攻局面时的一个坚决反击。VoltDB 的作者精通关系型数据库，也明白 NoSQL 的优势，所以他巧妙地结合了两者的长处，并引入内存计算这个新的突破口，开启了 NewSQL 的一片新天地。

第 5 章

深入解析分布式文件存储

分布式文件系统是大型分布式系统中非常重要的基础设施。Hadoop 中最重要的技术不是 MapReduce，而是 HDFS。除了 HDFS，Spark 还可以与老牌分布式文件系统 GlusterFS 结合使用。OpenStack 中最重要且能独立运营的子系统是分布式对象存储系统 Swift。Docker 及 Kubernetes 容器技术依然需要通过分布式文件系统实现批量处理任务中的共享存储问题。更不用说，无数电商系统都需要一个分布式文件系统来存储海量照片。因此，掌握分布式存储相关的知识和技能，对于一名分布式系统架构师来说非常重要。

5.1 数据存储进化史

作为计算机运行时数据的持久化存储手段，外部存储设备是计算机系统非常重要的外设之一，几十年来不断演进，其演进方向如下。

- 单位体积的存储密度。
- 存储容量。
- 读写速度。
- 存储成本。

我们先看看企业存储介质的传统主角之一——磁带。1952年，磁带式驱动器的容量仅为2MB；2013年，IBM TS3500磁带库的容量可以达到125PB（1PB=1024TB）。无论是硬盘技术还是光盘技术，都不适合用于数据存储备份，只有磁带机技术才适合。这是因为，磁带介质不仅能提供高容量、高可靠性（没有机械部件，不容易损坏）及可管理性，比光盘、磁盘等存储介质也便宜很多，因此，磁带机技术长期以来一直是唯一的数据存储备份（数据冷备）技术，从大型机时代到现在一直在演进。近年来，磁带存储的耐用性得到大幅提升，磁带库和一些磁带存储的解决方案能定期扫描磁带介质，确保它们是可读的且数据是有效的，如果检测到错误或数据损坏，则整个磁带或损坏的数据都是可以被复制到新磁带的，并且迁移到新磁带的技术同样实现了自动化。

在大数据时代产生了一个新的存储概念——冷存储（Cold Storage），指长期闲置且很少被访问的数据的存储。以社交平台Facebook为例，其用户上传的新图片每个月多达7PB，每天平均上传3亿张。这些数据中有很大一部分被长期搁置，因此可以将其存储在更低成本的存储介质中，而磁带无疑是存储介质的最佳选择。LTO（Linear Tape Open）机构发布的一份磁带出货量报告显示，虽然售出的产品数量自2008年开始就一路下降，但从2014年到2015年磁带产品的出货总容量增长了18%。由于磁带在大数据和云计算时代需求量增加，所以这方面的技术研究开始加速：2015年，IBM科学家与日本富士公司合作，在每平方英寸磁带上存储了1230亿bits数据，比IBM之前的企业级磁带产品的最大容量提升了22倍；2016年，索尼新一代磁带的存储容量达到了185TB，是传统磁带的74倍，是蓝光碟的3700倍。在2019年度"中国存储市场影响力排行榜"中IBM的新一代云存储库TS4500磁带库获得年度最佳产品奖，该磁带库的最大容量高达351 PB。TS4500磁带库采用了磁带库专用的文件系统——Linear Tape File System（LTFS），这项技术让读写磁带的数据变得更为容易，就像使用文件系统的磁盘一样好用。IBM将LTFS技术提交给了LTO Consortium联合会，供联合会的企业成员下载，该联合会的领先技术供应商包括惠普、IBM和Quamtum等，IBM还将其LTFS技术提交给了存储网络行业协会（SNIA）以实现标准化。任何使用或提供LTO技术的厂商都有权使用LTFS。

接下来我们看看影响力和存在感更大的另一种存储介质——硬盘。1956年，第一款硬盘诞生，重达1吨，存储量仅为5MB；2016年4月初，希捷推出了10TB的机械硬盘，它是一款具有划时代意义的产品，主要面向云存储数据中心，华为、阿里巴巴均已采纳和部署。面向个人用户领域且内置WiFi的无线移动硬盘已经进入很多IT爱好者的家庭。2018年年底，希捷又宣布研发成功16TB的超大容量机械硬盘，并于2019年正式上市销售，2020年年底有望上市

20TB 的超大机械硬盘。

与 CPU 和内存的高速发展相比，硬盘的发展其实不快，表现为单体硬盘容量提升缓慢、I/O 速度提升缓慢、大容量的硬盘性价比不高，等等。如果用数字来说话，大家看到的事实是 CPU 的效能每年大约增长 30%~50%，而硬盘只能增长约 7%。于是就有人研究如何解决这些矛盾：伯克利大学研究小组希望找出一种新的技术，在短期内迅速提升硬盘的效能来平衡 CPU 的运算能力，他们想到了一种简单、有效的解决办法，即堆叠很多硬盘并模拟为一个有单一接口的、可以提供并发 I/O 操作和更高 I/O 带宽的大容量虚拟硬盘，这就是磁盘阵列（Redundant Arrays of Independent Disks，RAID）。磁盘阵列是一种重要的企业存储设备，除了能组合多个硬盘以提供更大的存储空间，还有如下两个重要的企业级特性。

（1）提高 I/O 传输速率，这也是 RAID 最初想要解决的问题，因为当时 CPU 的速度增长很快，而磁盘驱动器的数据传输速率无法大幅提高，所以需要有一种方案解决二者之间的矛盾。RAID 通过在多个磁盘上同时存储和读取数据来大幅提高存储系统的数据吞吐量（Throughput）。在 RAID 中，可以让很多磁盘驱动器同时传输数据，而这些磁盘驱动器在逻辑上又是一个磁盘驱动器，所以在使用 RAID 后，一个"逻辑磁盘"的 I/O 速度可以达到单个磁盘的几倍甚至几十倍，这就是 RAID 条带化的能力，也叫作 RAID 0 模式。RAID 0 的原理就是将原先顺序写入的数据分散到所有的 N 块硬盘中同时进行读写，N 块硬盘的并行操作使得同一时间内磁盘读写的速度提升了 N 倍。RAID 0 模式最大的缺点在于任何一块硬盘出现故障时，整个系统将被破坏，可靠性仅为单独一块硬盘的 $1/N$，但对于一些新的分布式存储来说，RAID 0 却是最好的选择，这是因为这些分布式系统本身通过多份存储副本的方式，避免了 RAID 0 的问题。

（2）通过数据校验提供容错功能。如果不包括写在磁盘上的 CRC（循环冗余校验）码，则普通的磁盘驱动器无法提供容错功能。RAID 容错是建立在每个磁盘驱动器的硬件容错功能上的，所以它能提供更高的安全性。在很多 RAID 模式中都有较为完备的相互校验、恢复的措施，甚至相互直接进行镜像备份，从而大大提高 RAID 系统的容错度，提高系统的稳定冗余性。我们需要明白，这是以牺牲存储的容量为代价的，比如 RAID 1 把一个磁盘的数据镜像备份到另一个磁盘上，也就是说数据在写入一块磁盘的同时，会在另一块闲置的磁盘上生成镜像文件，这样虽然大大提升了 RAID 系统的容错度，但浪费了一块磁盘的容量。

RAID 方案一开始主要针对企业级市场，采用的是内接式磁盘阵列卡，阵列卡采用专用的处理单元来实现磁盘阵列的功能，磁盘阵列卡被直接插到服务器主板上，面对的是服务器上专用的高速 SCSI 硬盘系统，系统成本比较高。1993 年，HighPoint 公司推出了第一款 IDE-RAID 控制芯片，能够利用相对廉价的 IDE 硬盘组建 RAID 系统，从而大大降低 RAID 的门槛。从此，个人用户也开始关注这项技术，在花费相对较少的情况下，RAID 技术可以使个人用户也享受到成倍的磁盘速度提升和更高的数据安全性。随着硬盘接口传输率的不断提高，IDE-RAID 芯片也不断地更新换代，芯片市场上的主流芯片已经全部支持 ATA 100 标准，而 HighPoint 公司新推出的 HPT 372 芯片和 Promise 最新的 PDC20276 芯片，甚至已经可以支持 ATA 133 标准的 IDE 硬盘。在主板厂商竞争加剧、个人计算机用户的要求逐渐提高的今天，在主板上装载 RAID 芯片的厂商已经不在少数。以使用广泛的 Intel 的主板芯片组为例，定位高端的 Z87 和 H87 芯片组集成了阵列控制器，可以直接提供阵列功能，用户完全可以不用购置 RAID 卡，直接组建自己的磁盘阵列，感受磁盘狂飙的速度。之后 CPU 发展太迅猛了，处理能力大大增强，所以又出现了以软件仿真（类似于虚拟光盘的技术）的方式来实现磁盘阵列的功能，这种方式虽然也能实现磁盘阵列的主要功能，但是磁盘子系统的性能会有所降低，有的降低幅度还比较大，达到 30%左右，因此会拖累机器的速度，不适合生产使用。

随着数据量存储规模的快速增长，内置式的磁盘阵列在容量和速度上已经无法满足企业级市场的存储需求了，于是外置式的大容量磁盘阵列柜应运而生，它是一个单独的硬件产品，由控制器及磁盘柜组成并对外提供存储空间。服务器通过 SCSI 接口（SCSI 协议是块数据传输协议，在存储行业应用广泛，是存储设备的基本标准协议）直接连接磁盘柜，成功实现了存储系统与服务器的"完全分离"。我们可以将外置式的磁盘阵列看作第一代独立存储产品，即 DAS 存储（Direct Attached Storage）。DAS 设备从属于某个特定的服务器，其他服务器无法访问它，当连接它的服务器发生故障时，DAS 存储设备中的数据暂时不能被存取。这类产品的价格在早期都很贵，一般被用于数据中心的特定关键系统。随着 IT 的发展，DAS 价格一路下滑，成本大大降低，因此被越来越多的中小企业使用，企业中的许多数据应用（特别是数据库）必须被安装在直连 DAS 设备的专有服务器上。

DAS 存储更多地依赖服务器的 CPU 资源进行数据的 I/O 读写和存储维护管理，数据备份和恢复要求占用服务器的主机资源（包括 CPU、系统 I/O 等），直连式存储的数据量越大，备份和恢复的时间就越长，对服务器硬件的依赖性和影响就越大。此外，DAS 设备与服务器之间通常采用 SCSI 接口连接，随着存储硬盘空间越来越大，阵列的硬盘数量越来越多，SCSI 通道成为 I/O 瓶颈。最后，DAS 存储阵列容量的扩展也通常会造成业务系统的停机，从而给企业带来经济损失，对于银行、电信、传媒等行业 7×24 小时服务的关键业务系统来讲，这是不可接受的。

并且 DAS 存储或服务器主机的升级扩展，只能由原设备厂商提供，往往受原设备厂商限制。以上关于 DAS 的种种缺陷，最终加速了 SAN 这种新型的存储设备在企业级存储市场的崛起。

时代呼唤新技术的诞生，而 SAN 技术就是在这种情况下应运而生的。SAN（Storage Area Network，存储区域网络）通过光纤通道这种高速网络来连接存储设备和服务器，提供的存储单位是 LUN，属于块级别的存储单元。在 SAN 存储设备中采用了 SCSI-3 这种效率和速度远高于当时 TCP/IP 的传输协议来传输 I/O 数据。SAN 实际上是将一对一的存储设备与服务器变成了一个多对多的存储网络，使多个服务器可以连接到这个存储网上并共享整个存储池。SAN 是一个存储网，所以它也有专有的存储网络设备，最早的是以光纤存储网络为媒介的 FC SAN，对应的设备是光纤交换机及 HBA 卡，在每个主机上都插入一个 FC HBA 卡，通过光纤（光缆）连接到一个光纤交换机上，而这个光纤交换机同时连接了一个 SAN 存储设备（FC 磁盘阵列），这样就组成了一个 FC SAN 存储网络，如下图所示。

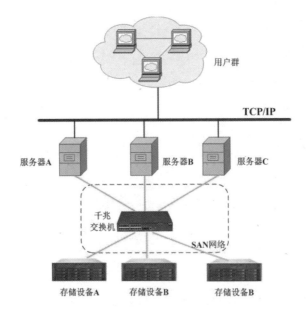

由于光纤交换机及对应的 FC HBA 卡都属于专有技术，所以 FC SAN 系统一直比较昂贵，只在一些大型企业和数据中心使用。与此同时，传统的以太网发展迅速，早在 20 世纪 90 年代末，千兆以太网络技术就已经发展成熟，数据中心随处可见千兆以太网，一般的八口千兆交换机价格不足两千元。因此，SAN 存储网络从专有的光纤网迁移到以太网成为大势所趋，迁移的关键是将 SAN 存储网所使用的 SCSI 协议和接口变成以太网的 TCP/IP 并且能在以太网卡和交

第 5 章 深入解析分布式文件存储

换机上使用,这就是 IBM 公司研发的 iSCSI 协议。iSCSI 协议实际上是将 SCSI 指令封装在 TCP/IP 之内,采用标准的以太网传输。于是又出现了新的 iSCSI HBA 卡,采用 iSCSI 协议,不需要专有的昂贵的光纤接口与光纤交换机。下图给出了服务器"网卡"的划分与 HBA 卡的分类。iSCSI 的出现大大加速了存储领域的发展,目前 SAN 其实已经是 IP SAN 的天下了,特别是,万兆以太网在 Intel 的大力推进下加速普及,使得 IP SAN 的性能大大超越传统的 FC SAN。

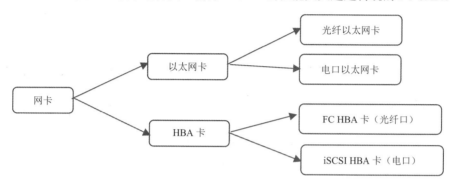

SAN 直接提供原始的块存储设备来供其他客户端挂载为本地磁盘,从而第 1 次在真正意义上实现了"云端磁盘"的概念。如下所示是某个企业内部的云平台的硬件和网络架构图,我们看到 SAN 存储在当前流行的企业级云平台中仍然处于优势地位。

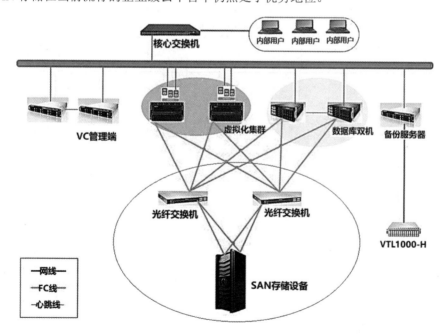

磁盘、磁盘阵列、DAS 及 SAN 都属于"块存储设备",只面向服务器提供物理存储块的读写指令,即类似于内存读写的功能,并没有提供更为高级的面向最终用户的文件存储功能,针对这一市场需求,另外一种存储设备 NAS(Network Attached Storage,网络附属存储)出现了。我们可以将 NAS 理解为专门为存储而设计的、软硬件特殊优化的、带"超大硬盘"的并且连接到以太网中独立的"文件服务器"。与硬盘、磁盘阵列柜及 SAN 提供的块存储服务不同,NAS 设备提供的文件存储服务为写入或者读取二进制文件,普通台式机也可以充当 NAS。NAS 必须具备的物理条件有两个:不管用什么方式,NAS 都必须可以访问卷或者物理磁盘;NAS 必须具有接入以太网的能力,也就是必须具有以太网卡。

客户机可以把 NAS 当作一个远程文件系统来访问。具体来说,UNIX/Linux 客户机可以通过 NFS 协议来访问,Windows 客户机则可以通过 CIFS 协议来访问。NFS 是 UNIX 系统间实现远程磁盘文件共享的一种方法,支持应用程序在客户端通过网络存取位于服务器磁盘中的数据。如下所示是国外某个 NAS 产品的示意图,可以看到 NAS 仍然有强大的生命力。

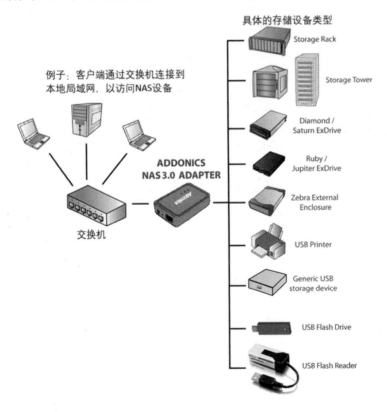

其实从厂商的产品来看，NAS 和 SAN 既有竞争又有合作，SAN 与 NAS 已经融合在一起了，很多高端 NAS 的后端存储就是 SAN。NAS 和 SAN 的融合也是存储设备的发展趋势，比如 EMC 的新产品 VNX 系列。下图展示了 NAS 与 SAN 融合的一种思路：双虚线框表示一台 NAS，它通过光纤通道从后端 SAN 获得块存储空间，经过 NAS 创建成文件系统后，就变成文件级别的了，最后通过以太网共享给服务器。该图也总结了 DAS、SAN 与 NAS 这三种存储系统的架构对比。

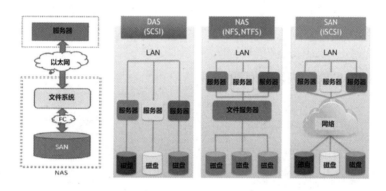

随着虚拟化与云计算的加速发展，越来越多的企业开始使用廉价的 X86 服务器集群来实现强大的分布式存储。如 6.2 节的例子所示，企业无须购买专有硬件和软件，采用开源的分布式存储软件如 Swift，就能很快构建一个庞大的、可靠的、弹性扩展的分布式存储集群。

5.2　经典的网络文件系统 NFS

分布式文件系统是分布式系统领域发展最早、应用领域众多、不断推陈出新的基础设施之一。前面提到的 NFS 就是个古老并且生命力顽强的分布式文件系统，它于 1984 年诞生在 Sun 的实验室里（比 HTTP 还古老），因为基于 TCP/IP 设计，所以成为第 1 个现代化的网络文件系统。时至今日，NFS 已经演变成 UNIX 系统中强大且使用广泛的网络文件系统，并且成功进入虚拟化领域，成为虚拟化基础设施中的重要组成部分。除了虚机，当前流行的 Docker 容器也支持远程的 NFS Volume。

如下图所示，以 NFS 为代表的网络文件系统的核心思想，是将某个远程 Server 上的指定文件目录映射（Mount）到本机文件系统的某个目录上，使得从客户端看来，访问远程文件与本地文件没有什么区别，并且所有针对本地文件的 I/O 读写的程序不用修改任何代码，就可以直接用于远程文件的读写。因为对最终用户及程序开发者透明，所以 NFS 有扎实的群众基础，并因此而"长寿"。

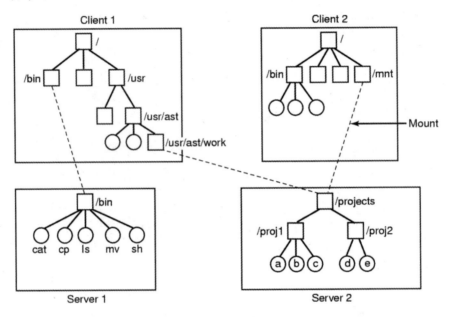

那么，NFS 是如何实现与 Linux 本地文件系统无缝对接的呢？这要从 Linux 的虚拟文件系统说起。由于在 Linux 世界里允许众多不同的文件系统共存，比如 EXT3、EXT4、XFS、Btrfs 及特别适合 Docker 容器存储的 Overlayfs，因此为了支持各种实际的文件系统，Linux 在内核层面设计了一套虚拟文件系统（Virtual File System，VFS），VFS 定义了所有文件系统都必须支持的一套与文件相关的数据结构和基本接口，每个具体的文件系统都必须实现对应的 VFS 接口，才能被 VFS 纳入，成为操作系统支持的文件系统。正是由于 VFS 的存在，NFS 才可以很方便地实现与本机其他文件系统的无缝对接。如下图所示，当用户程序访问一个 NFS 映射的文件时，VFS 将请求转发给本机的 NFS Client 进程，这是 NFS 的一个守护进程（Daemon 进程），它在收到请求以后，就通过 RPC 远程过程调用的方式与远程的 NFS Server 通信，通过网络传输方式获取远程文件的内容，最后返回给用户的进程。

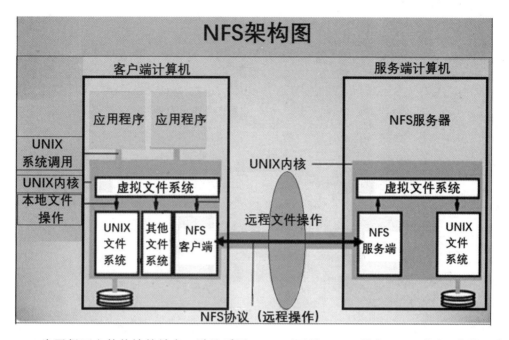

NFS 为了保证文件传输的效率，默认采用 UDP 而不是 TCP，这与 FTP 不同。此外，为了解决分布式情况下的文件共享冲突问题，NFS 也提供了对分布式文件共享锁的支持。NFS 的配置过程也不复杂，首先是在 Server 服务器端启动 NFS 的服务端进程，确定哪些目录可以开放给客户端挂载；其次，Client 客户端机器选择挂载哪些目录，一旦挂载好，访问起来就跟本地文件一样了。下面的命令是挂载 192.168.0.100 的 /usr/local/test 目录到本机的 /usr/local/test 目录：

```
mount -t nfs 192.168.0.100:/usr/local/test /usr/local/test
```

从 NFS 的架构体系来看，它可以把任意数量的服务器上的文件系统无缝接入本地服务器，形成一个星状的分布式文件系统。从数据分片的思想来看，NFS 其实是一种完全由用户自定义分片路由的分布式文件系统，假设我们有 10 台服务器（192.168.0.1～192.168.0.10），每台都有 2TB 的本地磁盘（/storage），则为了将 20TB 的文件存储到这 10 台服务器上，我们可以在 Client 服务器上建立 10 个目录作为分片目录（/storage/1-/storage/10）分别映射到这 10 台服务器的某一台上。

5.3 高性能计算领域的分布式文件系统

NFS作为最早出现的分布式文件系统,其定位和目标主要还是小型网络文件系统。随着高性能计算(HPC)集群规模的不断加大,NFS这种简单的分布式文件系统已经无法满足要求,于是市场上出现了多种新的大型分布式文件系统,经典的如Google的Global File System(GFS)和IBM的General Parallel File System(GPFS)。这些分布式文件系统管理的系统更复杂,规模更大,性能追求更高,比如直接对物理设备(块存储)访问而不是基于现有的文件系统。此外,磁盘布局和检索效率的优化、元数据的集中管理、缓存管理技术、文件级的负载平衡等都反映了人们对性能和容量的追求。下面以IBM的GPFS为例,说明这种新的大型分布式文件系统的设计及架构特点。

如下图所示,GPFS并没有利用已有的文件系统,而是直接操作SAN存储网络提供的高性能块存储设备,所有客户机节点对所有磁盘都拥有相同的访问权。在GPFS中,一个文件被分割成几个部分并且存储在后端的多个磁盘上,这种条带化的存储不仅能够保证各个磁盘负载均衡,还能够使系统获得更高的I/O吞吐量。当某个单线程的应用程序需要读一个文件时,GPFS采用预读机制预先将文件读到本地I/O上,后端则采用并行I/O的方式同时操作多个磁盘块,最大限度地发挥带宽和磁盘的优势。

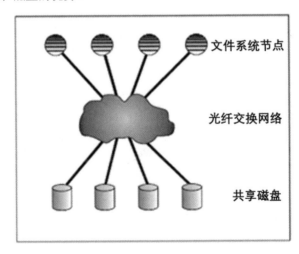

GPFS这种基于SAN专有存储系统的大型分布式文件系统有两个明显的短板:首先,SAN存储系统硬件本身很昂贵,大部分人用不起;其次,SAN存储网络的扩展性并不好,当客户端

数量庞大，比如面对由成千上万个 CPU 组成的高性能计算集群时，SAN 的集中式 I/O 就明显成为一个瓶颈。为了解决这个问题，卡内基梅隆大学于 1999 年发起了一个名为 Coda 的研究项目，该项目充分借鉴了传统分布式文件系统（如 AFS）及基于 SAN 共享存储的分布式文件系统（如 GPFS）的思想，最终，Coda 项目的研究成果发展成为大名鼎鼎的 Lustre 开源分布式文件系统。Lustre 背后的商业公司于 2007 年被 Sun 收购，用于其高性能计算集群的产品中。在 Sun 被 Oracle 收购后，Lustre 的开发者成立了新公司，该公司随后又在 2012 年被 Intel 收购。之后，Intel 成立了高性能数据部（HPDD）并保留了 100%的工程师，继续保持 Lustre 开源，以确保 Lustre 开源生态圈持续、稳定地发展。

Intel 认为存储系统是所有 HPC 软件发展的基石，而 Lustre 文件系统 I/O 聚合带宽最高可达 700GB/s，支持大量用户并发访问，因此 Lustre 是全球 HPC 领域中扩展性最好的文件系统。在目前排名前 100 的 HPC 项目中有超过 70%的项目采用了 Lustre 分布式文件系统。Lustre 基于 Linux 设计，因此任何可以运行 Linux 并具有块设备（如本地磁盘）的服务器，都可以安装运行 Lustre，成为集群的一部分。

在设计方面，Lustre 与前辈 GPFS 一样，同样拥有元数据服务器（Metadata Servers, MDSes）来存储文件路径和目录结构等基本信息。但 Lustre 的元数据服务器与 GPFS 不同，它仅仅关心路径搜索和权限检查，而不会牵涉任何文件 I/O 读写操作，也就是说，客户端通过 MDS 查询到文件的存储地址，然后直接与对应的存储服务器节点建立网络通信并完成文件的读写操作，这样一来，就避免了元数据服务器成为集群扩展的瓶颈，这种设计思路基本成为后来者如 HDFS 的参考标准。Lustre 集群中的存储服务器节点被称为对象存储服务器（Object Storage Servers, OSS），一个 OSS 通常会根据服务器的硬件规格来决定其包括多少个对象存储目标（Object Storage Targets, OST），通常为 2~8 个。可以将 OST 理解为对象存储服务器的"逻辑磁盘"，最终文件就被存储在一个或多个 OST 上。如下所示是一个 Lustre 集群的架构示意图，我们可以看到，在网络方面，Lustre 其实是要求高速上网的，比如 InfiniBand（IB）、万维网（10G）等，以支撑非常高速的 I/O 带宽需求。另外，在支持 RDMA 的环境中，Lustre 将利用它来降低网络延时、提高吞吐量并有效降低 CPU 的使用率。此外，Lustre 集群的规模可以很大，比如 1000 台存储服务器再加 10 台元数据服务器可以支撑高达 10 万个客户端的并发访问。

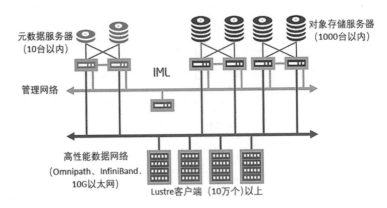

因为 HPC 计算主要针对大文件，所以 Lustre 的设计主要是针对大文件的 I/O 优化，具有良好的大文件 I/O 性能，很适合大数据文件计算，与此同时，它的小文件 I/O 性能比较差，甚至不如本地文件系统。此外，Lustre 虽然也基于 Linux 开源的大型分布式文件系统，但它对系统的硬件要求仍然较高，主要被用于 HPC 领域，并不属于比较通用的分布式文件解决方案，这是我们需要注意的。下一节将讲解 Linux 上比较通用的企业级分布式文件系统—— GlusterFS。

5.4 企业级分布式文件系统 GlusterFS

2003 年，Gluster 公司参加了一个研制超级计算机的项目，该项目隶属于美国能源部所属的一个国家实验室，代号为 Thunder 的超级计算机于次年研制成功并投入生产，成为当年世界上排名第二的超级计算机。在这个过程中，Gluster 公司积累了丰富的高性能分布式文件系统的研发经验，最终于 2007 年发布了开源的 GlusterFS 文件系统，这个新的分布式文件系统也成为除 Lustre 外的一个新选择。

GlusterFS 的最初设计目标是简单方便、高性能及高扩展能力，具体表现为以下几个方面。

- 所有模块都运行在 Linux 用户态，不涉及 Linux 内核代码，方便编译、安装及使用（与 Lustre 不同）。

- 消除了集中化的元数据服务器，从而具备更强的弹性扩展能力及更高的性能（与 Lustre 不同）。

- 采用模块化设计，简化了系统配置并减少了组件之间的耦合性。

- 使用操作系统自身的文件系统，不重新发明轮子（与 Lustre 不同）。
- 数据被存储为标准 Linux 文件，不引入新格式。

GlusterFS 比较突出的一个特点就是上述最后一条。在 GlusterFS 集群里，我们所存储的文件就位于某个服务器节点上，文件名就是我们指定的文件名，内容就是我们写入的内容，这个文件没有经过任何特殊的加密或编码，我们可以直接用 Linux 文件命令对其进行操作。因此，即使 GlusterFS 集群出现故障而导致不可用，所有文件也都在原地，不会出现无法恢复数据的严重问题。

GlusterFS 由于其新颖的设计理念及遵循 KISS（KeepIt as Stupid and Simple）原则的系统架构，在扩展性、可靠性、性能、维护性等方面具有独特的优势，发展迅速。2011 年，RedHat 重金收购了 Gluster 公司，将 GlusterFS 纳入自己的云计算存储产品中，并且彻底开源了 GlusterFS。RedHat 将 GlusterFS 定义为现代企业级工作负载服务的 Scale-out NAS，强调其是一个 Software Defined File Storage，可以管理大规模的非结构化和半结构化数据，支持私有云、公有云或混合云的部署，同时支持 Linux 容器。在 Docker 与 Kubernetes 中也建议将 GlusterFS 作为分布式文件存储的首选方案。借助于 RedHat 的影响力，被收购之后的 GlusterFS 在开源社区风头更胜，国内外有大量用户在对它进行研究、测试、部署和应用。

GlusterFS 的强大扩展能力在于其消除了集中式的元数据服务器，对文件的定位不再需要访问元数据服务器，因此 GlusterFS 集群具备很好的弹性扩展能力，在性能上实现了真正的线性扩展，而这又是如何做到的呢？秘诀在于其弹性哈希算法。弹性哈希算法是 GlusterFS 的灵魂设计之一，仅仅通过路径名及文件名（不需要与此文件相关的其他辅助信息）就可以计算出此文件在集群中的存储位置。在实际情况下存在集群服务器数量的增减、磁盘故障导致存储单元数量的变化、重新平衡文件分布时需要移动文件等问题，使得我们无法简单地将文件直接映射到某个存储节点，而 GlusterFS 为了实现这种映射，采用了以下独特设计。

- 设置了一个数量众多的虚拟卷组。
- 使用了一个独立的进程指定虚拟卷组到多个物理磁盘。
- 使用了哈希算法来指定文件对应的虚拟卷组。

我们通过下图理解其模型。由于虚拟卷组（Virtual Volume）的数量很多并且不随着存储服务器数量的变化而变化，因此在增加或减少存储服务器的数量时，只要把某些虚拟卷组与这些存储服务器的映射关系修改一下就可以了。看到这里，你是不是觉得 Redis 3.0 基于哈希槽（Hash Slot）的集群看起来很眼熟呢？后面我们会看到，FastDFS 也借鉴了 GlusterFS 的这一设计思想。

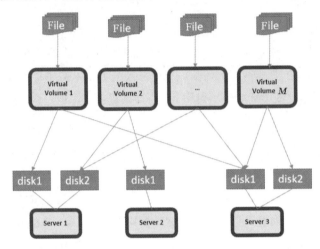

弹性哈希算法有一个明显的缺点，即在进行目录遍历时效率低下，因为一个目录下的文件可以被分布到集群中的所有存储节点上，所以 GlusterFS 需要搜索所有的存储节点才能实现目录的遍历，因此我们的程序要尽量避免这种操作。后来发展起来的对象存储系统干脆取消了文件目录这一特性，就是因为在分布式结构下文件目录是个难以解决的问题，而且在大多数情况下可以通过客户端编程避免该操作，比如在一个文件或者数据库中记录属于同一个目录下所有文件的 ID。

除了弹性哈希算法，GlusterFS 的 Volume 设计也很有特色，比如 Distributed Volume 会将文件和目录分布在多个存储点上；Striped Volume 则会将一个大文件拆分为几段，存储在不同的节点上。对于一个 100GB 的超大文件来说，这样可以大大提高并行 I/O 的能力；Replicated Volume 则会产生一个文件的多个副本，这些副本位于不同的节点上，增加了存储的可靠性，这三种 Volume 又可以组合成新的 Volume。

- Replicated Volume + Distributed Volume 是最常用的组合，提供分片读取能力、数据一致性、容错性保障。
- Replicated Volume +Striped Volume 可提升大文件的 I/O 并行能力、数据一致性、容错性保障，特别适合大数据文件计算。

如下所示是 Replicated Volume +Striped Volume 的示意图，其中的副本数为 2。

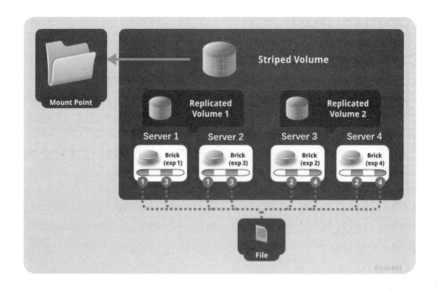

5.5 创新的 Linux 分布式存储系统——Ceph

Linux 中当前备受关注的开源分布式存储系统,除了我们之前提到的 GlusterFS,当属 Ceph。我们知道,GlusterFS 最早被研究于 2003 年(第 1 次公开的时间是 2007 年),那时的开源软件世界还没有能够承载 PB 级别的数据并且由成千上万的存储节点组成的大规模分布式存储系统,这方面的学术研究是一个热点领域,也是 Ceph 的作者 Sage Weil 攻读博士期间的研究课题。Ceph 项目发起于 2004 年,Sage 随后在 2006 年的 OSDI 学术会议上发表了介绍 Ceph 的论文,并在该论文的末尾提供了 Ceph 软件的下载链接,由此,Ceph 开始广为人知。随着 Ceph 的热度不断增加,从 2010 年开始,来自 Yahoo、Suse、Canonical、Intel 等公司的一批开发者进入 Ceph 社区协作开发。Sage 于 2011 年创立了 Inktank 公司,主导了 Ceph 的开发和社区维护。2012 年,Ceph 被正式纳入 OpenStack 体系,成为 Cinder 底层的存储实现,并随着 OpenStack 的兴起而被广泛接受。2014 年年中,Ceph 的实际控制者 Inktank 被 RedHat 收购,成为 RedHat 旗下第 2 个重要的分布式存储产品(继续开源),如今 Ceph 已经发展成为最广泛的开源软件定义存储项目。

下面说说 Ceph 的设计思想。在 Ceph 的设计中有如下两个亮点。

- 首先,充分发挥存储设备(X86 Linux)自身的计算能力,而不仅仅是将其当作存储设备。这样,Ceph 就可以通过运行在每个存储节点上的相关辅助进程来提升系统的高可用、高性能与自动化水平。比如 Ceph 的自动化能力就包括数据的自动副本、自动迁移平衡、自动错误侦测及自动恢复等。对于一个大规模的分布式系统来说，自动化运维是至关重要的一个能力，因为自动化运维不但保证了系统的高可靠性与高可用性，还保证了在系统规模扩大之后，其运维难度与运维工作量仍能保持在一个相对较低的水平。

- 其次，与同时代的 GlusterFS 一样，Ceph 采用了完全去中心化的设计思路。之前的分布式存储系统因为普遍采用中心化（元数据服务器）设计，产生了各种问题，例如增加了数据访问的延时、导致系统规模难以扩展及难以应对的单点故障。Ceph 因为采用了完全去中心化的设计从而避免了上述种种问题，并真正实现了系统规模线性扩展的能力，使得系统可以很容易达到成百上千个节点的集群规模。Yahoo Flick 自 2013 年开始逐渐试用 Ceph 对象存储并替换原有的商业存储，目前大约由 10 个机房构成，每个机房为 1～2PB，存储了大约 2500 亿个对象。

Ceph 整体提供了块存储 RBD、分布式文件存储 CephFS（类似于 GlusterFS）及分布式对象存储 RADOSGW 三大存储功能，可以说是目前为数不多的集各种存储能力于一身的开源存储中间件。从如下所示的整体架构图可以看出，实际上 RBD、CephFS 与 RADOSGW 只不过是系统顶层的一个"接口"，而 Ceph 真正的核心在于底层的 RADOS（Reliable Autonomic Distributed Object Storage）存储子系统，让 Ceph 成名的对象存储 RADOSGW 不过是基于 RADOS 实现的一个兼容 Swift（OpenStack）和 S3（亚马逊对象存储服务）的 REST 网关。

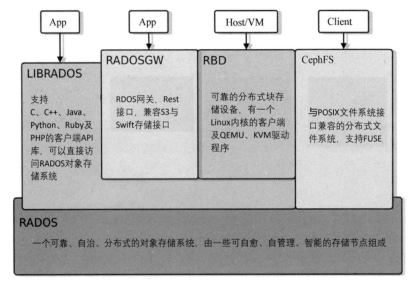

下面分析一下 RADOS 的架构设计特点，如下所示是 RADOS 的组件图。

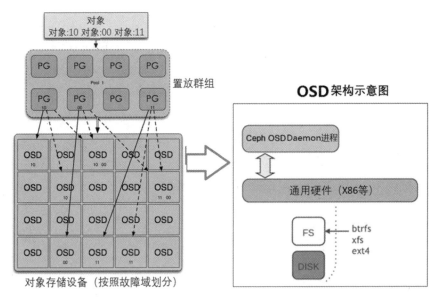

RADOS 主要由一组 OSD（Object Storage Device）组成存储集群，从上图可以看出，一个 OSD 其实就是一个运行了 Ceph OSD 守护进程的 Linux X86 服务器（挂接很多硬盘的那种），一组（几十到上千个）OSD 节点组成了 RADOS 的存储集群。考虑到分布式情况下集群中的某些 OSD 节点可能会宕机或者不可用，所以如何设计一个好的算法，能够将海量存储数据映射到大量的存储节点上，同时解决集群故障问题所带来的影响，就成为 RADOS 需要解决的一个关键技术点。为此，Ceph 发明了特殊的 CRUSH（Controlled Replication Under Scalable Hash）算法，可以把海量数据（Object）随机分布到上千个存储设备上，并保证分布均匀、负载均衡及新旧数据混合在一起，在集群存储节点的扩缩容情况下仅仅发生少量的数据迁移。所以，CRUSH 算法是 Ceph 的核心内容之一。与其他算法相比，CRUSH 算法具有以下几个特性。

- CRUSH 具有可配置的特性，一致性哈希算法并不具备这个特性，管理员可以通过配置参数来决定 OSD 的映射策略。
- CRUSH 具有特殊的稳定性。当在系统中加入新的 OSD 导致系统规模增大时，大部分 PG 与 OSD 之间的映射关系不会改变，只有少部分 PG 的映射关系会改变并引发数据迁移。
- 任何组件都可以独立计算出每个 Object 所在的位置（去中心化）。

- 只需要很少的元数据就能计算，这些元数据仅仅在 OSD 的数量改变时才会改变。

CRUSH 算法里一个重要的概念就是 PG（Placement Group），PG 是 Ceph 中非常重要的概念，可以将它看作一致性哈希中的虚拟节点，在通常情况下，一个 PG 会对应 3 个 OSD 以保证数据的高可靠性存储要求。如下图所示，PG 实线所指的 OSD 为 Primary OSD，虚线为两个副本 OSD（Replicated OSD），Primary PG 负责该 PG 的对象写操作，读操作可以通过 Replicated PG 获得。通过引入 PG，CRUSH 算法采用了二次映射的方式，实现了任意 Object 到 OSD 的定位能力。其基本思想是每个存入 RADOS 的数据单元（Object）都先通过 Hash 算法确定归属于哪个 PG，再从 PG 中找到对应的 OSD 设备。

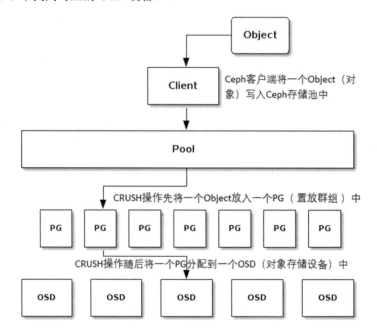

CRUSH 算法在 Object 存储过程中的作用如下。

- 确定 PG 与 OSD 的映射关系。
- 确定将一个 Object 放入哪个 PG 中。

下面以 CephFS 为例，看看 RADOS 是如何实现分布式文件存储功能的，下图显示了关键的过程。

第 5 章 深入解析分布式文件存储

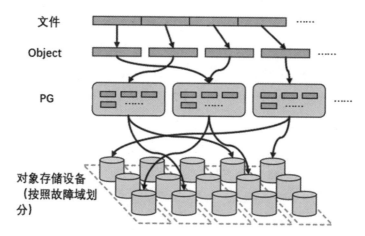

首先，每个文件（File）都被按照一个特定的尺寸（默认是 4MB）切分成若干个对象（Object），每一个 Object 都有一个 Object id（oid），这种切分相当于 RAID 中的条带化过程。这样做的好处是：让大小不同的 File 变成最大 size 一致并可以被 RADOS 高效管理的标准化 Object；可以实现大文件的并行 I/O 读写能力。

其次，通过第 1 层哈希算法，得到某个 Object 对应 PG 的 ID（pgid），有了 pgid 之后，Client 就得到 PG 对应的 OSD 列表（OSD1、OSD2、OSD3），列表中的第 1 个 OSD 是 Primary OSD，剩下的都是副本 OSD（比如在三副本模式下，两个副本分别为 Secondary OSD 和 Tertiary OSD），随后 Client 会向 Primary OSD 发起 I/O 请求。如下所示给出了某个 Object 对象写入 Primary OSD 的具体流程图。

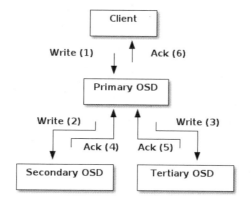

Primary OSD 在收到写请求后，分别向 Secondary OSD 和 Tertiary OSD 发起写入操作（见步骤 2、3），Secondary OSD 和 Tertiary OSD 在各自完成写入操作后，将分别向 Primary OSD 发送

确认信息（步骤4、5）。Primary OSD 在确认其他两个 OSD 的写入完成后，自己也完成数据写入，并向 Client 确认 Object 写入完成（步骤6）。在整个过程中，Client 只向 Primary OSD 发起请求，而幕后的操作对于 Client 来说是透明的。RADOS 这种高可用、多副本特性的代价就是文件写入时性能降低，但也可以通过大文件切分后的条带化并行写入能力及优化多副本的写入逻辑来补偿。

那么问题来了，RADOS 中的 OSD 节点信息、PG 信息、PG 与 OSD 映射的关系等信息被存储在哪里并且是如何被 Client 得到的呢？这就涉及 Ceph Monitor 组件。Monitor 的功能与 ZooKeeper 类似，作为 RADOS 集群的"大脑（元数据中心）"，Monitor 负责维持 RADOS 集群的元数据、集群拓扑信息（Ceph Cluster Map）及集群状态信息并提供接口供 Client 调用。可以说，没有 Monitor，Ceph 就将无法执行一条简单的命令。有了 Ceph Monitor，Ceph 便能够容忍集群中某些 OSD 节点所发生的网络中断、掉电、服务器宕机、硬盘故障等意外问题，并可以进行自动修复，以保证数据的可靠性和系统可用性。

如下所示是 Ceph Monitor 的架构图。从这张图可以看到，Ceph Monitor 维护了 6 个 Map，分别是 Monitor Map、OSD Map、PG Map、Log Map、Auth Map 及 MDS Map。其中 OSD Map 和 PG Map 是最重要的两个 Map。OSD Map 是 Ceph 集群中所有 OSD 的信息，所有 OSD 节点的改变如 OSD 守护进程退出、新的 OSD 节点加入或者 OSD 节点权重发生变化等都会被反映到这张 Map 上，不但 OSD Map 会被 Monitor 掌握，OSD 节点和 Client 也会从 Monitor 那里得到这张表。考虑到 OSD 节点的数量可能非常多，因此 Ceph Monitor 并不主动与每个 OSD 节点通信，而是由 OSD 主动汇报信息。此外，在 OSD Map 发生变化后，Monitor 并不会发送 OSD Map 给所有 Client，而是发送给那些需要了解变化的 Client，比如若一个新的 OSD 加入集群后导致某些 PG 发生迁移（PG 对应的 OSD Set 需要改变），那么这些 PG 的 OSD 都会得到通知。Ceph 这种精心设计的消息隔离广播机制可以说与网络中广播域的设计具有一定的相似性，都是为了尽可能减少无效的通信，以适应更大的集群规模。接下来说说 PG Map。Monitor 维护了每个 Pool 中所有 PG 的信息，其中一个 OSD 的角色会是 Primary，其他 OSD 的角色会是 Replicated。需要注意的是，每个 OSD 节点都会成为某些 PG 的 Primary OSD，并成为其他 PG 的 Replicated OSD，这个复杂的关系网就是 PG Map。

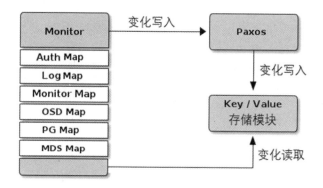

我们看看 Ceph Monitor 实现的自动修复能力：当某个 PG 对应的 Primary OSD 被标记为 down 时，某个 Replica 就会成为新的 Primary，并处理所有读写 Object 的请求，此时该 PG 的当前有效副本数是 N-1，所以 PG 的状态被变更为 Active+Degraded，过了 M 秒之后，如果还是无法连接原来的 Primary OSD，则此 OSD 被标记为 Out，Ceph 会重新计算 PG 到 OSD Set 的映射，以保证此 PG 的有效副本数始终是 N。

Ceph Monitor 还用到了 Paxos 协议，原因在于 Ceph Monitor 本身也是 1 个（3 节点）集群，Paxos 协议在这里有如下两个作用。

- 首先，选择集群的 Leader（Ceph Monitor）。
- 其次，保证 Ceph Monitor 集群的数据一致性，只有 Ceph Monitor 集群节点投票通过时，Ceph Monitor 维护的集群状态数据才能被写入后端的 Key-Value 数据库里并生效。

5.6 星际文件系统 IPFS

星际文件系统 IPFS（Inter Planetary File System）是最近才出现的一个新的开源分布式文件系统。它并不是一个传统意义上的文件系统，要理解为什么会有这种文件系统出现，就需要理解它产生的背景及它所针对的内容。

IPFS 的作者是毕业于斯坦福大学的墨西哥人 Juan Benet，他成功创建了 Protocal Lab 实验室。Juan Benet 认为兴盛于 21 世纪初的以 BitTorrent 为代表的 P2P 技术是一个创新性的文件分享技术，比已有的文件分享技术更加高效、开放，但因为在其上分享的内容盗版泛滥而且难以监管，所以在文件分享方面陷入绝境。但是，P2P 的理念和优点深深吸引了 Juan Benet，IPFS 的技术核心之一就是 P2P。Protocal Lab 也正是 Juan Benet 试图接下 P2P 这根接力棒的尝试，它的第一个项目——星际文件系统 IPFS 就是利用 P2P 思想和技术对传统的 HTTP 互联网网页（文件）系统的彻底改变！

所以，IPFS 实际上是一种全新的 P2P 化的（互联网网页）文件系统。

我们知道，互联网上合法的并可以公开访问的 HTTP 站点基本属于某个组织，在大多数情况下，这套系统的最终用户只能被动充当"浏览者"，不能在这个最广泛且越来越重要的内容分享平台发布和分享自己的内容。所以，IPFS 最重要的一个理念就是彻底打破目前 HTTP 互联网的这种中心化特权，让更多的人参与进来，这与区块链的思想高度一致，因此也不难理解。IPFS 的作者随后高调发布了基于 IPFS 的数字货币 Filecoin 的原动力。

基于 HTTP 的互联网文件系统还存在以下问题。

- 大文件的传输效率太低。
- 网上冗余的文件数量庞大，浪费了很多存储资源，也导致检索效率低下。

IPFS 采用了 P2P 技术来解决上述问题，它将一个大文件分为大小为 256KB 的一个个独立区块，这些独立区块可以被存储在不同的 IPFS 节点上，大文件就可以用这些区块的一个地址链表来寻址了，同时，客户端可以并行地从多个节点获取文件的不同内容，从而大大加速大文件的传输效率。为了解决文件重复的难题，IPFS 放弃了 HTTP 基于文件名（URL）的寻址思路，创新地采用了基于文件内容的寻址方案，每个被放入 IPFS 的文件，其内容都经过 SHA2-256 的算法得到一个长度为 32 个字节的哈希值，这个哈希值再经过 Base58 的编码后得到的可读字符串就是该文件的"唯一标识"，只要知道这个唯一标识，就可以通过 IPFS 去查找该文件的内容，不管它被分隔成几部分，以及被存储在哪些服务器上。由于相同的文件内容得到的哈希值是相同的，所以 IPFS 天然具有过滤重复文件的能力，也可以通过指定文件副本数的方式来确定某个（某类）文件存储的副本数量，实现灵活的容灾特性。此外，如果不知道文件内容对应的哈希值，则无法检索该文件，所以 IPFS 还有天然的文件保密性。

IPFS 是一个典型的 P2P 对等网络，在这个网络中并没有中央服务器，集群中的每个 IPFS 节点都会在本地存储一小部分文件，并且保存本地文件对应的哈希路由表，同时每个 IPFS 节点都与其他一些 IPFS 节点保持长连接关系并通过一些复杂算法交换路由数据，于是网络中所有

IPFS 节点的本地哈希路由表都"汇聚在一起",形成一个巨大的分布式哈希表 DHT(Distributed Hash Table),从而实现整个 IPFS 网络的文件寻址问题。IPFS 所使用的 DHT 的具体实现是 Kademlia,一个被广泛用于 BT 系统中的分布式哈希表的实现算法。为了方便 Web 用户访问 IPFS 中的数据,IPFS 的节点提供了 HTTP 网关服务,在开启以后就可以通过浏览器直接访问。同时,IPFS 也跟一些浏览器厂家合作,在浏览器如 FireFox、Opera、Brave 等中内置了 IPFS 客户端。如下所示是 IPFS 的架构示意图。

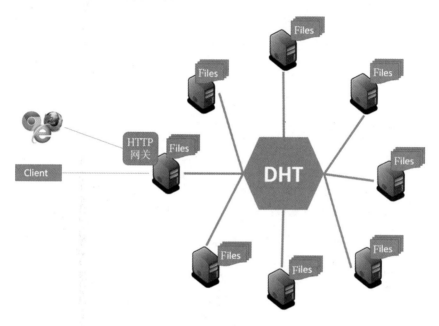

IPFS 除了融合了 P2P 网络技术、BT 传输技术,还融合了类似于 Git 版本控制的技术,如果上传到 IPFS 中的文件被修改,则 IPFS 会保存新文件并且自动生成该文件的历史版本,以确保看到该文件的人能追溯该文件的所有历史版本和每一处修改细节,这会揭示更多真相。

从上述分析结果来看,IPFS 在技术方面可被视为一种典型的"集大成者创新模式",在架构和技术方面并没有太多创新点,更多的创新则来源于其思想,这与区块链有很多相似之处。同样,区块链所倡导的"自由平等地参与和分享理念"也在很大程度上影响着 IPFS 的走向和生态圈。目前已有大量数据被上传和存储到 IPFS 网络。2018 年,文件数量已经超过 50 亿,2019 年,IPFS 网络的节点数量已经超过 10 万,网络规模的增长则超过 30 倍。为了更好地鼓励和激励更多用户将其文档提交并通过 IPFS 分享至全球,Protocol Labs 随后继续发起了基于 IPFS 的全新区块链项目 Filecoin。目前,Filecoin 已被视为最具潜力和未来影响力的全球性分布式存储网络,任何个人和组织都可以在其上买卖未使用的存储,并且提供公平的付费检索服务。可以想象,一旦 IPFS+Filecoin 形成规模,对现有的搜索巨头谷歌、bing、百度等的冲击会有多大,这也是为什么 Chrome 浏览器并没有积极参与 IPFS 集成。Filecoin 的测试网已于 2019 年 12 月启动测试,并计划在 2020 年 6 月 15 日至 7 月 17 日正式上市。美国知名交易所双子星 Gemini 官方发布公告,将为 Filecoin 的代币 FIL 提供托管支持,并认为 Filecoin 与之前纯粹竞争消耗算力的挖矿方式来争取虚拟货币的传统区块链不同,Filecoin 里的挖矿行为是有对应的实际价值的,并满足了互联网市场中的真实需求及相关交易。

- 用户愿意将自己的存储资源贡献出来并获取相应的报酬。
- 用户愿意为可靠云存储服务付费。
- 用户愿意为高质量数据检索服务付费。

Filecoin 系统中的交易分为存储交易与检索交易,整个系统中的用户都可以按照角色划分为以下三种,其中任何一个互联网上的个体都可以同时拥有这三种角色。

- 客户:愿意为两种服务支付合理费用,包括存储数据及检索数据。
- 存储矿工:通过提供本地的存储空间存放客户的数据以获得相应的奖励费用。
- 检索矿工:提供 IPFS 网络内的数据检索服务并收取相关费用。

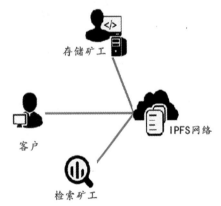

Filecoin 是一个区块链项目,所以也有自己的虚拟数字货币——FIL 代币,FIL 代币的发行总量为 20 亿,这其中的 70%即 14 亿都留给存储矿工通过勤劳致富的挖矿所得,只有存储矿工

才有资格参与 Filecoin 网络新区块的生成，一旦某个存储矿工挖到了新区块，就可以得到奖励及包含在区块中的交易费，全部的 14 亿枚 FIL 代币只会通过这种方式产生并流通。

用户若想要上传数据到 IPFS 网络存储，就需要付出一定的 FIL 代币，存储矿工因为提供数据存储服务而获取部分 FIL 代币作为报酬。如果其他用户想要访问某个数据，则也需要支付一定的 FIL 代币作为报酬给检索矿工。由于引入了区块链技术，因此这些交易都更加透明、公平、可靠，因为每一笔交易都是公开的"征信记录"，全球可见。如此一来，互联网这个虚拟世界将变得更加民主、公平。

5.7 软件定义存储

实际上，在云计算时代，只有两类存储系统吸引了众多厂商的极大关注：第 1 类是分布式的块存储系统，它提供了原始的存储媒介和接口，虚机和 Docker 容器所在的主机也都需要块存储设备；第 2 类是新型的分布式对象存储系统，因为它符合众多互联网应用的存储需求，所以传统的分布式文件系统显得有点没落。本节将聊聊分布式对象存储及由此引发的"软件定义存储"这种新型的存储概念及产品。

首先，什么是对象存储？互联网应用中的很多文件如图像、照片、视频、文档、表格、演示文档及邮件附件都是典型的对象数据，这种数据的典型特点就是"一次写入后基本不变，并且需要多次读取"。对象数据尽管是文件，但它是已被封装的文件（编程中的对象就有封装性），也就是说，在对象存储系统里，我们不能直接打开、修改文件，而是通过编程让特定的程序读取，所有对象存储系统都提供了 REST API 接口来供应用使用。另外，对象存储没有像文件系统那样有一个多层级的文件结构，只有一个桶（bucket，也就是存储空间）的概念，在桶里面全部都是对象，没有目录分级，这是一种非常扁平化的存储方式，你只能用对象的唯一标识来访问这个对象。简单来说，块存储读写快，不利于共享；文件存储读写慢，利于共享；对象存储系统则集二者的优点，是一个利于共享、读写快的网络存储技术。

对象存储也是一种分布式存储，将多台 X86 服务器内置于大容量硬盘中，再装上开源对象存储软件即可形成一套存储方案。对象存储所面临的唯一问题是接口和标准化问题，我们知道，块存储和文件存储都有自己的标准接口规范，但对象存储这种新型的存储没有标准接口规范，在这种情况下,"最早吃螃蟹的人"给出的接口就自然而然地成为业界标准了,这个标准就是 Amazon S3。Amazon S3 是一个公开的云服务,Web 应用程序开发人员可以使用它存储数字信息,包括图片、视频、音乐和文档。Amazon S3 提供的 RESTful API 成为业界公认的对象存储标准接口规范。

下面是 Amazon S3 提供的写对象的 REST API 定义,写对象的逻辑类似于我们创建一个文件并保存到磁盘里,只不过写文件的过程变成了上传文件到云端,将文件保存到某个磁盘目录等同于将对象保存到某个桶里。

Request(请求)如下:

```
PUT /ObjectName HTTP/1.1
Host: BucketName.s3.amazonaws.com
Date: date
Authorization: authorization string

...Object data in the body...
```

Response(例子)如下:

```
HTTP/1.1 200 OK
x-amz-request-id: 8D017A90827290BA
Date: Fri, 13 Apr 2012 05:40:25 GMT
ETag: "dd038b344cf9553547f8b395a814b274"
Content-Length: 0
Server: AmazonS3
```

可以看出,Amazon S3 的 REST API 还是比较简单、清晰的,它在本质上就是一个 HTTP Put 方式的文件上传接口。下面这段来自 Amazon S3 官网的 Java 代码给出了上述接口的一个具体调用示例:

```java
public class UploadObjectSingleOperation {
    private static String bucketName     = "*** Provide bucket name ***";
    private static String keyName        = "*** Provide key ***";
    private static String uploadFileName = "*** Provide file name ***";

    public static void main(String[] args) throws IOException {
        AmazonS3 s3client = new AmazonS3Client(new ProfileCredentialsProvider());
        try {
            System.out.println("Uploading a new object to S3 from a file\n");
            File file = new File(uploadFileName);
            s3client.putObject(new PutObjectRequest(
                        bucketName, keyName, file));
```

```
        } catch (AmazonServiceException ase) {
            System.out.println("Caught an AmazonServiceException, which " +
                "means your request made it " +
                    "to Amazon S3, but was rejected with an error response" +
                    " for some reason.");
            System.out.println("Error Message:    " + ase.getMessage());
            System.out.println("HTTP Status Code: " + ase.getStatusCode());
            System.out.println("AWS Error Code:   " + ase.getErrorCode());
            System.out.println("Error Type:       " + ase.getErrorType());
            System.out.println("Request ID:       " + ase.getRequestId());
        } catch (AmazonClientException ace) {
            System.out.println("Caught an AmazonClientException, which " +
                "means the client encountered " +
                    "an internal error while trying to " +
                    "communicate with S3, " +
                    "such as not being able to access the network.");
            System.out.println("Error Message: " + ace.getMessage());
        }
    }
}
```

第 1 个模仿 Amazon S3 的开源对象存储系统是 OpenStack 的 Swift（后简称 Swift），它完全开放，有广泛的用户群和社区贡献者，所以打破了 Amazon S3 在市场上的垄断状态，推动了云计算朝着更加开放和可互操作的方向前进。Swift 也是被商业化部署最多的 OpenStack 组件，目标是提供对象存储服务。如下所示是 Swift 的一张精简示意图，多个 X86 服务器组成 Swift 存储集群，并在前端安置了 Swift Proxy Server 作为网关对外提供对象存储服务，该服务兼容 Amazon S3 的 REST API 接口。

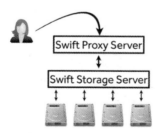

如下所示是 Swift 集群的一个参考部署图。

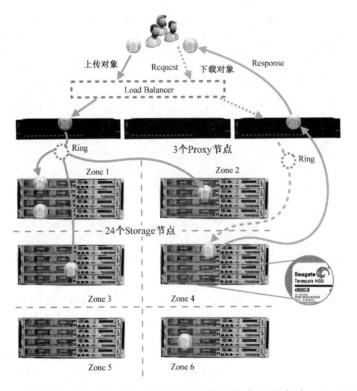

与 Ceph 类似，为了将存储对象均匀分布到后端的多个存储设备上，Swift 也用了一套特殊的 Hash 算法——一致性哈希算法，在 Swift 里叫作弹性哈希环。Swift 的哈希环是存储设备节点线性分布的，无法人工配置和干预；Ceph 的 CRUSH 算法则采用层级结构，用户可以定义细致的策略，因此从生产应用的角度来说比 Swift 更合适，加上 Ceph 同时支持块存储、文件存储及对象存储，因此后来居上。雅虎的 Cloud Object Store（COS）是雅虎基于商用硬件的软件定义存储解决方案，雅虎也是在对比了 Swift、Ceph 及其他一些商业化的解决方案后最终选择了 Ceph，其中最重要的一个原因就是 Ceph 通过一个固有的架构把对象存储、块存储和文件存储整合到了一个存储层，同时有很好的灵活性。

下图显示了一个基于 Ceph 的对象存储方案，里面涉及存储网络的划分细节。

第 5 章 深入解析分布式文件存储

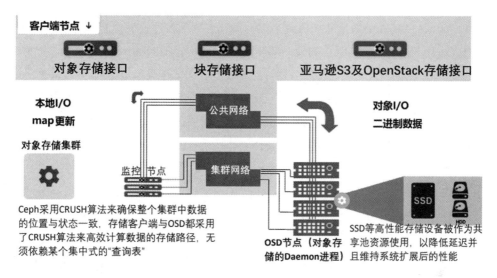

下面看看什么是软件定义存储。

2012 年，VMware 在其 vForum 大会上首次提出了软件定义数据中心（SDDC）的概念。作为 VMware 软件定义数据中心的五大组成部分（计算、存储、网络、管理和安全）之一，软件定义存储（SDS）的概念也被首次提出。EMC 公司在当年的 EMC World 发布大会上也发布了 SDS 战略，引发了业界对 SDS 的热烈讨论，SDS 迅速成为存储业界的研究热点，成为拯救传统存储厂商的一种新技术。

VMware 作为 SDS 概念的创造者，对 SDS 的定义如下。

软件定义存储的产品是一种将硬件抽象化的解决方案，使你可以轻松地将所有资源池化并通过一个友好的用户界面（UI）或 API 提供给消费者。软件定义存储的解决方案使你可以在不增加任何工作量的情况下进行纵向扩展（Scale-Up）或横向扩展（Scale-Out）。

实际上，最权威的 SDS 定义莫过于 SNIA 对 SDS 的定义了，SNIA 曾先后定义了 DAS、SAN、NAS、对象存储及云存储等标准。作为一家非赢利行业组织，SNIA 拥有 420 多家来自世界各地的公司成员及 7100 多位个人成员，遍及整个存储行业。SNIA 认为，SDS 需要满足的是：提供自助的服务接口，用于分配和管理虚拟存储空间。SDS 应该提供这些功能：自动化；标准接口；虚拟数据路径；扩展性；透明性。

在企业方面，惠普的 SDS 战略分为两个领域：一个领域针对主数据存储，主要是惠普的 StoreVirtual VSA 系列产品；另一个领域针对数据备份，相应的"软件定义备份"解决方案是惠普的 StoreOnce VSA。StoreVirtual VSA 是针对主数据存储的软件定义存储解决方案，在早期是软硬件集成解决方案，后来将其中的软件部分剥离出来，单独以软件形式销售，客户可以通过 StoreVirtual VSA 软件将自己现有的服务器存储环境整合起来变成存储资源池。StoreOnce VSA 是备份解决方案，早期也是将软硬件整合在一起，后来，惠普同样将其中的软件部分抽离出来，这就是 StoreOnce VSA，适用于分支机构的备份环境，可以在现有的 PC 服务器上非常简单地建立备份节点。2015 年 2 月底，IBM 软件定义存储产品系列——光谱存储（Spectrum Storage）正式发布。IBM 把 XIV 打造成像 Spectrum Accelerate 一样的软件定义存储，同时将大型机里面的 GPFS（通用并行文件系统）更名为 Spectrum Scale，在 IDC 的市场统计中，IBM 的软件定义存储产品多次排在第一位。IBM 于 2019 年发布了新一代软件定义存储的 IBM Elastic Storage System 3000 产品，该产品的核心技术是 Spectrum Scale 并行文件系统，它以容器化软件交付的方式提供产品，2U 空间可提供高达 40GB/s 的数据访问带宽和 320TB 的存储容量，整个系统由多个节点构成，当数据量急剧增大的时候，它可以更简单地实现快速扩展，能够满足不同的人工负载的要求。

虽然 SDS 这个新口号看起来比较虚，但实际上我们之前介绍的 Ceph 就是一种开源的 SDS 产品。在 VMware 的官网论坛上有一句话可翻译为：Ceph 是一种 SDS 解决方案，提供了块存储、文件存储及对象存储的能力。

下面这些软件也可以被理解为 SDS 产品。

- GlusterFS。

- Nexenta（文件与块存储，支持 OpenStack 与 Docker）。

- Swift。

自从软件定义存储的概念提出后，一直独立于服务器技术单独发展的企业存储技术也在加速优化。

第 6 章

聊聊分布式计算

不管是网络、内存还是存储的分布式，它们的最终目标都是实现计算的分布式：数据在各个计算机节点上流动，同时各个计算机节点都能以某种方式访问共享数据，最终分布式计算后的输出结果被持久化存储和输出。分布式计算作为分布式系统里最重要的一个能力和目标，也是大数据系统的关键技术之一。经过多年的发展与演进，目前业界已经存在很多成熟的分布式计算开源编程框架和平台。作为架构师，我们应该尽可能地了解和掌握这些框架和平台。

6.1 不得不说的 Actor 模型

Actor 模型于 1970 年年初被提出，为并行计算而生，理念非常简单：所有对象皆 Actor，在 Actor 之间仅通过发送消息进行通信，所有操作都是异步的，不同的 Actor 可以同时处理各自的消息，使整个系统获得大规模的并发能力。但是，该理念在当时有些超前，因此很快被人遗忘。直到 Erlang 这种基于 Actor 模型设计的面向并发编程的新语言横空出世，在并发领域竖起一座丰碑，Actor 模型才再次成为分布式计算领域的热点技术之一。

目前，几乎在所有主流开发平台下都有了 Actor 模型的实现：Java 平台下 Scala 的 Actor 类库和 Jetlang；NET 平台下的 MS CCR 和 Retlang；F# 平台下的 MailboxProcessor；微软基于 MS

CCR 构建的新语言 Axum。

Smalltalk 的设计者、面向对象编程之父 Alan Kay 曾经这样描述面向对象的本质：

很久以前，我在描述"面向对象编程"时使用了"对象"这个概念。很抱歉这个概念让许多人误入歧途，他们将学习的重心放在了"对象"这个次要的方面，而忽略了真正主要的方面——"消息"。创建一个规模宏大且可水平扩展的系统的关键，在于各个模块之间如何交流，而不在于其内部的属性和行为如何表现。

这段话也概括了 Actor 模型的精髓——我们可以认为 Actor 模型是面向对象模型在并发编程领域的一个扩展。Actor 模型精心设计了消息传输和封装的机制，强调了面向对象。我们可以将一个 Actor 类比为一个对象，对象提供了方法以供其他对象调用，等价于一个 Actor 可以处理某些类型的消息并进行响应，但与方法调用不同，Actor 之间的消息通信全部是异步模式，避免了同步方法调用可能产生的阻塞问题，因此很适合高度并行的系统。但是，异步编程这种思维模式大大增加了我们在编程中所耗费的脑力劳动，很难被习惯了 CRUD 的大众程序员们所接受，所以注定了 Actor 模型曲高和寡的命运。

从另一方面来考虑，Actor 模型大大简化了并行编程的复杂度。我们知道，对象一般都有属性（状态），但如何高效、安全地处理对象的可变属性，成为多线程并发编程领域中公认的编程难题。比如 Java 为了解决这一难题，先后设计了 volatile 变量、Atomic 变量、基于 Atomic 的 CAS 原子计数器指令、轻型的 Lock 锁，最后祭出了 Java 并发领域专家 Doug Lea 教授潜心数年编写的难度极高的并发集合框架—— Java Concurrent Collection。但是即使从业多年，我们依然难以写出一段工业级质量的多线程代码。Actor 之父—— Carl Hewitt 很早就敏锐地意识到了这个问题，于是定义了 Actor 的第 2 个重要特性：Actor 模型的内部状态不能被其他 Actor 访问和改变，除非发送消息给它。那么消息是否可变呢？显而易见，Actor 发出的消息也是不可变的。Actor 模型舍弃了共享变量和共享内存这种常规编程模式，虽然失去了一定的灵活性，却让任意两个 Actor 都具备了跨越网络实现分布式计算的天然基因，从而成就了其在大规模分布式计算领域的"不老传说"。

如下所示是 Actor 模型的原理图。

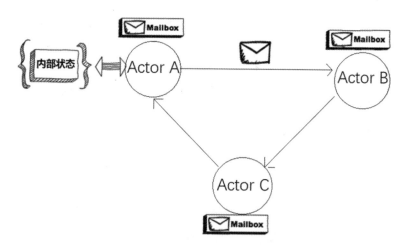

从上图可以看到，每个 Actor 都有一个 Mailbox（邮箱），Actor A 发送消息给 Actor B，就好像 Actor A 写了一封邮件，收件人地址填写 Actor B 的邮箱地址，随后平台负责投递邮件。在邮件抵达 Actor B 的邮箱后，平台就通知 Actor B 收取邮件并做出回复，如果有多封邮件，则 Actor B 依次按顺序处理。越是简单的技术，就越有强大的力量，Actor 模型让我们再次验证了这个道理。那么，Actor B 在收到消息后可能会做出哪些处理呢？

- 创建其他 Actor。

- 向其他 Actor 发送消息。

- 指定下一条消息到来时的行为，比如修改自己的状态。

一个 Actor 在什么情况下会创建子 Actor 呢？通常的情况是并行计算，比如我们有 10 个 10GB 的大文件要分析和处理，就可以在根 Actor 里创建 10 个子 Actor，让每个 Actor 都分别处理一个文件，为此根 Actor 给每个子 Actor 都发送一条 Message（消息），消息里包含分配给它的文件编号（或位置），子 Actor 在完成处理后，就把处理好的结果封装为应答消息返回给根 Actor，然后根 Actor 进行最后的汇总与输出。如下所示是其流程示意图。

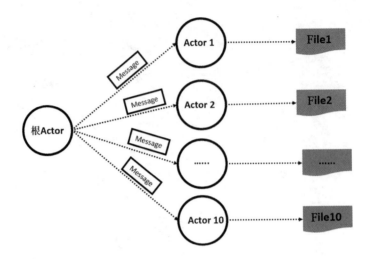

一个 Actor 与其所创建的 Actor 形成父子关系，比如上面这个例子。在实际编程过程中，父 Actor 应该监督其所创建的所有子 Actor 的状态，原因是父 Actor 知道可能会出现哪些失败情况，知道如何处理它们，比如重新产生一个子 Actor 重新做失败的任务，或者某个 Actor 失败后通知其他 Actor 终止任务。

Actor 模型的优点很明显，即将消息收发、线程调度、处理竞争和同步的所有复杂逻辑都委托给了 Actor 框架本身，而且对应用来说是透明的。我们可以认为 Actor 只是一个实现了 Runnable 接口的对象，在关注多线程并发问题时，只需要关注多个 Actor 之间的消息流即可。此外，符合 Actor 模型的程序也很容易被测试，因为任意一个 Actor 都可以被单独进行单元测试。如果测试案例覆盖了该 Actor 所能响应的所有类型的消息，就可以确定该 Actor 的代码十分可靠。

那么，Actor 模型的缺点有哪些呢？简单总结如下。

- Actor 完全避免共享并且仅通过消息传递进行交流，使得程序员失去了精细化并发调控的能力，所以不太适合实施细粒度的并行且可能导致系统响应延时的增加。如果在 Actor 程序中引入一些并行框架，就可能导致系统的不确定性。

- 尽管使用 Actor 模型的程序比使用线程与锁模型的程序更容易调试，Actor 模型仍会出现死锁这一类共性问题，也会出现一些 Actor 模型独有的问题（例如信箱溢出）。

此外，Actor 平台实现起来较为复杂，而且平台的性能取决于其实现原理与底层机制，比如分布式情况下的消息传输机制、网络通信机制及消息到 Actor 的派发机制，在这些方面如果有处理不好的地方，就会导致整体性能和稳定性问题。比如某个 Actor 因为某个错误陷入死循环，疯狂地消耗 CPU，基本上整个系统就瘫痪了，其他 Actor 很难有机会正常工作，此时 Java 上的 Akka 平台由于根本做不到公平调度，在出现这种问题时什么也调度不了，只能等待操作系统切换线程。而 Erlang 尽力实现了"可抢占的公平"调度，比较好地解决了这一难题。

6.2 Actor 原理与实践

为了明白 Actor 是如何实现的，我们先从一个简单的 Java Actor 实现入手，它就是 IBM 开发者网站中给出的 µJavaActors，µJavaActors 非常迷你，仅仅有 1200 行代码，但很强大，如下所示是其官方网站给出的 Actor 的原理示意图。

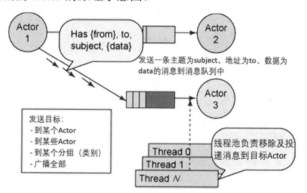

我们从上图可以看到，µJavaActors 围绕 3 个核心对象（Message、Actor、ActorManager）来构建。

µJavaActors 中的第 1 个重要对象是 Message（消息），它是 Actor 之间相互发送的数据，Message 对象主要有以下 3 个属性。

- source：是发送方 Actor 的标识，可以用于回信给发送方。
- subject：是消息的主题，是一个字符串，通常用来说明该消息的类型（也被称为命令），可以用来区分不同类型的消息。
- data：是消息的主体内容，可以是任意 Java 对象，比如一个 Java Bean、数组、集合等。

默认的 Message 实现类是 DefaultMessage，而其方法 subjectMatches 可以用正则表达式来检查该消息的 subject（主题）是否符合某个特征，即属于某种类型的消息也可以用普通字符串比较的方式来判断。μJavaActors 从消息队列（messages 列表）中查找下一个符合目标特征的 Message 的逻辑方法 peekNext 时，就用到了 subjectMatches 方法。目标特征用方法的参数 subject 来表示，既可以是普通字符串，也可以是某个正则表达式，从而实现了很灵活的消息匹配功能。让我们来一睹能体现其作者的巧妙设计和精湛编程功力的代码片段：

```java
public Message peekNext(String subject, boolean isRegExpr) {
    long now = new Date().getTime();
    Message res = null;
    Pattern p = subject != null ? (isRegExpr ? Pattern.compile(subject) : null) : null;
    synchronized (messages) {
      for (DefaultMessage m : messages) {
        if (m.getDelayUntil() <= now) {
          boolean match = subject == null ||
            (isRegExpr ? m.subjectMatches(p) : m.subjectMatches(subject));
          if (match) {
            res = m;
            break;
          }
        }
      }
    }
    return res;
}
```

μJavaActors 中的第 2 个重要对象是 Actor。Actor 是一个执行单元，一次处理一个 Message 消息。大部分程序都由许多 Actor 组成，这些 Actor 常常具有不同的类型。Actor 可在程序启动时创建或在程序执行时创建（和销毁）。每个 Actor 都由 ActorManager 负责创建并由创建它的 ActorManager 管理。为了相互通信，每个 Actor 都必须有唯一的名称，在它所归属的 ActorManager 的空间里，这个名称必须是唯一的。此外，我们可以把某些 Actor 归属为一类（category 属性），这样就可以定向广播消息给某一类 Actor。需要注意的是，每个 Actor 只能属于一个类别，如果要开发一个具体的 Actor，就可以继承 AbstractActor 这个抽象类。每个 Actor 都有生命周期方法 activate 和 deactivate，每次与某个特定 ActorManager 关联时，都会调用 Actor 的生命周期方法。

Actor 可以用 willReceive 方法来告诉系统它对哪些类型的 Message 感兴趣，当一个 Actor 收到属于它的消息时，μJavaActors 就会自动触发它的 receive 方法来完成对消息的处理，因此 receive 方法是我们要关注的重点。为了保持高效，在 receive 方法里应该迅速处理消息，而不要进入漫长的等待状态（比如等待人为输入或者无尽地循环）。除此之外，Actor 对象提供了以下有用的方法。

- peek()：允许该 Actor 查看是否存在挂起的（还未处理的）Message。

- remove()：允许该 Actor 删除或取消任何尚未处理的 Message。

- getMessageCount()：允许该 Actor 获取挂起（还未处理的）的 Message 数量。

每个 Actor 收到的 Message 都被放在该 Actor 对象内部维护的一个 List 中，下面这段来自 AbstractorActor 中的代码体现了其内部原理：

```java
public static final int DEFAULT_MAX_MESSAGES = 100;
protected List<DefaultMessage> messages = new LinkedList<DefaultMessage>();

@Override
public int getMessageCount() {
  synchronized (messages) {
    return messages.size();
  }
}

@Override
public int getMaxMessageCount() {
  return DEFAULT_MAX_MESSAGES;
}

public void addMessage(Message message) {
  synchronized (messages) {
    if (messages.size() < getMaxMessageCount()) {
      messages.add(message);
    } else {
      throw new IllegalStateException("too many messages, cannot add");
    }
  }
}

@Override
public boolean remove(Message message) {
  synchronized (messages) {
    return messages.remove(message);
  }
}
```

一个 Actor 发送 Message 给另外一个 Actor 的 send 方法（来自 DefaultActorManager 类）就调用了上面的 addMessage 方法：

```java
public int send(Message message, Actor from, Actor to) {
    int count = 0;
```

```
      AbstractActor aa = (AbstractActor) to;
      if (aa != null) {
        if (aa.willReceive(message.getSubject())) {
          DefaultMessage xmessage = (DefaultMessage)
            ((DefaultMessage) message).assignSender(from);
          aa.addMessage(xmessage);
          count++;
          synchronized (actors) {
            actors.notifyAll();
          }
        }
      }
      return count;
    }
```

我们注意到,在上述 send 方法中有 actors.notifyAll() 的调用,这会唤醒正在等待消息的 Actor。下面这段代码展示了 AbstractActor 中的 receive 方法逻辑。它在处理完一个 Message 后,就告诉 ActorManager 把自己放入等待队列中,等待下一个 Message:

```
    @Override
    public boolean receive() {
      Message m = testMessage();
      boolean res = m != null;
      if (res) {
        remove(m);
        try {
          loopBody(m);//子类要做的事情,负责完成消息的处理逻辑
        } catch (Exception e) {
          System.out.printf("loop exception: %s%n", e);
        }
      }
      manager.awaitMessage(this);
      return res;
    }
```

DefaultActorManager 中的 awaitMessage 方法如下,它把当前 Actor 对象放入自己的等待队列中:

```
    public void awaitMessage(AbstractActor a) {
      synchronized (actors) {
        waiters.put(a.getName(), a);
      }
    }
```

μJavaActors 中的第 3 个重要对象是 ActorManager。我们可以认为 ActorManager 就代表我们通常所说的 Actor System,它的默认实现是 DefaultActorManager。每个 DefaultActorManager

都拥有一个线程池资源，用于处理 Message 收发与 Actor 调度。在通常情况下，在我们的一个 JVM 进程中只有一个 DefaultActorManager 实例存在，但如果希望管理多个独立的线程池（或 Actor 池），则也可以创建多个 DefaultActorManager 对象。

ActorManager 负责创建、启动、停止及管理所有 Actor 对象，并且负责分配线程给 Actor 来处理消息，也提供了发送 Message 的方法。以下是 ActorManager 的关键方法说明。

- createActor()：创建一个 Actor 并将它与自己（ActorManager）相关联。
- startActor()：启动一个 Actor，使它开始工作。
- detachActor()：停止一个 Actor，使它与自己脱离关系。
- send()/broadcast()：将一条 Message 发送给一个 Actor、一组 Actor、一个类别中的任何 Actor 或广播给所有 Actor。

在 DefaultActorManager 内部保存了很多状态。

- actors：包含向管理器注册的所有 Actor。
- runnables：包含已创建但尚未调用其 run 方法的 Actor。
- waiters：包含所有等待消息的 Actor。
- threads：包含管理器启动的所有工作线程。

DefaultActorManager 很好地利用了 Java 线程，可保证 Actor 一次只处理一个 Message，在 Actor 处理一条消息时，一个工作线程仅与一个特定的 Actor 关联，消息在被处理完成后就归还到线程池中供其他 Actor 自由使用，这允许一个固定大小的线程池为无限数量的 Actor 提供服务。这种线程池的思路模式很重要，因为之前我们说过，线程是重量级的对象。在线程切换方面，μJavaActors 的实现有很大的不同。如果在 Message 处理完成时恰好有一条新 Message 需要处理，则不会发生线程切换，而是重复一个简单循环来继续处理新的 Message。因此，如果等待的 Message 数量至少与线程一样多，则没有线程是空闲的，因此不需要进行切换；如果存在足够多的 CPU 处理器（至少一个线程），则可以有效地将每个线程都分配给一个处理器，而不会发生线程切换；如果缓冲的 Message 不足，则线程将会休眠。

下面通过一个例子来说明 μJavaActors 的用法，体会面向 Actor 编程的思想。这个例子假设实现了 Top N 的并行排序，具体逻辑为：根 Actor 启动后会生成 10 个子 Actor，每个子 Actor

对随机生成的 1000 个数据进行排序，在排序完成后，获取 Top N 的结果并返回根 Actor，根 Actor 在收到所有应答后再进行最后的汇总排序并输出 Top N 的结果。之所以假设 Top N，是因为笔者没有实现最后的 Top N 汇聚排序算法。

整段代码很简单，不到 100 行。首先，根 Actor 的代码如下：

```java
package com.ibm.actor.test;

import java.util.Arrays;

import com.ibm.actor.AbstractActor;
import com.ibm.actor.Actor;
import com.ibm.actor.ActorManager;
import com.ibm.actor.DefaultActorManager;
import com.ibm.actor.DefaultMessage;
import com.ibm.actor.Message;

public class ParallSortActor extends AbstractActor {
    public static ActorManager manager = DefaultActorManager.getDefaultInstance();
    int count = 10;
    int finishedCount=0;
    @Override
    protected void loopBody(Message m) {
        if (m.getSubject().equals("init")) {
            System.out.println("begin parall sort ...");

            int totalItems = 10000;
            for (int i = 0; i < count; i++) {
                Actor sortActor = manager.createAndStartActor(SortActor.class, SortActor.class.getSimpleName() + i);
                int[] data = new int[totalItems / count];
                for (int j = 0; j < data.length; j++) {
                    data[j] = (int) (Math.abs(Math.random()) * totalItems);

                }
                DefaultMessage rm = new DefaultMessage("sort", data);
                manager.send(rm, this, sortActor);
            }
        }else if (m.getSubject().equals("result")) {
            finishedCount++;
            System.out.println("received result from "+m.getSource().getName() + " result "+Arrays.toString((int[])m.getData()));
            m.getSource().shutdown();
            if(finishedCount==10)
            {
                System.out.println("all finished ");
```

```java
            this.shutdown();
        }

    }

    public static void main(String[] args) throws InterruptedException {
        Actor myactor = manager.createAndStartActor(ParallSortActor.class, ParallSortActor.class.getSimpleName());

        while (!myactor.isShutdown()) {
            Thread.sleep(1000);
            System.out.println("....");
        }

    }

}
```

其次，排序的 Actor 的代码如下：

```java
public class SortActor extends AbstractActor {

    @Override
    protected void loopBody(Message m) {
        if (m.getSubject().equals("sort")) {
            System.out.println("enter SortActor " + this.getName());
            int[] data = (int[]) m.getData();
            Arrays.sort(data);
            int[] topData = Arrays.copyOf(data, 10);
            System.out.println(" SortActor " + this.getName() + " finished " + Arrays.toString(topData));
            DefaultMessage rm = new DefaultMessage("result", topData);
            this.getManager().send(rm, this, m.getSource());
        }

    }

}
```

如果亲自写一遍上面的代码，则你可能会觉得它很像 MapReduce 算法。那么，MapReduce 是否是 Google 的大牛们吸收了 Actor 模型的优秀设计而创造的呢？这值得我们思考。

6.3 初识 Akka

虽然 Akka 基于 Scala 而非 Java 语言编写而成,但由于 Scala 最终还是被编译为 Java 字节码并运行在 JVM 之上,所以我们可以认为 Akka 属于 Java 领域。

Akka 官方对 Akka 的介绍如下。

- 是对并发、并行程序的简单的高级别的抽象。
- 是异步、非阻塞、高性能的事件驱动编程模型。
- 是非常轻量的事件驱动处理机制(1GB 内存可容纳约 270 万个 Actor)。

通过 7.2 节对 μJavaActors 的讲解,我们知道,一个实际的 Actor 系统是由许多个 Actor 实例组成的一个复杂的树状结构,父 Actor 负责子 Actor 的生命周期并对它们实施必要的监管与控制,Akka 项目则更加清晰地描述和定义了与之相关的编程模型。如下所示给出了 Akka 中的 Actor 层级与监管的示意图。

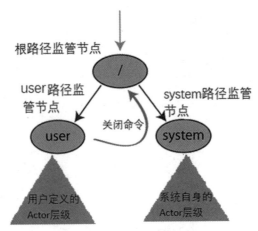

从上图中还可以看到,Akka 中的每个 Actor 都有一个 Path(路径),对于一个 Actor 子系统 ActorSystem(类似于 μJavaActors 中的一个 ActorManager,维护一个 Actor 命名空间)来说,顶级根路径是 "/",下面有两个子路径,分别是 user(用户空间)路径与 system(系统空间)路径,在前者的路径分支上挂接了我们自己开发的 Actor,后者则是 Akka 本身的系统级的 Actor 所在的路径。

如下所示是一个典型的 Akka Actor 的 Path 层级的结构示意图，我们看到每个下一层级的 Actor 的 Path 全路径的名称都是从根节点出发的完整路径，类似于文件目录结构的设计思路。而将 user 空间与 system 空间分离的做法，又借鉴了 Linux 内核的思想，将系统级的 Actor 识别出来，从而针对性地实现了精细化调度及增强系统内核的稳定性与容器能力。

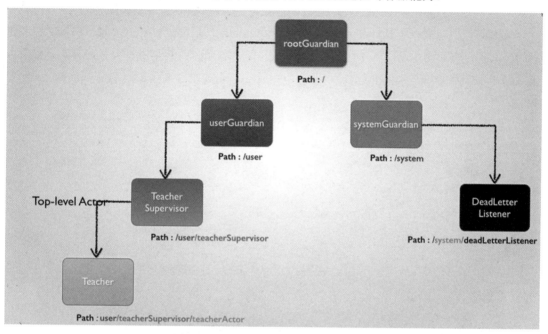

在 Akka 的 Actor Path 设计里还融入了 URL 的思想，使得 Akka 天然具备了分布式计算的能力。下面是 Actor Path 的完整定义方式：

akka://<actorsystemname>@<hostname>:<port>/<actor path>

如果我们要访问位于一个远程机器 10.0.0.1 上的某个 Actor，则可以这样引用：

ActorRef actor = context.actorFor("akka://app@10.0.0.1:2552/user/actorxxxx");

在分布式系统中，在通常情况下我们会部署多个 Actor 实例来响应某个业务请求，Akka 为此提供了基于 Router 组件派发请求的解决思路。如下所示是一个使用 Router 的原理图。

首先，我们定义一个 Router（其实也是一个 Actor），然后为这个 Router 设置后端的转发路由（routee），客户端在发送消息时，要先获取 Router 的 Path，并将消息发到 Router 上，最后由 Router 将消息转发到后端的某个具体 Actor 上。如下所示是来自 Akka 官网的一段 Router 配置代码：

```
akka.actor.deployment {
  /parent/remoteGroup {
    router = round-robin-group
    routees.paths = [
      "akka.tcp://app@10.0.0.1:2552/user/workers/w1",
      "akka.tcp://app@10.0.0.2:2552/user/workers/w1",
      "akka.tcp://app@10.0.0.3:2552/user/workers/w1"]
  }
}
```

从上面的介绍中我们看到了 Akka 的强大能力，那么它是如何运转的呢？下图给出了生动、直观的解释。

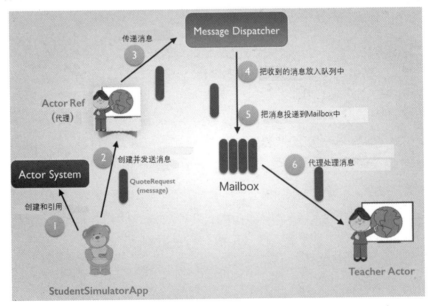

首先，用户应用（StudentSimulatorApp）要通过 Actor System 这个 Akka 里最重要的组件来实现具体 Actor 的创建、引用（通过 Actor Ref）及消息发送等逻辑。消息投递过程中最重要的组件则是 Message Dispatcher，它首先把收到的消息放入队列中，然后驱动派发线程去执行每个 Actor 的收件动作，收件动作就是把每个 Actor 自己的消息从队列中转移到自己的 MailBox 中，最后回调 Actor 的消息处理接口以完成消息的处理逻辑。如下所示为更详细的 Akka 运作原理图。

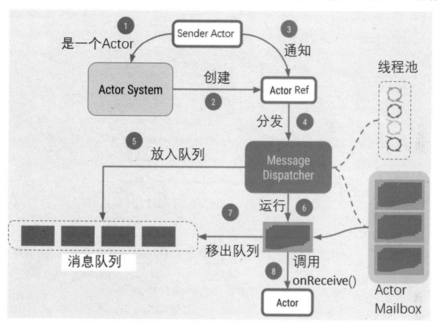

我们知道 Message Dispatcher 用到了线程池，那么具体用的是什么线程池呢？答案就在下面这段 Akka 的 Message Dispatcher 的配置信息里：

```
my-dispatcher {
  # Dispatcher is the name of the event-based dispatcher
  type = Dispatcher
  # What kind of ExecutionService to use
  executor = "fork-join-executor"
  # Configuration for the fork join pool
  fork-join-executor {
    # Min number of threads to cap factor-based parallelism number to
    parallelism-min = 2
    # Parallelism (threads) . . . ceil(available processors * factor)
    parallelism-factor = 2.0
    # Max number of threads to cap factor-based parallelism number to
    parallelism-max = 10
```

```
}
# Throughput defines the maximum number of messages to be
# processed per actor before the thread jumps to the next actor.
# Set to 1 for as fair as possible.
throughput = 100
}
```

没错，Akka 用的就是 JDK 7 提供的新的并发框架——Fork/Join，如下图所示。

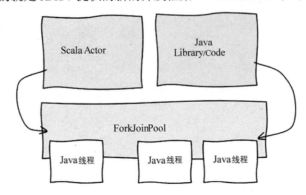

下面这张图给出了 Akka 测试 java.util.concurrent.ThreadPoolExecutor 与 ForkJoinPool 时的性能对比结果。

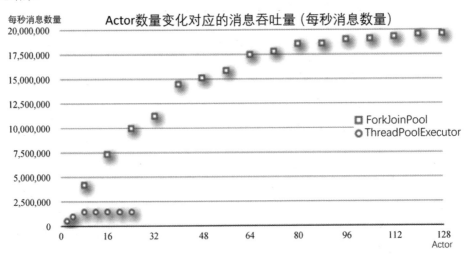

ThreadPoolExecutor 的性能之所以低于 ForkJoinPool 很多，主要的一个原因是：在高并发情况下多线程锁竞争（来自共享的 LinkedBlockingQueue）及由此引发的大量上下文切换，会导致系统并发上不去，而 ForkJoinPool 的每个工作线程都有自己的任务队列，所以在这种高度竞争

的情况下表现非常突出。再看看下面这张 ForkJoinPool 的原理图，你可能会理解更深刻。

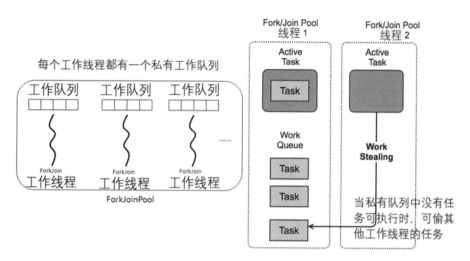

最后以一个编程案例来说明如何使用 Akka 库（Java）进行编程，该案例对应的 Actor 的拓扑图如下图所示。

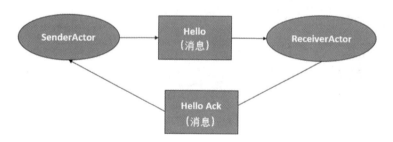

这个例子为模拟标准的请求应答调用这种常见场景。首先，我们创建两个 Actor，分别是 SenderActor 和 ReceiverActor，SenderActor 在启动后发送一个 Hello 消息给 ReceiverActor，后者在收到消息后再发送相应的 Hello Ack 消息给 SenderActor，SenderActor 在收到应答后关闭自己，同时结束程序。

下面展示完整的 Actor 代码。

首先是 SenderActor 的代码：

```
import akka.actor.UntypedActor;
public class SenderActor extends UntypedActor {
    @Override
    public void onReceive(Object msg) {
```

```
            System.out.println("received done ");
            if (msg == ReceiverActor.Msg.DONE) {
               getContext().stop(getSelf());
               getContext().system().shutdown();
            } else {
               unhandled(msg);
            }
         }
      }
```

接着是 ReceiverActor 的代码：

```
import akka.actor.UntypedActor;
public class ReceiverActor extends UntypedActor {
    public static enum Msg {
       GREET, DONE
    }
    @Override
    public void onReceive(Object msg) {
        if (msg == Msg.GREET) {
            System.out.println("Hello World!");
            getSender().tell(Msg.DONE, getSelf());
        } else {
            unhandled(msg);
        }
     }
}
import akka.actor.ActorRef;
import akka.actor.ActorSystem;
import akka.actor.Props;
```

最后是主程序的代码：

```
public class Starter {
    public static void main(String[] args) {
        // Create an Akka system
        ActorSystem system = ActorSystem.create("HellowSystem");
        // create the sender actor
        final ActorRef sender = system.actorOf(new Props(SenderActor.class), "sender");
        // create the receiver actor
        final ActorRef greeter = system.actorOf(new Props(ReceiverActor.class), "greeter");
        greeter.tell(ReceiverActor.Msg.GREET, sender);
    }
}
```

6.4 适用面很广的 Storm

与之前提到的 Actor 面向单条消息的分布式计算模型不同，Apache Storm（后简称 Storm）提供的是面向连续的消息流（Stream）的一种通用的分布式计算解决框架。但两者都拥有简单、唯美的编程模型，提供的编程模型很简单也足够灵活，具备很强的适用性，可以在多个领域发挥重要作用。

Storm 是一个免费、开源的分布式实时计算系统，它的前身是 Twitter Storm，后来被捐献给 Apache 并成功孵化。大家在讨论 Apache Spark（后简称 Spark）与 Storm 之间的流数据处理能力时，往往会给出共识性的结论：Storm 确实拥有更好的规模化能力与速度表现，但使用难度较大；另外，Storm 逐渐被 Spark 取代，因此选择更新且更热门的 Spark 往往成为主流。

为了扭转颓势，Storm 于 2016 年 4 月发布了重要的 1.0 版本，处理速度大幅增加，延时减少 60%，在实际应用中至少提升 3 倍以上的性能，在某些场合下甚至可以提升 10 倍以上的速度。另外，新版本中的大部分改动都使得 Storm 更易于使用，比如增加了支持流式处理的滑动窗口 API 的支持，这与 Spark Stream 类似。从 Storm 1.0 版本的革新性变化，我们看到 Storm 正在尝试重新打破 Spark 一家独大的局面，希望在实时流领域重新赢回更多的话语权。

Storm 的流式编程模型简单、灵活，同时支持多种编程语言，包括科学计算中常见的 Python，处理速度非常快，每节点每秒可以处理百万级的元组（Tuples），因此，Storm 有很多应用场景，例如实时数据分析、机器学习、持续计算、分布式 RPC、ETL 等。采用了 Storm 的一些知名企业有百度、阿里巴巴、雅虎、爱奇艺、Twitter、Spotify、Yelp、Rubicon、OOYALA、PARC、Cerner、KLOUT 等。

下图显示了 Storm 的流式计算模型。运行在 Storm 集群上的是 Topology（拓扑），Topology 与 Hadoop 上的 MapReduce Job 之间的最大区别是后者最终会结束，而前者会永远运行，除非被手动关掉。

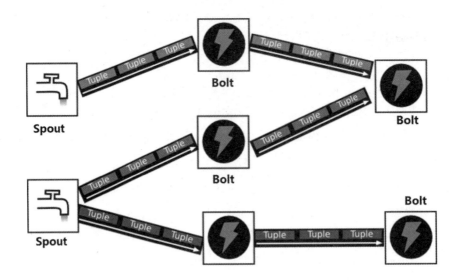

一个 Topology 是由多个 Spout 和 Bolt 节点组成的有向无环图，节点之间通过 Stream Grouping 进行连接，在 Topology 里流动的数据是一种被称为 Tuple 序列的特殊数据结构——Stream。由 Tuple 序列构成的 Stream 没有边界，有始无终，源源不断地从一个或多个 Spout 节点发出，流向有向图里的后继 Blot 节点并被层层加工和转换，最终产生业务所需要的处理结果。

作为消息源的 Spout 节点分为两类：可靠的和不可靠的。对于一个可靠的 Spout 来说，如果它发出的某个 Tuple 没有被成功处理，则 Spout 可以重新发送一次；但对于不可靠的 Spout，Tuple 一旦发出就不能重发了。所有消息处理逻辑都被封装在 Bolt 里，一个 Bolt 可以做很多事情，例如过滤、聚合、查询数据库等。按照软件设计中的单一职责原则，每种 Bolt 都应该只承担一项职责，多种 Bolt 相互配合，从而实现复杂的消息流处理逻辑。

Topology 中的最后一个重要概念是 Stream grouping，它用来定义每个 Bolt 接收什么样的流作为输入，比如 Shuffle Grouping（随机分组）随机派发 Stream 里面的 Tuple，保证每个 Bolt 接收到的 Tuple 数量都大致相同；Fields Grouping（按字段分组）则可以按照 Tuple 里的某个属性字段的值来分组，类似于分片方式，具有同样字段值的 Tuple 会被分到同一个 Bolt 里；Direct Grouping（直接分组）则由用户通过编程来控制如何分发 Tuple。用户开发的 Topology 最终会被打包为一个 JAR 文件并通过工具上传到 Storm 集群中，最终触发 Topology 的运行。

如下所示是 Storm 集群架构图。

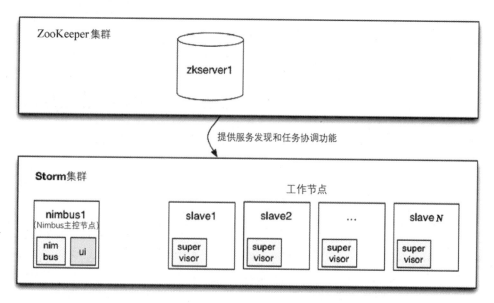

从上图可以看到，Storm 集群由 3 部分组成，其中 ZooKeeper 主要用来实现服务发现机制及任务和系统状态数据的保存；Nimbus 则是 Storm 集群的 Master，它其实是一个 Thrift RPC（又叫 RPC）协议的服务端，处理客户端发起的 RPC 调用请求，例如提交一个计算拓扑作业的请求，Nimbus 在启动时会连接 ZooKeeper，并在 ZooKeeper 中创建节点以保存作业运行过程中的所有状态信息。同时，任务分配是 Nimbus 通过 ZooKeeper 实现的，Nimbus 将任务分配信息（Task Assignment）写到 ZooKeeper 中，Supervisor 随后会从 ZooKeeper 中读取这些信息，并启动 Worker 来执行任务。

Supervisor 是 Slave 节点，工作节点对于集群而言就是计算资源，属于"工人"。总体来看，Supervisor 其实是一个包括多进程的复杂子系统，如下图所示给出了 Supervisor 的架构细节。每个 Supervisor 节点都会启动多个 Worker 进程，具体启动几个 Worker，取决于 Slot 配置参数列表，每个 Slot 都代表一个 Worker 进程的监听端口号。在一个 Worker 进程里会运行多个 Task。Task 指的是执行某个具体的 Spout 或 Bolt 实例的代码逻辑，每个 Task 都会在 Worker 的一个线程中被调度运行，在任务分配过程中，Nimbus 根据 Topology 设定的 Spout、Bolt 数量进行调度，尽量把 Sprout 与 Bolt 平均分配到每个 Worker 上。

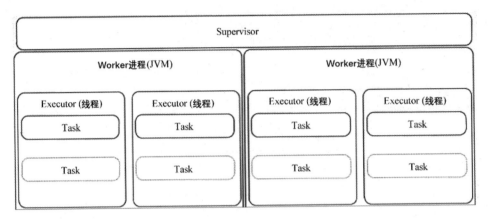

在执行任务之前,每个节点上的 Supervisor 都会从 Nimbus 下载 Topology 代码到本地目录,在运行期间,Supervisor 与其上的 Task 也会定期发送心跳信息到 ZooKeeper,因此 Nimbus 可以监控整个 Storm 集群的状态,从而重启一些挂掉的 Task。

Nimbus 进程和 Supervisor 进程都是快速失败(fail-fast)和无状态的,所有状态要么被保存在 ZooKeeper 中,要么被保存在本地磁盘中。这也就意味着你可以用 kill-9 来删除 Nimbus 和 Supervisor 进程,然后重启它们,就好像什么都没有发生,使得 Storm 集群异常稳定。如果一些机器意外宕机,那么它上面的所有任务就会被转移到其他机器上,Storm 会自动重新分配失败的任务,并且保证不会有数据丢失。但如果 Nimbus 进程挂掉,无法管理现有的拓扑作业,如果此刻某个 Supervisor 节点宕机,则已有的拓扑作业无法完成故障转移和恢复,新的拓扑作业也就无法被提交到 Storm 集群中了。我们知道 Nimbus 是有状态的,其中最重要的状态数据是 Client 提交的 Topology 的二进制代码(JAR 文件),这些数据被存放在 Nimbus 所在机器的本地磁盘中,所以 Nimbus 作为集群的 Master,有必要保证 Nimbus 的 HA。为此,Storm 实现了基于 ZooKeeper 的 Nimbus Master 选举和切换机制。假设我们的 Nimbus 由 3 个节点组成,并且配置的拓扑副本数为 2,目前在集群里运行了 4 个拓扑作业,以此来举例说明 Nimbus 的选举切换过程。

首先,在当前的 Nimbus Leader 节点上保存了 4 个 Topology 的所有状态数据,为了满足拓扑副本数为 2 个的要求,在 nonleader-1 节点上保存了两个 Topology 的状态数据,在 nonleader-2 节点上保存了另外两个 Topology 的状态数据,假如某一刻 Leader 节点宕机(而且磁盘损坏),则 nonLeader-1 节点从 ZooKeeper 处立即得到这个事件通知,准备竞选新一任 Leader,在准备接受 Leader 职位之前,它需要确保所有 Topology 的状态数据都在本地。若在对比本地的 Topology

状态数据与 ZooKeeper 上的记录（路径为/storm/storms/）后发现自己还缺乏其他两个 Topology 状态数据，就开始尝试从其他节点上获取这些数据。首先，它会获取 ZooKeeper 上的分布式锁（路径为/storm/code-distributor/topologyId），然后去对应的节点下载这些数据；与此同时，nonLeader-2 节点也会尝试竞选 Leader 并获取它缺失的 Topology 状态数据，最后至少会有一个节点拥有全部的 Topology 状态数据，并成功竞选为新一任 Leader。

一个 Topology 其实指开发一系列 Spout 与 Bolt 类，并且用合适的 Stream grouping 将其串联起来，组成一个有向无环图。下面是 Spout 的 Java 接口定义：

```
public interface ISpout extends Serializable {
  void open(Map conf, TopologyContext context, SpoutOutputCollector collector);
  void close();
  void nextTuple();
  void ack(Object msgId);
  void fail(Object msgId);
}
```

其中，open 方法是 Spout 的初始化方法，这里传入了 Storm 的上下文对象及用于发送 Tuple 的 SpoutOutputCollector 对象；nextTuple 方法是 Spout 的关键方法，这个方法用来创建源源不断的 Tuple 数据并发送出去；ack 方法是 Storm 成功处理 Tuple 时的回调方法，在通常情况下，此方法的实现从队列中移除对应的 Tuple，防止消息重发；而 fail 方法是处理 Tuple 失败时的回调的方法，在通常情况下，此方法的实现是将该 Tuple 放回消息队列中，稍后重新发送。为了方便开发，Storm 提供了一个实现了 ISpout 接口的 BaseRichSpout，这样我们就不用实现 close、activate、deactivate、ack、fail 等接口方法了。

类似地，Bolt 的接口 IBolt 提供了以下方法。

- prepare 方法：此方法与 Spout 中的 open 方法类似，在集群的一个 worker 中的 task 初始化时调用，它提供了 Bolt 执行的环境。
- cleanup 方法：同 ISpout 的 close 方法，在关闭前调用。
- execute 方法：这是 Bolt 中最关键的一个方法，对 Tuple 的处理都可以放到此方法中进行。Execute 方法接收一个 Tuple 进行处理，并用 OutputCollector 的 ack 方法（表示成功）或 fail 方法（表示失败）来反馈 Tuple 的处理结果。

Storm 提供了 BaseRichBolt 抽象类，其目的就是实现 IBolt 接口的 Bolt 不用在代码中提供反馈结果了，在 Storm 内部会自动反馈成功。为了指导 Storm 上的应用开发，Storm 提供了一系列的 Storm starter 例子，这些例子都很实用，有些例子甚至可以直接拿来应用到实际的业务场景中。Storm starter 的源码在 GitHub 上也可以找到。

本节最后，我们一起分析 Storm starter 中的经典 Topology 作业 WordCountTopology 的代码，看看一个 Topology 是如何定义和实现的，如下所示是 WordCountTopology 的拓扑图。

WordCountTopology 的逻辑过程大致为：首先，在 spout 节点（RandomSentenceSpout）中定义了一个字符串数组来模拟一个 Stream，随机选择这个字符串数组中的一句话作为一个 Tuple 发送出去；随后，split 节点（SplitSentence）接收到这些 Tuple 后再将一句话分割成多个单词，并将每个单词作为一组 Tuple 发送出去；最后，这些 Tuple 到了 count 节点（WordCount），count 节点将接收到的每个单词的出现次数进行累加，并将<单词：出现次数>作为新 Tuple 发送出去。

下面，我们看看具体的代码实现，首先是 spout 节点对应的代码：

```java
public class RandomSentenceSpout extends BaseRichSpout {
  private static final Logger LOG = LoggerFactory.getLogger(RandomSentenceSpout.class);
  SpoutOutputCollector _collector;
  Random _rand;
  @Override
  public void open(Map conf, TopologyContext context, SpoutOutputCollector collector) {
    _collector = collector;
    _rand = new Random();
  }
  @Override
  public void declareOutputFields(OutputFieldsDeclarer declarer) {
    declarer.declare(new Fields("word"));
  }
  @Override
  public void nextTuple() {
    Utils.sleep(100);
    String[] sentences = new String[]{sentence("the cow jumped over the moon"), sentence("an apple a day keeps the doctor away"),
            sentence("four score and seven years ago"), sentence("snow white and the seven dwarfs"), sentence("i am at two with nature")};
    final String sentence = sentences[_rand.nextInt(sentences.length)];
    LOG.debug("Emitting tuple: {}", sentence);
    _collector.emit(new Values(sentence));
  }
```

```
protected String sentence(String input) {
  return input;
}
}
```

RandomSentenceSpout 的 declareOutputFields 方法表明这里的 Tuple 会输出一个名称为 word 的字段:

```
declarer.declare(new Fields("word"));
```

nextTuple 方法实际上随机选择了下面某句话对应的字符串作为 Tuple 发送出去:

- "the cow jumped over the moon"
- "an apple a day keeps the doctor away"
- "four score and seven years ago"
- "snow white and the seven dwarfs"
- "i am at two with nature"

接下来，我们看看 split 节点对应的代码:

```
public static class SplitSentence extends ShellBolt implements IRichBolt {
  public SplitSentence() {
    super("python", "splitsentence.py");
  }
  @Override
  public void declareOutputFields(OutputFieldsDeclarer declarer) {
    declarer.declare(new Fields("word"));
  }
}
```

在 SplitSentence 的代码中调用了一个 Python 脚本来实现将字符串 Tuple 分割为单词 Tuple 的目标，splitsentence.py 的代码如下:

```
import storm
class SplitSentenceBolt(storm.BasicBolt):
  def process(self, tup):
    words = tup.values[0].split(" ")
    for word in words:
      storm.emit([word])
SplitSentenceBolt().run()
```

接下来，我们看看 count 节点对应的代码:

```
public static class WordCount extends BaseBasicBolt {
```

```
  Map<String, Integer> counts = new HashMap<String, Integer>();
  @Override
  public void execute(Tuple tuple, BasicOutputCollector collector) {
    String word = tuple.getString(0);
    Integer count = counts.get(word);
    if (count == null)
      count = 0;
    count++;
    counts.put(word, count);
    collector.emit(new Values(word, count));
  }
  @Override
  public void declareOutputFields(OutputFieldsDeclarer declarer) {
    declarer.declare(new Fields("word", "count"));
  }
}
```

我们看到，在 WordCount 内部保存了一个 HashMap <String, Integer>，在收到一个单词后，就用这个 HashMap 去完成 count 分组统计功能，随后作为<String, Integer>的 Tuple 发送出去。

最后，我们看看如何组装上述 Spout 和 Bolt，使之成为一个完整的 Topology 作业。这段代码被存放在 org.apache.storm.starter.WordCountTopology 类中，下面是它的主要代码片段：

```
public class WordCountTopology extends ConfigurableTopology {
  public static void main(String[] args) throws Exception {
    ConfigurableTopology.start(new WordCountTopology(), args);
  }
  protected int run(String[] args) {
  TopologyBuilder builder = new TopologyBuilder();
  builder.setSpout("spout", new RandomSentenceSpout(), 5);
  builder.setBolt("split", new SplitSentence(), 8).shuffleGrouping("spout");
  builder.setBolt("count", new WordCount(), 12).fieldsGrouping("split", new Fields("word"));
    conf.setDebug(true);
  String topologyName = "word-count";
    if (isLocal) {
      conf.setMaxTaskParallelism(3);
      ttl = 10;
    } else {
      conf.setNumWorkers(3);
    }
    if (args != null && args.length > 0) {
      topologyName = args[0];
    }
      return submit(topologyName, conf, builder);
  }
```

```
}
```

首先，WordCountTopology 继承了 ConfigurableTopology，后者通过命令行参数来决定此 Topology 是在本地运行（为了方便测试）还是被提交到 Storm 集群中运行，如果在本地运行，就会启动一个 LocalCluster Storm 环境来提交拓扑作业。

其次，位于 run 方法中的如下代码是 Topology 定义的关键：

```
TopologyBuilder builder = new TopologyBuilder();
  builder.setSpout("spout", new RandomSentenceSpout(), 5);
  builder.setBolt("split", new SplitSentence(), 8).shuffleGrouping("spout");
  builder.setBolt("count", new WordCount(), 12).fieldsGrouping("split", new
Fields("word"));
```

上述代码首先定义了一个名为 spout 的 Spout，对应的类是 RandomSentenceSpout。在运行过程中，Storm 会启动 5 个对应的 Task 来并发执行它，spout 产生的 Tuple 会被随机派发（shuffleGrouping）到名为 split 的 Bolt 上进行处理。在处理完成后产生的新的 Tuple（单词）又会被按照字段 word 分组并派发（分片路由）到名为 count 的 Bolt 上汇聚。

在后面的章节中，我们会继续学习 Storm，用 Kubernetes 部署一个 Storm 集群，提交上述拓扑作业并观察运行情况。

6.5　MapReduce 及其引发的新世界

与之前介绍的 Actor 模型一样，MapReduce 在本质上也是一种并行计算模型，名称源于 LISP 类函数式语言里的 Map 和 Reduce 操作。MapReduce 的计算模型非常简单，思想是"分而治之"：Mapper 负责"分"，即把复杂的大任务分解为若干个小任务来处理，彼此间几乎没有依赖关系，以便分布到多个计算节点上实现高度的并行计算能力；Reducer 负责对 Map 阶段的结果进行汇总和输出。

下面这个例子非常形象地说明了 MapReduce 的计算过程：

我们要数图书馆中的所有书，你数 1 号书架，我数 2 号书架，这就是"Map"；人越多，数书就越快，然后把所有人的统计数加在一起，这就是"Reduce"。

MapReduce 这种分而治之的思想非常适用于大规模数据集（大于 1TB）的并行运算。在很多年前，Google 就基于 MapReduce 计算模型做出来一套通用的大规模分布式计算框架，使得 Google 能够加速生成和更新全球海量网页的索引数据。从 2003 年起，Google 陆续发布了著名的大数据三篇论文，史称"三驾马车"：Google FS、MapReduce、BigTable，这三篇论文开启了大数据时代，而且影响深远。从 Doug Cutting 根据这些论文实现了对应的开源版本 Hadoop+MapReduce 的雏形，到 Hadoop 生态圈中各种衍生产品的蓬勃发展，再到后来的 Spark、流式计算等，这一切都要归功于这三篇论文。当年 Google 的 MapReduce 论文还有一个经常被人忽视的重要价值，即针对分布式集群系统所面对的三大难题（并行化、单点故障、资源共享）首次给出了一个简单、通用和自动容错的分布式设计方案。MapReduce 简单而又强大的编程模型具有很强的适用性，不仅能用于处理大规模数据，也能用于分布排序（汇聚）、Web 访问日志分析、文档聚类、机器学习甚至基于统计的机器翻译。

对于 MapReduce 来说，我们首先要明白它是一个具有容错能力的分布式批处理作业系统。一个 MapReduce 作业(job)通常会把输入的数据集切分为若干独立的数据块，由 map 任务(task) 以完全并行的方式处理它们。框架会对 map 的输出先进行排序，然后把结果输入给 reduce 任务。作业的输入和输出通常被存储在文件系统中（HDFS），如下所示为 MapReduce 与 HDFS 的关系示意图，两者是相生相伴的关系。整个框架负责任务的调度和监控，以及重新执行已经失败的任务。

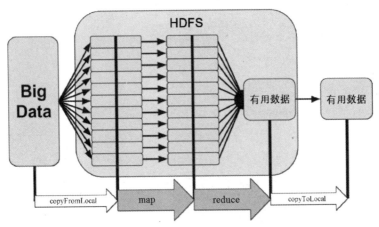

由于 MapReduce 所处理的文件通常都非常大（GB 以上级别），还需要分段读取（如 map 阶段），并且处理过程中的数据还需要多副本的保障机制以确保在集群中的某个节点宕机后系统可以重新执行失败的任务，所以与 MapReduce 配合的文件系统并不是普通的文件系统，而是一

个特殊定制的分布式文件系统——HDFS。HDFS 不属于真正意义上的分布式文件系统，而属于一个专业领域里的分布式存储系统，在 MapReduce 的设计中也体现了数据的亲和性。MapReduce 框架和 HDFS 运行在一组相同的计算机节点上，计算节点和存储节点通常在一起。这种配置允许框架在那些已经存好数据的节点上高效地调度 MapReduce 任务，从而使整个集群的网络带宽应用更高效。

下面看看 Hive 是如何使用 MapReduce 任务来实现通用化的 SQL 查询功能的，考虑下面这样一个 SQL 查询语句：

```
select a,count(a) from stock_data group by a;
```

首先，Hive 会创建一个 map 任务，此任务的逻辑是扫描对应的 Hive 表 stock_data 中的每一行记录并取出字段 a 的值。在 map 任务结束后，这些数据被保存在每个 map 进程所在的节点上；随后，数据经过 Shuffling 阶段（对 map 输出结果的排序并传递给 Reducer）到达 Reducer 任务；最后，在 Reducer 任务中完成字段 a 的 Group 统计并输出最终结果，整个过程如下图所示。

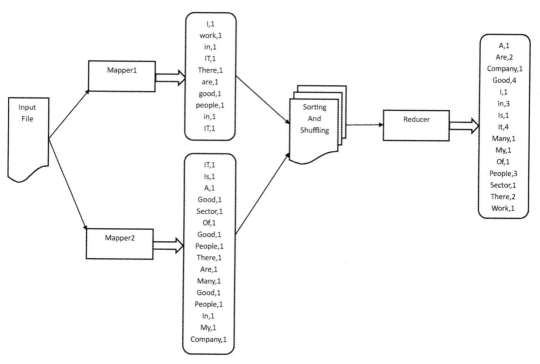

由于在 map 阶段，一个节点可能会产生大量重复的记录，比如在上图 Mapper1 的输出中 in 与 IT 这两个单词出现了两次，而在 Mapper2 中 Good 这个词出现了 3 次，如果这里能先做一次小的 Reducer 操作，把相同值的结果进行合并（Combine），再通过网络传输到 Reducer 端，那么 Shuffling 阶段的速度会变得更快，整个网络的 I/O 流量和压力也会明显减少，最后的优化结果如下图所示。

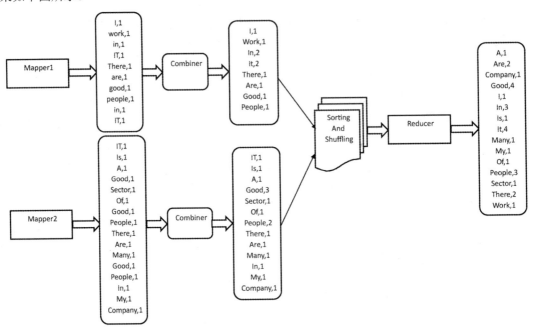

MapReduce 的计算模型特别简单，这既是它的最大优点，也是它的最大缺点之一，只要分析任务稍微复杂一点，你就会发现将任务仅仅建模为一次 MapReduce 作业是无法实现任务目标的，我们不得不设计多个互相依赖的 MapReduce 作业并形成一个 Flow，这就是 Pipeline。对于复杂的数据流分析任务来说，这个 Pipeline 不仅很难编写，也很难有很高的运行效率，而且你会发现，真正的梦魇来自 Pipeline 的调错，因为这是一个数据与计算逻辑相结合的复杂问题，寻找这种 Bug 的根源对绝大多数软件工程师来说都是一种"想改行"的精神折磨。

在 MapReduce 作业的执行过程中有一个关键的问题是对 map、reduce 任务的调度，即如何将大量的需要不同资源的作业高效地调度到多台机器上并进行可靠的监管，这是专业领域的难题，也是分布式计算这个话题中的热点。分布式计算的核心是把一些计算任务调度到多个独立的计算节点上执行，所以任务调度成为关键。这里其实有两个难点：第一，集群规模有限，对资源如何实现最佳分配？第二，当资源不够时如何处理？

就在 Hadoop 的 MapReduce 作业调度系统长期停滞不前时，Mesos 在此领域异军突起。与 Hadoop 不同，Mesos 的定位是一个通用的分布式资源调度系统。Mesos 集群由物理服务器或虚拟服务器组成，用于运行各种大数据系统的作业，比如 Hadoop 和 MPI 作业。Mesos 创新性地提出了"两级调度"的资源分配机制，从而巧妙解决了不同类型的大数据系统对物理资源的个性化需求这个调度难题。第 1 级调度是 Master 的守护进程，管理和分配 Mesos 集群中所有 Slave 节点（负载节点）的资源，例如 CPU 和内存；第 2 级调度由被称作 Framework 的定制组件组成，每种 Framework 都由相应的应用集群（Hadoop、Spark 等）实现和维护，Mesos 能和不同类型的 Framework 通信。每个具体的 Framework 都包括 Scheduler（调度器）和 Executor（执行器）两个进程，其中在每个 Slave 节点上都会运行 Executor 进程。如下图所示只展示了 Hadoop 和 MPI 两种类型。

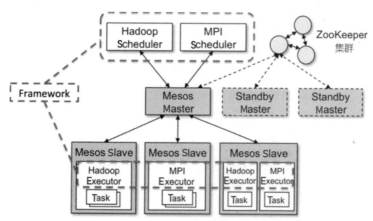

前面提到任务调度有两个难点，Mesos 都解决得比较好。Mesos 中的调度机制被称为 Resource Offer，采用了基于资源量（CPU 和内存）的调度机制，不同于 Hadoop 与 Storm 中基于固定 slot 的机制。在 Mesos 中，Slave 节点直接将资源量汇报给 Master，由 Master 将资源量按照 DRF（Dominant Resource Fairness）算法分配给具体的 Framework。DRF 是 Mesos 独创的任务调度算法，该算法是一种支持多资源的 max-min fair 的资源分配机制。一般来说，每个应用都需要至少两种相互独立的计算资源来支撑计算，例如 CPU 与内存，而其中一种资源为其计算过程中的支配性的主资源。正是认识到支配性资源的特殊地位，DRF 算法就以支配性资源为主实现了一套精确的资源调度算法，DRF 算法简单来说就是在某个应用需要不同维度的资源的组合情况下（如需要 2Core CPU 和 1GB Memory）做到最优调度，举例说明如下。

假设在系统中共有 9 个 CPU 和 18GB 的 RAM，有两个 user（framework）分别运行了两种任务，分别需要的资源量为<1 CPU, 4 GB>和<3 CPUs, 1 GB>。对于用户 A，每个 task 要消耗总 CPU 的 1/9 和总内存的 2/9，因而 A 的支配性资源为内存；对于用户 B，每个 task 要消耗总 CPU 的 1/3 和总内存的 1/18，因而 B 的支配性资源为 CPU。DRF 将均衡所有用户的支配性资源，即 A 获取的资源量为<3 CPUs, 12 GB>，可运行 3 个 task；而 B 获取的资源量为<6 CPUs, 2GB>，可运行两个 task，这样在分配时，每个用户都获取了相同比例的支配性资源，即 A 获取了 2/3 的 RAM，B 获取了 2/3 的 CPU。

Apache 随后也升级了 MapReduce，推出了 YARN（Yet Another Resource Negotiator）资源调度框架，这是一个类似于 Mesos 的通用计算资源调度框架，可为上层应用提供统一的资源管理和调度。此外，由于受到 Spark 的冲击，Apache 也在实时流计算方面积极发展，Flink 就是一个重要的尝试，它是一个针对流数据和批数据的分布式处理引擎，但其所要处理的主要场景就是流数据，批数据只是流数据的一个极限特例而已，换句话说，Flink 会把所有任务都当成流来处理，这也是其最大特点。Flink 可以支持本地的快速迭代及一些环形迭代，并且可以定制化内存管理。在这点上，如果要对比 Flink 和 Spark，则 Flink 并没有将内存完全交给应用层。就框架本身与应用场景而言，Flink 更类似于 Storm，如下所示是它的架构图。

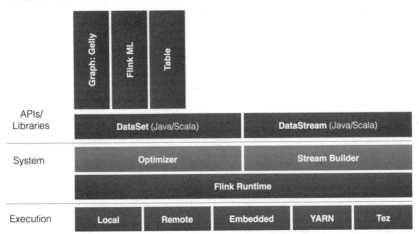

我们看到，底层的资源调度框架依然主要是 YARN，从 Mesos 到 YARN，通用的分布式资源调度框架已经成为计算密集型的分布式系统中关键的基础设施之一。

就在大家认为 Spark 将会彻底取代 Hadoop 时，Google 于 2016 年 2 月将 Apache Beam（后简称 Beam）贡献给 Apache，这是继 Google FS、MapReduce、BigTable 等之后，Google 在大数据处理领域对开源社区的又一杰出贡献。Beam 的关键目标是统一批处理和流处理这两种大数据处理的编程模型。如下所示给出了 Beam 的架构示意图，从图中可以看到，其实 Beam 很像当年的 J2EE 标准规范，它定义了一套标准的大数据编程模型，并提供了标准化的 SDK 工具包。基于 Beam SDK 开发的任意大数据处理程序都可以在任意分布式计算引擎上执行，例如 Apache Flink（后简称 Flink）、Spark 及强大的云端 DataFlow Cloud Runner 等。

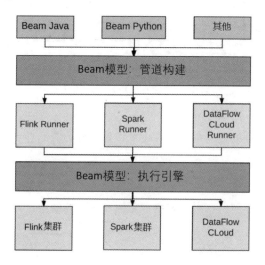

第 7 章

全文检索与消息队列中间件

在前面的章节中，我们学习了构建一个分布式系统所必需的各种基本知识和技能，比如分布式系统的基础理论、网络编程技术、RPC 架构、内存计算、分布式文件系统、分布式计算框架等，但仅仅掌握这些内容还是远远不够的，我们还需要学习和掌握分布式系统中常用的一些中间件，这些中间件主要用于分布式系统中常见的一些业务场景：数据全文检索、日志和消息处理、数据库的分片、网站的负载均衡等。由于篇幅有限，本章只对全文检索与消息队列这两个用途广泛又相对复杂的中间件进行全面介绍。

7.1 全文检索

我们已经习惯以网上搜索的方式来快速学习知识并解决技术问题了，这就需要互联网搜索引擎。如何在海量网页（文本）信息中准确且快速地找到包含我们所搜索的关键字的所有网页并合理排序展示，的确是一个很有挑战的难题。

除了我们日常工作使用的搜索引擎，大量互联网应用都需要具备关键字检索（即全文检索）功能。要理解关键字检索的价值，我们需要先了解关系型数据库索引的局限性。我们在 SQL 查询语句中使用 like "%keyword%"这种查询条件时，数据库的索引是不起作用的。此时，搜索就变成类似于一页页翻书的遍历过程了,几乎全部都是 I/O 操作,因此对性能的负面影响很大;如果需要对多个关键词进行模糊匹配,比如 like"%keyword1%" and like "%keyword2%",此时的查询效率也就可想而知了。

关键字检索在本质上是将一系列文本文件的内容以"词组(关键词)"为单位进行分析并生成对应的索引记录。索引存储了关键词到文章的映射关系,在映射关系中记录了关键词所在的文章编号、出现次数、出现频率等关键信息,甚至包括了关键词在文章中出现的起始位置,于是我们有机会看到关键字"高亮展示"的查询结果页面。

关键字检索的第一步是对整个文档(Document)进行分词,得到文本中的每个单词,这对于英文来说毫无困难,因为一个英文语句中的单词之间是通过空格字符天然分开的,但中文语句中的字与词是两个概念,所以中文分词就成了一个很大的问题,比如对"北京天安门"如何分词呢?是"北京、天安门"还是"北、京、天安、门"?解决这个问题的最好办法是将中文词库结合中文分词法,其中比较知名的中文分词法有 IK(IKAnalyzer)或庖丁(PaodingAnalyzer),配合开源 Lucene 使用起来非常方便。

7.1.1 Lucene

Java 生态圈中有名的全文检索开源项目是 Apache Lucene(后简称 Lucene),它在 2001 年成为 Apache 的开源项目。Lucene 最初的贡献者 Doug Cutting 是全文检索领域的一位资深专家,曾经是 V-Twin 搜索引擎(苹果的 Copland 操作系统的成就之一)的主要开发者,他贡献 Lucene 的目的是为各种中小型应用程序加入全文检索功能。目前 Apache 官方维护的 Lucene 相关的开源项目如下。

- Lucene Core:用 Java 编写的核心类库,提供了全文检索功能的底层 API 与 SDK。
- Solr:基于 Lucene Core 开发的高性能搜索服务,提供了 REST API 的高层封装接口,还提供了一个 Web 管理界面。
- PyLucene:一个 Python 版的 Lucene Core 的高仿实现。

为了对一个文档进行索引,Lucene 提供了 5 个基础类,分别是 Document、Field、IndexWriter、Analyzer 和 Directory。首先,Document 用来描述任何待搜索的文档,例如 HTML 页面、电子邮件或文本文件。我们知道，一个文档可能有多个属性，比如一封电子邮件有接收日期、发件人、收件人、邮件主题、邮件内容等属性，每个属性都可以用一个 Field 对象来描述。此外，我们可以把一个 Document 对象想象成数据库中的一条记录，而每个 Field 对象就是这条记录的一个字段。其次，在一个 Document 能被查询之前，我们需要对文档的内容进行分词以找出文档包含的关键字，这部分工作由 Analyzer 对象实现。Analyzer 把分词后的内容交给 IndexWriter 建立索引。IndexWriter 是 Lucene 用来创建索引（Index）的核心类之一，用于把每个 Document 对象都加到索引中来，并且把索引对象持久化保存到 Directory 中。Directory 代表了 Lucene 索引的存储位置，目前有两个实现：第 1 个是 FSDirectory，表示在文件系统中存储；第 2 个是 RAMDirectory，表示在内存中存储。

在明白了建立 Lucene 索引所需要的这些类后，我们就可以对任意文档创建索引了。下面给出了对指定文件目录下的所有文本文件建立索引的源码：

```
//索引文件目录
Directory indexDir = FSDirectory.open(Paths.get("index-dir"));
Analyzer analyzer = new StandardAnalyzer();
IndexWriterConfig config = new IndexWriterConfig(analyzer);
IndexWriter indexWriter = new IndexWriter(indexDir,config);
//需要被索引的文件目录
String dataDir=".";
File[] dataFiles = new File(dataDir).listFiles();
long startTime = new Date().getTime();
for(int i = 0; i < dataFiles.length; i++){
    if(dataFiles[i].isFile() && dataFiles[i].getName().endsWith(".txt")){
        System.out.println("Indexing file " + dataFiles[i].getCanonicalPath());
        Reader txtReader = new FileReader(dataFiles[i]);
        Document doc = new Document();
        //文档的文件名也被作为一个 Field，从而定位到具体的文件
        doc.add(new StringField("filename", dataFiles[i].getName(), Field.Store.YES));
        doc.add(new TextField("body", txtReader));
        indexWriter.addDocument(doc);
    }
}
indexWriter.close();
long endTime = new Date().getTime();
System.out.println("It takes " + (endTime - startTime)
    + " milliseconds to create index for the files in directory "
    + dataDir);
```

你可以把包含英文句子的任意文本（比如英文歌词）都放到项目的根目录下，运行上面的程序完成索引的创建过程，如果一切正常，则会出现类似于如下所示的提示：

```
Indexing file D:\project\leader-study-search\lemon-tree.txt
It takes 337 milliseconds to create index for the files in directory .
```

接下来我们尝试查询关键字，查询内容（对应 body 字段）包括 "good" 的所有文档并输出结果。为此，我们首先需要打开指定的索引文件，然后构造 Query 对象并执行查询逻辑，最后输出查询结果。下面是对应的源码：

```java
//打开指定的索引文件
Directory indexDir = FSDirectory.open(Paths.get("index-dir"));
IndexReader reader = DirectoryReader.open(indexDir);
IndexSearcher searcher = new IndexSearcher(reader);
//查询
String querystr = "good";
Analyzer analyzer = new StandardAnalyzer();
QueryParser parser = new QueryParser("body", analyzer);
Query q = parser.parse(querystr);
int hitsPerPage = 10;
TopDocs docs=searcher.search(q, hitsPerPage);
ScoreDoc[] hits = docs.scoreDocs;

//输出查询结果
System.out.println("Found " + hits.length + " hits.");
for (int i = 0; i < hits.length; ++i) {
    int docId = hits[i].doc;
    Document d = searcher.doc(docId);
    System.out.println((i + 1) + ". " + d.get("filename"));
}
```

如果你搜索的关键字恰好在某个文本文件中，则运行这段代码，控制台会输出类似于下面的内容：

```
Found 1 hits.
1. lemon-tree.txt
```

通过对上面例子的学习，我们已经初步掌握了 Lucene 的基本用法，Lucene 编程的整个流程如下图所示。

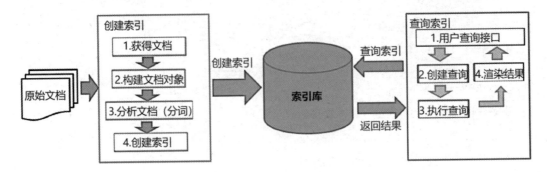

Lucene 编程的整个流程可以总结为如下三个独立步骤。

- 建模：根据被索引文档（原始文档）的结构与信息，建模对应的 Document 对象与相关的 Lucene 的索引字段（可以有多个索引），这一步类似于数据库建模。关键点之一是确定原始文档中有哪些信息需要作为 Field 存储到 Document 对象中。通常文档的 ID 或全路径文件名是要保留的（Field.Store.YES），以便检索出结果后让用户查看或下载原始文档。

- 收录：编写一段程序扫描每个待检索的目标文档，将其转换为对应的 Document 对象，并且创建相关索引，最后存储到 Lucene 的索引仓库（Directory）中。这一步可以被类比为初始化数据（批量导入数据）。

- 检索：使用类似于 SQL 查询的 Lucene API 来编写我们的全文检索条件，从 Lucene 的索引仓库中查询符合条件的 Document 并且输出给用户，这一步完全类似于 SQL 查询。

Lucene 还普遍与网络爬虫技术相结合，提供基于互联网资源的全文检索功能，比如有不少提供商品比价和最优购物的信息类网站，通过爬虫去抓取各个电商平台上的商品信息并将其录入 Lucene 索引库里，然后提供用户检索服务，如下所示为此类系统的一个典型架构图。

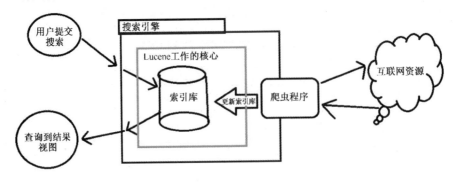

7.1.2 Solr

如果把 Lucene 与 MySQL 做对比，你会发现 Lucene 像 MySQL 的某个存储引擎，比如 InnoDB 或者 MyISAM。Lucene 只提供了基本的全文检索相关的 API，还不是一个独立的中间件，功能不够丰富，API 也比较复杂，不太方便使用。除此之外，Lucene 还缺乏一个更为关键的特性——分布式，当我们要检索的文档数量特别庞大时，必然会遇到宕机的瓶颈，所以有了 Solr 和 ElasticSearch，它们都是基于 Lucene 的功能丰富的分布式全文检索中间件。

如下所示是 Solr 的架构示意图。我们看到，Solr 在 Lucene 的基础上开发了很多企业级增强功能：提供了一套强大的 Data Schema 来方便用户定义 document 的结构；增加了高效灵活的缓存功能；增加了基于 Web 的管理界面以提供集中的配置管理功能；可以将 Solr 的索引数据分片存储到多个节点上，并且通过多副本复制的方式来提升系统的可靠性。

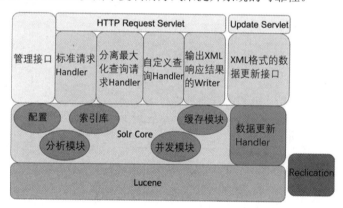

Solr 的分布式集群模式也被称为 SolrCloud，这是一种很灵活的分布式索引和检索系统。SolrCloud 也是一种具有去中心化思想的分布式集群，在集群中并没有特殊的 Master 节点，而是依靠 ZooKeeper 来协调集群。SolrCloud 中一个索引数据（Collection）可以被划分为多个分片（Shard）并存储在不同的节点上（Solr Core 或者 Core），在索引数据分片的同时，SolrCloud 也可以实现分片的复制（Replication）功能以提升集群的可用性。SolrCloud 集群的所有状态信息都被放在 ZooKeeper 中统一维护，客户端在访问 SolrCloud 集群时，首先要向 ZooKeeper 查询索引数据（Collection）所在的 Core 节点的地址列表，然后就可以连接到任意 Core 节点上来完成索引的所有操作（CRUD）了。

如下图所示给出了一个 SolrCloud 参考部署方案，本方案中的索引数据（Collection）被分为两个分片，同时每个 Shard 分片的数据都有 3 份，其中一份所在的 Core 节点被称为 Leader，其他两个 Core 节点被称为 Replica。所有索引数据都分布在 8 个 Core 中，它们位于 3 台独立的服务器上，所以其中任何一台机器宕机，都不会影响到系统的可用性。如果某个服务器在运行中宕机，那么 SolrCloud 会自动触发 Leader 的重新选举行为，这是通过 ZooKeeper 提供的分布式锁功能来实现的。

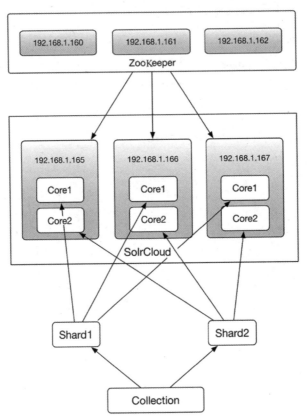

之前说到，SolrCloud 中的每个 Shard 分片都是由一个 Leader 与 N 个 Replica 组成的，而且客户端可以连接到任意一个 Core 节点上进行索引数据的操作，那么，此时索引数据是如何实现多副本同步的呢？下图给出了背后的答案。

第 7 章 全文检索与消息队列中间件

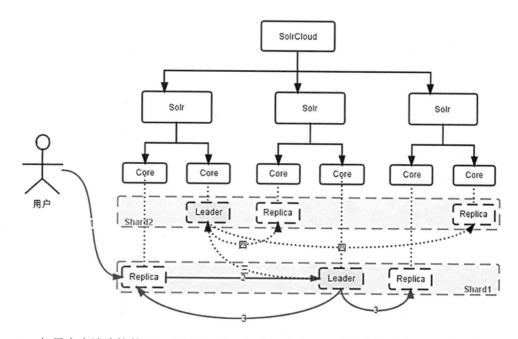

- 如果客户端连接的 Core 不是 Leader，则此节点会把请求转发给所在 Shard 分片的 Leader 节点。
- Leader 会把数据（Document）路由到所在 Shard 分片的每个 Replica 节点。
- 如果文档分片路由规则计算出目标 Shard 分片是另外一个分片，则 Leader 会把数据转发给该分片对应的 Leader 节点去处理。

接下来谈谈另外一个重要问题，这个问题就是 SolrCloud 采用了什么算法进行索引数据的分片 Shard？为了选择合适的分片算法，SolrCloud 提出了以下两个关键要求。

（1）分片算法的计算速度必须快，因为在建立索引及访问索引的过程中都频繁用到分片算法。

（2）分片算法必须保证索引数据能均匀地分布到每一个分片上，SolrCloud 的查询是先分后总的过程，如果某个分片中的索引文档（Document）的数量远大于其他分片，那么在查询此分片时所花的时间就会明显多于其他分片，也就是说最慢分片的查询速度决定了整体的查询速度。

基于以上两点，SolrCloud 选择了一致性哈希算法来实现索引分片。

本节最后说说 SolrCloud 所支持的"近实时搜索"这个高级特性。近实时搜索就是在较短的时间内使得新添加的 Document 可见可查,这主要基于 Solr 的 Soft Commit 机制。在 8.1.2 节中讲到,Lucene 在创建索引时数据是在提交时被写入磁盘的,这就是 Hard Commit,它确保了即便停电也不会丢失数据,但会增加延时。同时,对于之前已经打开的 Searcher 来说,新加入的 Document 也是不可见的。Solr 为了提供更实时的检索能力,提供了 Soft Commit 的新模式,在这种模式下仅把数据提交到内存,此时并没有将其写入磁盘索引文件中,但索引 Index 可见,Solr 会打开新的 Searcher 从而使新的 Document 可见。同时,Solr 会进行预热缓存及查询以使得缓存的数据也是可见的。为了保证数据最终会被持久化保存到磁盘上,可以每 1~10 分钟自动触发 Hard Commit 而每秒钟自动触发 Soft Commit。Soft Commit 也是一把双刃剑,一方面 Commit 越频繁,查询的实时性越高,但同时增加了 Solr 的负荷,因为 Commit 越频繁,越会生成小且多的索引段(Segment),于是 Solr Merge 的操作会更加频繁。在实际项目中建议根据业务的需求和忍受度来确定 Soft Commit 的频率。

7.1.3 ElasticSearch

ElasticSearch(后简称 ES)并不是 Apache 出品的,它与 Solr 类似,也是基于 Lucene 的一个分布式索引服务中间件。ES 的出现晚于 Solr,但从当前的发展状况来看,它的势头和流行度要超过前辈许多。值得一提的是在日志分析领域,以 ES 为核心的 ELK 三件套(ELK Stack)成为事实上的标准。ELK 其实并不是一款软件,而是一整套解决方案,是三款软件即 ES、Logstash 和 Kibana 首字母的缩写。这三款软件都是开源软件,通常配合使用,又先后归于 Elastic.co 公司名下,故被简称为 ELK Stack。在 Google 上有文章提到,ELK Stack 每个月的下载量达到 50 万次,已经成为世界上最流行的日志管理平台,而在当前流行的基于 Docker 与 Kubernetes 的 PaaS 平台上,ELK 也是标配之一,非 Apache 出品的 ES 之所以能后来居上,与 ELK 的流行和影响力也有着千丝万缕的联系。

实际上,在所有分布式系统中最需要全文检索的就是日志模块了。如果尝试对节点数超过 5 个的分布式系统做 Trouble Shooting,你就会明白日志集中收集并提供全文检索功能的重要性和紧迫性了。在没有类似于 ELK Stack 这样一套日志子系统的情况下,我们不得不登录每个主机来查询日志,并且"拼接"所有相关的查询结果,以定位和分析故障出现的环节及前因后果,这项工作看起来并不复杂,但实际上很耗费精力,因为在每个主机上都可能有多个日志文件需要分析,仅仅定位某个时间点的日志就让人很头疼了。

如下所示是 ELK Stack 的一个架构组成图。Logstash 是一个有实时管道能力的数据收集引擎，用来收集日志数据并且作为索引数据写入 ES 集群中，我们也可以开发自定义的日志采集探头并按照 ELK 的日志索引格式写入 ES 集群中；Kibana 则为 ES 提供了数据分析及数据可视化的 Web 平台，它可以在 ES 的索引中查找数据并生成各种维度的表图。

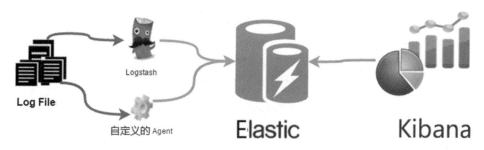

ES 通过简单的 RESTful API 来隐藏 Lucene 的复杂性，从而让全文搜索变得简单，它提供了近实时的索引、搜索、分析等功能。我们可以这样理解和描述 ES。

- 分布式的实时文档存储，文档中的每个字段都可被索引并搜索。
- 分布式的实时分析搜索引擎。
- 可以扩展到上百台服务器，处理 PB 级的结构化或非结构化的数据。

在 ES 中增加了 Type 这个概念，如果我们把 Index 类比为 Database，Type 就相当于 Table，但这个比喻不是很恰当，因为我们知道不同 Table 的结构完全不同，而一个 Index 中所有 Document 的结构是高度一致的。ES 中的 Type 其实是 Document 中的一个特殊字段，用来在查询时过滤不同的 Document，比如我们在做一个 B2C 的电商平台时，需要对每个店铺的商品进行索引，则可以用 Type 区分不同的商铺。实际上，Type 的使用场景非常少，这是我们需要注意的。

与 SolrCloud 一样，ES 也是分布式系统，但 ES 并没有采用 ZooKeeper 作为集群的协调者，而是自己实现了一套被称为 Zen Discovery 的模块，该模块主要负责集群中节点的自动发现和 Master 节点的选举。Master 节点维护集群的全局状态，比如节点加入和离开时进行 Shard 的重新分配，集群的节点之间则使用 P2P 的方式进行直接通信，不存在单点故障的问题。ES 不使用 ZooKeeper 的一个好处是系统部署和运维更加简单了，坏处是可能出现所谓的脑裂问题。要预防脑裂问题，我们需要重视的一个参数是 discovery.zen.minimum_master_nodes，它决定了在选举 Master 节点的过程中需要有多少个节点通信，一个基本原则是这里需要设置成 $N/2+1$，N 是集群中节点的数量。例如在一个三节点的集群中，minimum_master_nodes 应该被设为 $3/2 + 1 = 2$（四舍五入），当两个节点的通信失败时，节点 1 会失去它的主状态，同时节点 2 不会被选举为 Master 节点，没有一个节点会接收索引或搜索的请求，没有一个分片会处于不一致状态。ES 在 Zen Discovery 算法上做了不少改进以解决脑裂问题，GitHub 上关于脑裂的 Issue 后来在 2014 年被关闭了，如下所示是相关说明：

```
2. Zen Discovery
Pinging after master loss (no local elects)
Fixes the split brain issue: #2488
Batching join requests
More resilient joining process (wait on a publish from master)
```

ES 的集群与 SolrCloud 还有一个重大差别，即 ES 集群中的节点类型不止一种，有以下几种类型。

- Master 节点：它有资格被选为主节点，控制整个集群。
- Data 节点：该节点保存索引数据并执行相关操作，例如增删改查、搜索及聚合。
- Load balance 节点：该节点只能处理路由请求、处理搜索及分发索引操作等，从本质上来说该节点的表现等同于智能负载平衡器。Load balance 节点在一个较大的集群中是非常有用的，Load balance 节点在加入集群后可以得到集群的状态，并可以根据集群的状态直接路由请求。
- Tribe 节点：这是一个特殊的 Load balance 节点，可以连接多个集群，在所有连接的集群上都执行搜索和其他操作。
- Ingest 节点：是 ES 5.0 新增的节点类型，该节点大大简化了以往 ES 集群中添加数据的复杂度。

如下所示是 Tribe 节点连接多个 ES 集群展示日志的 ELK 部署方案，据说魅族就采用了这种方案来解决各个 IDC 机房日志的集中展示问题。

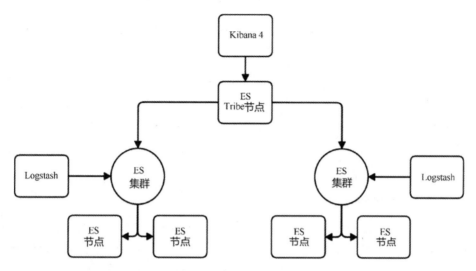

本节最后,我们一起安装 ES 并编写一些简单的例子来加深对 ES 的理解并初步掌握其 API 的用法。我们可以去 ES 官网下载 ES 的二进制版本(在 Windows 上运行时可以下载 ZIP 包),解压后在其 bin 目录下有可执行的脚本,比如 elasticsearch.bat。在执行启动脚本后,在浏览器里访问 http://localhost:9200,会显示如下信息,表明 ES 启动正常:

```
{
  "name" : "Y8_klCx",
  "cluster_name" : "elasticsearch",
  "cluster_uuid" : "X3tmO4iXSKa8l_ADWfNh_g",
  "version" : {
    "number" : "5.3.0",
    "build_hash" : "3adb13b",
    "build_date" : "2017-03-23T03:31:50.652Z",
    "build_snapshot" : false,
    "lucene_version" : "6.4.1"
  },
  "tagline" : "You Know, for Search"
}
```

ES 提供了 REST 接口以让我们很方便地将一个 Document 加入索引中,为了学会这个 API,首先,我们需要知道在 ES 中一个 Document 由以下 3 个字段唯一确定。

- _index:文档所在的索引。

- _type:文档的类型。

- _id:文档的字符串 ID,可以在插入文档时自己指定,也可以让 ES 自己随机生成。

现在我们就容易理解 Document CRUD 的 REST 接口的 URL 的写法了：http://localhost:9200/<index>/<type>/[<id>]。

此外，在 ES 中一个 Document 是用 JSON 结构体来表示的，由于 JSON 的结构本身就有字段类型的暗示，比如字符串与数字的属性是用不同方式表示的，因此 ES 可以实现 JSON 到 Document Schema 的自动映射过程，在这个过程中 ES 会尽量根据 JSON 源数据的基础类型猜测你想要的字段类型映射，这就是 ES 被称为 Schema-less 系统的原因。但 Schema-less 并不代表 No Schema，如果对 ES 自动匹配的 Schema 不满意，则也可以使用自定义映射（Mapping）的方式来设计更为合理的 Schema。

从 5.0 版本开始，ES 开发了一个全新的 Java 客户端 API，这个 API 的最大目标是移除对 ES 及 Lucene 类库的依赖，变得更加轻量级，同时采用了分层设计的思路，底层仅仅包括一个 HTTP 通信层及一个 Sniffer 用于发现集群中的其他节点，其他层则包括 Query DSL 等功能，我们在本节中就使用这个新的 Java API 来完成 Document 的操作。

我们需要在 Maven 中引用这个 API：

```
<dependency>
    <groupId>org.elasticsearch.client</groupId>
    <artifactId>sniffer</artifactId>
    <version>5.3.0</version>
</dependency>
```

下面这段代码的作用是获取 ES 的健康信息，类似于我们在浏览器中访问地址 http://localhost:9200/_cluster/health：

```
RestClient client = RestClient
                .builder(new HttpHost("localhost", 9200))
                .build();
Response response = client.performRequest(
            "GET","/_cluster/health",Collections.singletonMap("pretty", "true"));
        HttpEntity entity = response.getEntity();
        System.out.println(EntityUtils.toString(entity));
```

在运行后会输出下面这样一段内容，其中 status 属性比较重要，green 表示集群很健康：

```
{
  "cluster_name" : "elasticsearch",
  "status" : "green",
  "timed_out" : false,
  "number_of_nodes" : 1,
```

```
    "number_of_data_nodes" : 1,
    "active_primary_shards" : 0,
    "active_shards" : 0,
    "relocating_shards" : 0,
    "initializing_shards" : 0,
    "unassigned_shards" : 0,
    "delayed_unassigned_shards" : 0,
    "number_of_pending_tasks" : 0,
    "number_of_in_flight_fetch" : 0,
    "task_max_waiting_in_queue_millis" : 0,
    "active_shards_percent_as_number" : 100.0
}
```

接下来，我们在名为 blogs 的 Index 里插入一个 Document，Document 的 type 为 blog，Id 为 1。下面是 Document 的 JSON 内容：

```
{
    "user" : "Leader us",
    "post_date" : "2017-12-12",
    "message" : "Mycat 2.0 is coming!"
}
```

对应的代码如下：

```
//index a document
String docJson= "{\n" +
    "    \"user\" : \"Leader us\",\n" +
    "    \"post_date\" : \"2017-12-12\",\n" +
    "    \"message\" : \"Mycat 2.0 is coming!\"\n" +
    "}";
    System.out.println(docJson);
entity = new NStringEntity(docJson, ContentType.APPLICATION_JSON);
Response indexResponse = client.performRequest("PUT","/blogs/blog/1",
    Collections.singletonMap("pretty", "true"), entity);
System.out.println(EntityUtils.toString(indexResponse.getEntity()));
```

运行上述代码后，在 ES 中成功插入一个索引文档，控制台会输出如下信息：

```
{
  "_index" : "blogs",
  "_type" : "blog",
  "_id" : "1",
  "_version" : 1,
  "result" : "created",
  "_shards" : {
    "total" : 2,
    "successful" : 1,
```

```
      "failed" : 0
    },
    "created" : true
}
```

如果第 2 次运行上面的代码,则输出信息中的 result 值会从 created 变为 updated,表明是更新 Document 的操作,同时 _version 会累加。我们用下面的代码继续增加 100 个用于测试的 Document:

```
String[] products={"Mycat ","Mydog","Mybear","MyAllice"};
        for(int i=0;i<100;i++)
        {
         //index a document
         String docJson= "{\n" +
                "    \"user\" : \"Leader us\",\n" +
                "    \"post_date\" : \""+(2017+i)+"-12-12\",\n" +
                "    \"message\" : \""+products[i%products.length]+i+" is coming!\"\n" +
                "}";
        HttpEntity entity = new NStringEntity(docJson, ContentType.APPLICATION_JSON);
        Response indexResponse = client.performRequest("PUT","/blogs/blog/"+i,
                Collections.singletonMap("pretty", "true"),
                entity);
        System.out.println(EntityUtils.toString(indexResponse.getEntity()));
         }
```

此时打开浏览器,输入查询指令:

```
http://localhost:9200/blogs/blog/_search?pretty=true
```

则会出现下面的查询信息:

```
{
  "took" : 14,
  "timed_out" : false,
  "_shards" : {
    "total" : 5,
    "successful" : 5,
    "failed" : 0
  },
  "hits" : {
    "total" : 100,
    "max_score" : 1.0,
    "hits" : [
      {
        "_index" : "blogs",
        "_type" : "blog",
```

```
          "_id" : "19",
          "_score" : 1.0,
          "_source" : {
            "user" : "Leader us",
            "post_date" : "2036-12-12",
            "message" : "MyAllice19 is coming!"
          }
        },
        {
          "_index" : "blogs",
          "_type" : "blog",
          "_id" : "22",
          "_score" : 1.0,
          "_source" : {
            "user" : "Leader us",
            "post_date" : "2039-12-12",
            "message" : "Mybear22 is coming!"
          }
        },
```

根据上述信息,我们得知 blogs 这个 Index 的分片数量为 5 个,hits 部分为匹配查询条件的 Document 列表,总共有 100 个符合条件的文档,_source 部分为我们录入的原始 Document 的信息。如果查询某个特定 Document 的内容,则只要在 URL 中指定文档的 ID 即可,比如 http://localhost:9200/blogs/blog/1。

如果我们要查询包含某个关键字的文档,则该怎么办?ES 提供了一个 Query DSL 的语法,采用 JSON 格式描述,用起来也比较方便,比如下面这段 DSL 语句表明查询任意字段值中包含 mycat 这个关键字的 Document:

```
{
    "query": {
        "query_string": {
            "query": "mycat"
        }
    }
}
```

我们只要将上述 DSL 作为 JSON 内容 Post 到某个索引的 URL 地址即可,下面是具体的代码:

```
//search document
    String dsl= "{\"query\": {"+
                  "\"query_string\": {"+
                     "\"query\": \"mycat\""+
```

```
                 "}    }  }";
              System.out.println(dsl);
              HttpEntity entity = new NStringEntity(dsl,
ContentType.APPLICATION_JSON);
              Response response =
client.performRequest("POST","/blogs/blog/_search",
                    Collections.singletonMap("pretty", "true"),
                    entity);
      System.out.println(EntityUtils.toString(response.getEntity()));
```

在这里就不再深入讨论 ES 的其他编程内容了，我们主要围绕 Query DSL 的语法细节进行讲解，比如高亮显示匹配结果、过滤查询结果、控制结果集缓存及联合查询等内容。

7.2 消息队列

消息队列（Message Queue）其实是一个古老的计算机术语，UNIX 进程间的通信就用到了消息队列技术：一个进程把数据写入某个特定的队列中，其他进程可以读取队列中的数据，从而实现异步通信能力。我们在后面提到的"消息队列"通常指独立的消息队列中间件。不管是最早的进程间通信的消息队列还是独立的消息队列中间件，它们相对于 RPC 通信来说都有以下明显优势。

- 程序、模块之间的耦合性大大降低。
- 消息、事件、请求的顺序性与数据的可恢复性。
- 异步通信能力。
- 缓冲能力。

前两个优势不用多解释了，我们重点分析后面两个优势。首先是异步通信能力，我们知道 RPC 通信是同步的一个过程，这意味着当前调用线程必须等到整个 RPC 方法调用完成后才能继续下面的逻辑，这对于系统的并发性及用户界面的友好性来说都是一个挑战。而消息队列天然的异步模式（单方面收发消息）很好地在这方面弥补了 RPC 的不足，由于异步通信也存在程序设计和编程方面的复杂度，所以我们看到现在的大型分布式系统往往结合了 RPC 与消息队列这两种机制来解决多进程的通信问题，比较经典的案例是 OpenStack。在如下图所示的 NOVA 模块的设计里就大量采用了 REST API（RPC）与 RabbitMQ（消息队列）这两种通信机制，其他几个模块也都类似于 NOVA 的设计。

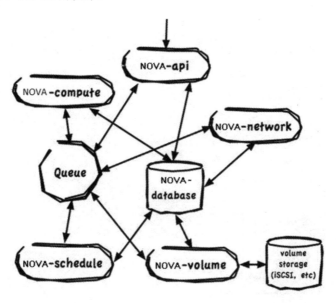

缓冲能力是消息队列的另一种重要及独特的能力。由于消息队列的容量可以设置得很大，所以如果采用磁盘存储消息，则几乎等于"无限"容量，这样一来，高峰期的消息就可以被积压起来，在随后的时间内平滑处理完成，而不至于让系统无法承载并导致崩溃。在电商网站的秒杀抢购这种突发性流量很强的业务场景中，消息队列的强大缓冲能力可以很好地起到"抵抗洪峰"的作用。

如下所示是某个秒杀业务的 UML 顺序图，设计的关键点在于在系统中增加了一个消息队列，消息队列就像一个巨大的蓄水池，将大量的并发请求先缓存下来，并且基本保持了请求的先后顺序，后端服务（可以多台机器）再慢慢处理队列中的秒杀消息，并把抢购成功的请求保存在数据库中备查。小米官网在手机抢购中也用到了消息队列中间件的设计思路，先抢先得。

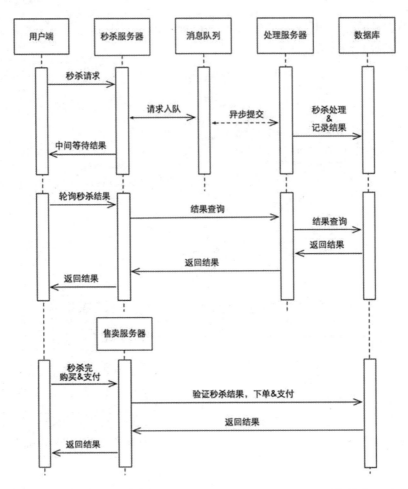

鉴于消息中间件在分布式架构设计及性能优化方面有着非常重要的地位，在很多大型门户网站和商业平台的架构栈里都包含了某种消息中间件，例如阿里巴巴、百度、腾讯、京东、当当、Facebook 等。由于消息中间件在大型电商系统中的作用越来越大，所以不断有新的消息中间件诞生，而 LinkedIn 新一代消息中间件 Kafka 的开源更是引爆了互联网，甚至阿里巴巴也高仿了它，推出了 Java 版的 RocketMQ 并在 2016 年贡献给 Apache。

目前市面上的消息中间件从"年龄"及"技术先进性"两个方面评价，基本上可以划分为老中新三代。

第一代消息中间件是 J2EE 时代的产物，强调企业级特性，比如消息持久性存储与事物的要求，都遵循 JMS 规范。这一代的消息中间件通常作为 J2EE 中间件套件的一部分捆绑销售。

随着 J2EE 时代的远去，大部分商业版的消息中间件都已经"宣告死亡"，开源领域"存活"下来的只有少量几个，其中最著名的有 Apache 的 ActiveMQ 与竞争对手 JBoss 的 HornetQ。后来 JBoss 放弃了继续独立开发 HornetQ 的念头，于 2015 年前后将 HornetQ 的源码贡献给了 ActiveMQ 项目组，Apache 与 JBoss 这两个冤家对头终于第一次握手言和，携手研发下一代 Java 消息中间件项目——ActiveMQ Artemis。在 2016 年正式发布的 JBoss EAP7 企业版里已经用 ActiveMQ Artemis 代替了 EAP6 里的 HornetQ，同时 RedHat 旗下的最新消息中间件产品 JBoss A-MQ 也是以 ActiveMQ 为核心而构建的。至此，ActiveMQ 终于奠定了它的第一代消息中间件的王者地位，ActiveMQ Artemis 子项目的成立也表明了 ActiveMQ 会继续在 Java/JEE 领域发挥不可代替的作用。虽然当前基于 J2EE 架构的企业软件越来越少了，但依然有不少重要的商业软件仍然采用了企业级的 J2EE 架构。在 J2EE 架构中，传统的消息中间件仍然是很重要的中间件之一，Gartner 的报告指出，2016 年 IBM 消息中间件产品占据了 66%的市场份额。

第二代消息中间件是后 Java 时代的产物，由于在 Java（J2EE）时代，消息中间件实际上都是围绕着 Java 语言和 Java 生态圈发展的，并且这个市场主要被 IBM 与 TIBCO（一家超过 20 年历史的老牌中间件公司）两家公司垄断，这种高度封闭和垄断的市场无论是对于软件供应商还是用户来说都不是一个健全和健康的市场，于是一些人秘密制定了一个开放性的、没有专利从而能够免费的消息中间件协议——AMQP（Advanced Message Queuing Protocol），希望 AMQP 能够像 HTTP、HTML 这样的 IT 标准一样，吸引更多的软件开发商去实现兼容 AMQP 的各种消息中间件产品，从而打破巨头们的垄断壁垒，促进这个领域的健康、持续发展。他们真的做到了！作为第一个也是最知名的开源 AMQP 消息中间件产品，RabbitMQ 基于 Erlang 开发，诞生于 2007 年，十年之后，已经发展成为最流行的开源消息中间件产品，全球各地的生产部署案例已经超过 35000 个！AMQP 的成功也影响了 Java 领域的消息中间件，比如 Apache 专门开源了 Qpid 这个基于 AMQP 的消息中间件项目，提供了包括 Java 和 C++在内的多语言版本 Server，同时 ActiveMQ 在 2013 年就开始支持 AMQP 了，后来 Apache 还推出了名为 ActiveMQ Apollo 的新项目，也实现了包括 AMQP 在内的多种消息协议。

第三代消息中间件是互联网时代的产物，它们在设计思路上大胆采用了新一代的分布式系统设计理念，比如一开始就面向分布式，并且采用 ZooKeeper 实现去中心化的集群管理。第三代消息中间件以 LinkedIn 开源的 Kafka 为代表，Kafka 使用 Scala 编写，也属于 Java 领域的开源软件。Kafka 由于其良好的水平扩展能力及高性能（高吞吐率）被广泛应用，常常被作为多种类型的数据管道和消息系统。当前越来越多的重量级开源分布式处理系统如 Cloudera、Storm、

Spark 都支持与 Kafka 集成。由于 Kafka 优势突出，国内多家公司都先后用 Java 语言"高仿" Kafka，其中搜狐的开源项目叫作 Jafka；阿里巴巴则放弃了之前基于 MySQL 存储的消息中间件 Notify，开发了被称为阿里巴巴的第三代分布式消息中间件的 RocketMQ，RocketMQ 在阿里巴巴集团内被广泛应用在订单、交易、充值、流计算、消息推送、日志流式处理、binglog 分发等场景中。RocketMQ 于 2012 年开源，于 2016 年被捐献给了 Apache，阿里巴巴内部则继续发展 RocketMQ 的闭源版本，实现了在阿里云平台上收费的消息中间件产品，在收费的产品中增加了诸如发送者事务、消息轨迹等高级功能。

以 Kafka 为代表的第三代消息中间件的诞生和迅猛发展，不仅意味着消息中间件并没有停止发展，还意味着新一代消息中间件在新兴物联网和大数据领域会发挥越来越大的作用。接下来一一介绍三代消息中间件中的典型产品。

7.2.1 JEE 专属的 JMS

JMS 并没有定义消息的网络报文格式及相关的通信命令协议，但它以 Java API 的方式给出了一个可以被纳入 JEE 环境中的消息中间件所应具备的编程级接口。同时，JMS 归纳总结了两种通用的消息传递模型，深入理解这两种消息模型有助于我们准确把握消息中间件的原理和典型的使用场景。

第一个消息模型是点对点消息通信模型。如下图所示，发送方 Client 1（Producer/Sender）与消费者 Client 2（Consumer/Receiver）通过一个特定的消息队列（后称 Queue）联系起来，发送方产生一个消息（Message）并且将其发送到指定的 Queue 中，Broker 随后通知消费者去处理（Consume）此消息。在消息处理完成后，消费者发送回执（Acknowledge）给消息中间件（通常回执的发送逻辑被包括在消息中间件的 API 内，不需要我们编程调用），于是消息中间件认为此消息已经"可靠消费/投递"，然后从其持久化存储中删除此消息。

在一般情况下，消费者可以通过下面两种方式获取新消息。

- Push 方式：消息中间件在收到新消息后，主动调用消费者的新消息通知接口，在这个接口方法中（onMessage）消费者完成消息的处理过程。在这种方式下，消费者只能被动等待消息通知，JEE 规范里的 Message Bean 就是这种模式的体现。
- Pull 方式：消费者轮询调用消息中间件的 API 去获取新消息，在 ActiveMQ 中对应的方法是 consumer.receive()，客户端的处理逻辑相对复杂，但拥有更多的主动权。

那么，Pull 方式与 Push 方式的本质差别究竟体现在哪里？答案是在 Pull 方式下消费者需要消耗一个独立的线程去拉取并处理新消息，并不占用消息中间件宝贵的线程资源；而在 Push 方式下，消息的处理过程会占用消息中间件的有限线程，因此 Push 方式很难适应极高速、高并发的消息传递场景。此外，在 Push 模式下，当消费者离线时，消息中间件通常都需要持久化新消息，这需要占用大量的存储空间，在消费者恢复以后，大量积压的消息都需要消息中间件的线程去处理，因此也会拖累其他消费者。总体来说，JEE 的 Push 模式虽然编程简单，但存在上述严重问题，因此新一代的消息中间件 Kafka 抛弃了 Push 模式并全面拥抱了 Pull 模式。

第二个消息模型是发布/订阅模型。如下图所示，在这种模型中，消息生产者也被称为发布者（Publisher），消息消费者被称为订阅者（Subscriber），消息会被发送到一个名为主题（Topic）的虚拟通道中，并且每个 Topic 都可以被多个 Subscriber 订阅，因此这种消息模式非常类似于"广播"或者 TCP/IP 中的组播。发布/订阅模型的消息传输机制是 Push 模式，只需保持 Subscriber 在线即可。

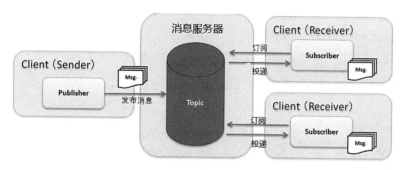

发布/订阅模型中的 Subscriber 通常有两种类型：持久性的和临时性的，区别在于 Subscriber 离线时的表现，临时性的 Subscriber 在离线后将会错过新消息，但消息中间件会为持久性的 Subscriber 持久存储离线时收到的消息副本，因此，持久性的 Subscriber 会在恢复后重新收到之

前错过的消息。为什么会有这两种 Subscriber 的存在呢？因为发布/订阅模型主要用于实现消息"广播"。我们知道，广播的主要目的是集中通知所有在场（在线）的人而不是不在场的人，个别人没有被通知也不是一个严重的问题，因此发布/订阅模型中的临时性 Subscriber 很有价值。

在理解 JMS 的两种消息模型之后，我们来看看 JMS 提供的 API 及基本用法，如下所示是在 JMS API 中涉及的主要对象及收发消息的流程示意图。

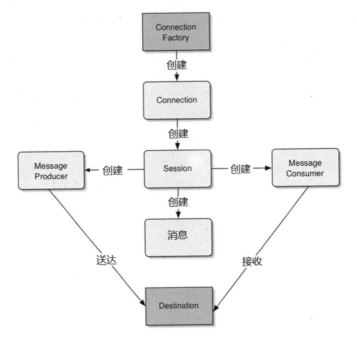

首先，通过 Connection Factory 创建一个 Connection 对象，用于传输消息报文，这里采用的最重要的设计模式是工厂模式，目标是为不同的 JMS Provider 实现者提供统一、标准的 JMS API 入口，同时面向最终用户屏蔽各个不同的 JMS Provider 底层的不同实现，例如消息报文的格式、编码解码的逻辑、是否采用了 NIO 技术及消息究竟是如何被持久化存储的等细节问题。因为几乎所有的 TCP 通信都会涉及会话状态保持及大量业务相关的编程逻辑，所以从 SOLID 设计原则中的"单一职责原则"来看，最好将这部分逻辑从负责具体网络通信的 Connection 对象中剥离出来，因此我们能理解为什么有接下来的 Session 会话对象了。然后通过 Session 对象，我们可以创建一个 JMS 消息并且通过 Message Producer 对象将其发送到指定的目标地址（Destination），也可以创建一个 Message Consumer 对象来从指定的目标地址上收取并处理消息。最后，在应用不再需要收发消息后，我们可以关闭 Connection，释放资源。下面这段来自

ActiveMQ 的实例代码很好地给出了 JMS 编程的标准化套路：

```java
public static class HelloWorldProducer implements Runnable {
    public void run() {
        try {
            ActiveMQConnectionFactory connectionFactory = new ActiveMQConnectionFactory("vm://localhost");
            Connection connection = connectionFactory.createConnection();
            connection.start();
            Session session = connection.createSession(false, Session.AUTO_ACKNOWLEDGE);
            // Create the destination (Topic or Queue)
            Destination destination = session.createQueue("TEST.FOO");
            MessageProducer producer = session.createProducer(destination);
            producer.setDeliveryMode(DeliveryMode.NON_PERSISTENT);
            String text = "Hello world! From: " + Thread.currentThread().getName() + " : " + this.hashCode();
            TextMessage message = session.createTextMessage(text);
            producer.send(message);
            session.close();
            connection.close();
        }
        catch (Exception e) {
            System.out.println("Caught: " + e);
            e.printStackTrace();
        }
    }
}
```

Spring 进一步简化了 JMS 编程套路中所必需的手写代码，JMS 中的大部分对象都进行了配置。下面是 JMS Consumer 相关的 Bean 定义：

```xml
<!-- Activemq connection factory -->
<bean id="amqConnectionFactory" class="org.apache.activemq.ActiveMQConnectionFactory">
    <!-- brokerURL -->
    <constructor-arg index="0" value="tcp://192.168.202.168:61616" />
</bean>
<!-- Pooled Spring connection factory -->
<bean id="connectionFactory" class="org.springframework.jms.connection.CachingConnectionFactory">
    <constructor-arg ref="amqConnectionFactory" />
</bean>
<!-- ============================================ -->
<!-- JMS receive, define JmsListenerContainerFactory -->
<!-- ============================================ -->
<bean id="jmsListenerContainerFactory"
```

```
       class="org.springframework.jms.config.DefaultJmsListenerContainerFactory">
    <property name="connectionFactory" ref="connectionFactory" />
    <property name="concurrency" value="3-10"/>
</bean>
```

接下来只要编写简单的 Java 对象，就能实现 JMS 消息处理了：

```
@Service
public class JmsMessageListener {
  @JmsListener(destination="SendToRecv")
  @SendTo("RecvToSend")
  public String processMessage(String text) {
    System.out.println("Received: " + text);
    return "ACK from handleMessage";
  }
}
```

本节最后，我们来说说 JMS 消息系统中的两个决定性因素：消息可靠性与系统性能。这两个因素就好像硬币的正反面，既矛盾又统一。通常来说，消息的可靠性越高，消息系统的整体吞吐量和性能就越低。作为架构师，我们需要考虑系统中各类消息的特点，结合业务场景的特点，在可靠性与性能之间做出合理的折中选择。下面看看 JMS 中间件都提供了哪些可用的特性以供我们选择、决策。

首先，消息可以分为持久性消息和非持久性消息两类。持久性消息具有高可靠性的特点，可以保证"传送且只传送一次"。为了做到这一点，持久性消息通常在消息生命周期的两个关键环节中多出了"回执"（Acknowledge）的行为，这两个环节即消息发送时（被递到消息系统时）和消息消费时（被消费方完成消费时）。非持久性消息降低了消息可靠性的等级，只保证"最多传送一次"，因此，如果消息中间件出现故障，则该消息可能会永远丢失，但好处在于系统性能的提升。在通常情况下，系统日志、告警、事件（非业务事件）都可以被定义为非持久性消息，以提升消息的吞吐量。

其次，在最影响消息投递速度的消费者回执（Acknowledge）环节，JMS 提供了多种回执模式。

- AUTO_ACKNOWLEDGE 模式：消息中间件的 API 自动逐条发送消息回执，开销最大，但可以保证消息逐条传送的可靠性。

- CLIENT_ACKNOWLEDGE 模式：需要客户端自己编程发送回执，如果按批次发送确认，则需要的带宽开销较小，但代价是编程更复杂。

- **DUPS_OK_ACKNOWLEDGE 模式**：无须编程，消息中间件的 API 会采用某种最佳方式发送回执，开销最小，但代价是消费者可能收到重复的消息。
- **NO_ACKNOWLEDGE 模式**：不发送回执，因此可以提供最佳性能，代价是可能会丢失消息。

最后，JMS 消息中间件通常提供了集群机制，当单机无法承载当前的设计目标时，还可以通过扩展为集群的方式提升系统的吞吐量与性能。

7.2.2　生生不息的 ActiveMQ

ActiveMQ 是 JEE 中 JMS 消息通信规范的一个实现，也是目前还在活跃和发展的第一代消息中间件，自 2004 年成熟以后就迅速传播，逐步奠定了它在 Java/J2EE 圈子里的地位。

ActiveMQ 除了作为独立的消息中间件使用，还经常在某些 ESB（Enterprise Service Bus）产品中作为总线基础设施（Bus Infrastructure）存在，比如 Apache（后简称 ServiceMix）与 Mule ESB。此外，很多产品也都采用 ActiveMQ 来实现消息传输功能，例如 Apache Geronimo（后简称 Geronimo）、Tomee，Tomcat 的企业版则使用 ActiveMQ 作为 JMS 的实现。ActiveMQ 的发展目前主要源于 RedHat 的推动，其直接原因是 RedHat 的商业产品 JBoss A-MQ 基于 ActiveMQ（ActiveMQ Artemis）构建而成。

ActiveMQ 完全支持 JMS1.1 规范，也支持多种语言的客户端如 Java、C、C++、C#、Ruby、Perl、Python、PHP。在设计方面，ActiveMQ 采用了可插拔的体系结构，因此可以支持多种传输协议（in-VM、TCP、SSL、NIO、UDP）；支持包括文件、KahaDB、数据库及内存存储在内的多种消息存储方式。这里值得一提的是 KahaDB，它是专门用于存储消息的类数据库存储引擎，在支持事物的同时可提供很高的性能，因此在 AcitveMQ 5.0 以后就被作为默认的消息存储引擎了；KahaDB 还支持包括 AMQP、MQTT、OpenWire、Stomp 在内的多种消息协议。

在新一代消息中间件的冲击下，ActiveMQ 也在不断尝试研发下一代产品，Apache Apollo（后简称 Apollo）项目就是其中的一个尝试，它是 ActiveMQ 的一个简化版本，在去掉 JEE 里一些复杂特性的同时增加了对多种消息协议的支持，同时改用 Scala 编写，后来 JBoss 也加入进来，贡献了自己的 HornetQ 源码，于是融合 ActiveMQ、Apollo 及 HornetQ 三大消息中间件经验与优点的下一代开源产品诞生了，即 ActiveMQ Artemis。ActiveMQ Artemis 的关键目标是设计并实现一个超高性能的非阻塞内核架构，同时把上述三大消息中间件的闪耀功能都集于一身。下面看看其官方给出的特性列表。

- 支持多种消息协议：AMQP、MQTT、OpenWire、Stomp 及 HornetQ 协议。
- 支持 JMS 1.1 与 2.0 规范，可通过 JMX 管理。
- 支持灵活的集群模式。
- 支持多种高可用方案，包括共享存储模式的高可用方案及消息复制（replication）方式的高可用方案。
- 支持大消息、消息组（Message Group）、最新值队列（Last-Value Queue）。
- 支持 Producer/Consumer 的流量控制。
- 更多其他特性。

如下所示是 Artemis 的架构组成示意图，我们看到它明显分为三层：消息存储层（Persistence）、核心引擎（Artemis Sever）及协议层（Protocol Manager），JMS 兼容则变成外围的功能模块（JMS Facade）。

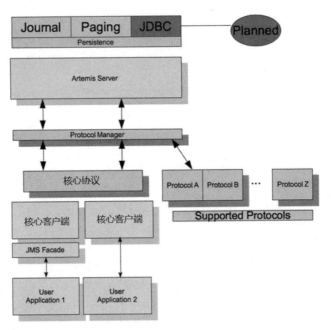

ActiveMQ 支持流量控制的高级功能也被带入 Artemis 中，除了支持 Window Based Flow Control（类似于 TCP 滑动窗口机制）模式的流量控制方式，还支持 Rate Limited Flow Control（基于消息收发速率）的流量控制方式。下面举例说明流量控制的一个应用场景：假如在某个 Queue 上有两个 Consumer 共同处理消息，其中一个 Consumer 的速度很慢，由于 ActiveMQ 会采用轮询方式将消息分别发送到两个 Consumer 的缓冲 Buffer 里等待处理，所以当快速的 Consumer 处理完成所有消息而处于空闲状态时，慢速的 Consumer 很可能积压了一些消息在自己的 Buffer 里来不及处理，在这种场景下，最好的办法是将 consumerWindowSize 设置为 0，以防止消息在慢速的 Consumer 端积压。

本节最后说说 ActiveMQ 的集群方案。首先看看单一 Broker（ActiveMQ Server）情况下的 HA 高可用方案，主要是消息存储的高可靠性问题。下图给出了两种候选方案：如果企业有共享存储设备，则可以采用如下左图所示的共享文件存储的 HA 方案，类似于 Oracle RAC 机制；否则可以采用如下右图所示的基于复制（Replication）的 HA 方案，类似于 MySQL 主从复制。

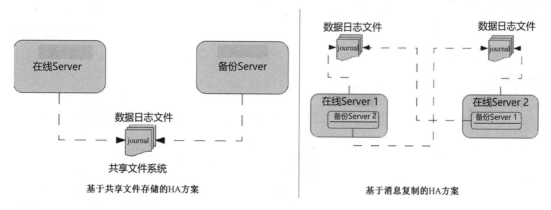

基于共享文件存储的HA方案　　　　基于消息复制的HA方案

在基于共享文件存储的 HA 方案里，消息存储采用了 KahaDB 引擎，KahaDB 是基于文件的本地数据库储存形式，虽然没有 AMQ 的速度快，但具有强扩展性，恢复的时间比 AMQ 短，ActiveMQ 从 5.4 版本之后将 KahaDB 作为默认的持久化方式。下面给出此模式的集群示意图，这也是最简单、可靠的企业级方案，因此成为 ActiveMQ 的默认配置。此外，基于数据库存储的 HA 方案也可以作为共享存储的一种特例。

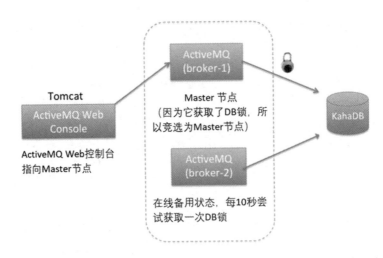

基于消息复制的 HA 方案要复杂得多，因为涉及多个存储节点之间的消息复制机制及 Leader 选举问题，在这种场景下毫无悬念地该轮到 ZooKeeper 出场了。如下图所示，在 3 台机器上部署一套 3 节点的 ZooKeeper 集群及 3 节点的 Broker，每个节点的 Broker 都采用 Replicated LevelDB 持久化存储消息，其中一个 Broker 为 Master（Leader），其他 Broker 的 LevelDB 从 Master 同步数据，在 Master 宕机后，再通过 ZooKeeper 选举出新的 Master，这就是 ActiveMQ 标准的消息复制的 HA 解决方案。

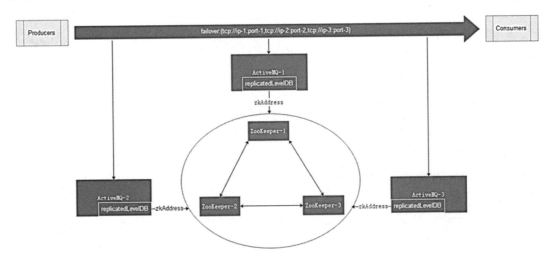

除了上面所说的 Broker 的 HA 集群，ActiveMQ 还有强大的 Networks of Borkers 集群方案，我们可以将其看作 ActiveMQ 的 Distributed Queues or Topics 的分布式集群解决方案。在如下所

示的 ActiveMQ 集群拓扑图里，Producer 被连接到互为主备的 broker-hub1/ broker-hub2 上，所有消息都被分散到后端的 3 个 Broker（broker1、2、3）上，由 3 个 Consumer 消费，这样就分担了单个 Broker 的压力。

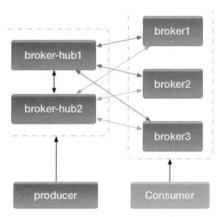

7.2.3 RabbitMQ

RabbitMQ 是挑战 Java/JMS 消息中间件的产物，也是第二代消息中间件，它是实现了 AMQP 消息模型的重要产品，所以我们需要先了解一下 AMQP 模型相关的内容。AMQP 模型如下图所示，每个 Exchange（信箱/交换机）都绑定（Binding）了 0 到 N 个 Queue（队列），在收到 Publisher 发布的 Message 后，Exchange 会根据自身的类型结合路由规则来确定此消息要被路由到哪个 Queue 上并被该队列上的 Consumer 消费。

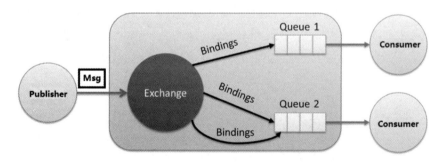

我们看到 AMQP 模型其实借鉴了传统的 IP 网络模型，Exchange 就是集交换机与路由器功能于一身的三层交换机，而 Bindings 其实就是路由或交换规则，Queue 就是交换机上的一个转

发端口。此外，与 JMS 模型一样，AMQP 消息中间件既可以将消息分发到订阅了某些 Queue 的 Consumer 上，也可以让 Consumer 自己根据需要主动从 Queue 中拉取消息。

AMQP 定义了 Message（消息）的格式，每个 Message 都包括如下基本属性。

- Content type 与 Content encoding：消息内容的类型和编码，类似于 HTTP 中相应的 Header 的含义。
- Routing key：也被经常称为 routing_key 属性，即用于消息路由的重要属性，其完整属性名为 x-amqp-0-10.routing-key，是一个字符串的属性。
- Delivery mode：消息投递模式，持久化消息（或者临时消息），类似于 JMS 中的定义。
- Message priority：消息优先级。
- Producer application id、Message publishing timestamp 与 Expiration period：其 Producer 产生的 id、产生时间及过期时间。

Binding 是将 Exchange 与 Queue 捆绑的一个专有术语，每个 Queue 都可以设定一个 binding_key 属性，比如 Queue A 的 binding_key=email，表明 Queue A 接收拥有"routing_key=email"的 Message，在 Exchange 收到这样的 Message 后，就会将其路由到 Queue A，但具体情况还需要结合 Exchange 的类型来区别对待。Exchange 的类型有 4 种：Direct Exchange、Topic Exchange、Fanout Exchange 及 Header Exchange，接下来一一介绍。

首先是 Direct Exchange 的路由模式，在这种模式下，它会把 Message 路由到那些 binding key 与 routing key 完全匹配的 Queue 中，如下图所示。3 个消息会被路由到 binding key 分别为 Cucumber、Banana 及 Blueberry 的 Queue 中，如果我们以其他 routing key 发送消息，则消息不会被路由到这 3 个 Queue 中，变成了 Dead Message。如果用 Message 里的其他属性来代替 routing key 进行路由，就属于 Header Exchange 路由模式了，但在实际应用过程中这种类型的 Exchange 很少被用到。

其次是 Topic Exchange 路由模式，这种模式主要用来实现消息广播，此时 Queue 的 binding key 可以使用通配符*与#，例如配置了如下所示表达式的 Queue 可以匹配 routing key 以 log 为开头的字符串的所有 Message。

```
binding key=log.*
```

同样，配置了如下表达式的 Queue 可以匹配 binding key=log.critical 与 binding

key=alert.critical 这两个 Message。

```
binding key=*.critical
```

于是我们看到在 Topic Exchange 模式下，binding key 为 log.critical 的 Message 被广播到了两个 Queue（Q1 和 Q2）上。

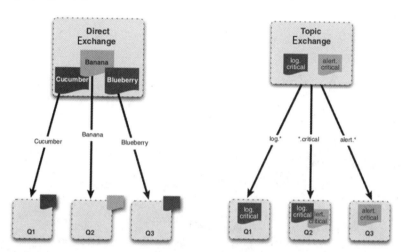

接下来是 Fanout Exchange 路由模式，它是标准的消息广播模式，会把消息发送给绑定到 Exchange 上的全部 Queue。如下所示是 Fanout Exchange 的路由示意图，我们看到每个 Message（不同颜色区分）都被广播到全部的 3 个 Queue（Q1、Q2 和 Q3）上。

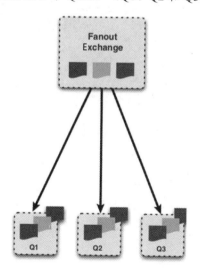

• 225 •

接下来，我们说说在 AMQP 0-9-1 规范中提出的 Virtual Host（对应 RabbitMQ 的 vHost）概念，在每个 Virtual Host 里都可以部署一套完全独立的消息中间件（Exchange+Queue）用于收发消息，而不同的 Virtual Host 之间是完全隔离的。这个概念与 Apache Server 里的虚拟主机（virtual host）或者 Nginx 里的 server blocks 类似，更确切地说，它是一个 Namespace（命名空间）的概念，是为了解决多租户（Multi-tenent）的需求而诞生的，每个租户都有一个 Virtual Host，不同租户之间的消息彻底隔离。如下图所示是 A、B、C 三个租户分别使用 3 个 Virtual Host 的示意图。

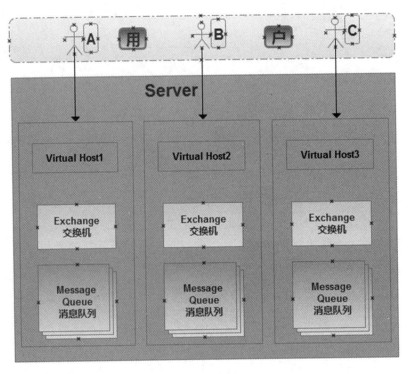

2012 年 10 月发布的 AMQP 1.0 规范于 2014 年被批准为 ISO 标准（ISO/IEC 19464）。然而，AMQP 1.0 和之前的版本"完全不同"（completely different），1.0 版本改变了 AMQP 的模型：移除了 Exchange 和 Binding 的概念，代之以 Queue 和 Link，此外，AMQP 1.0 定义的消息中间件不再是传统的 Client/Server 模式，而是采用了 P2P（peer-to-peer）的对等网格模式。如下所示是 AMQP 1.0 的概念及组件结构示意图（UML 类图）。

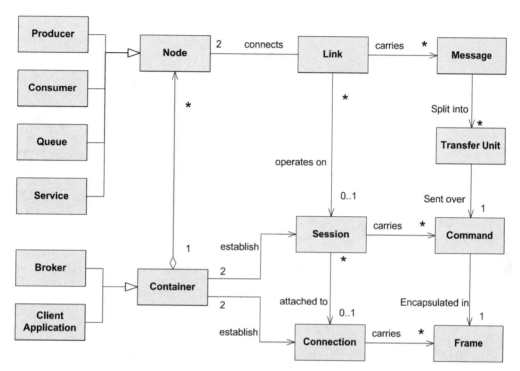

AMQP 1.0 将 Node（节点）作为交流的对等实体，常见的节点类型有 Producer、Consumer、Queue 及 Service，一个或多个 Node 被聚合到 Container 中，一个 Container 就是在 OS 上运行的一个进程。Container 有两种类型：一种是客户应用（Client Application），另一种是 Broker。Node 之间通过 Link（单向链路）传递 Message，而真实的数据传输在 Connection 对象上进行，Message 也被划分为 Frame 帧进行传输，在这个过程中还有 Session 对象（包含多个 Link）存在。Connection/Session/Link 的设计一方面精确描述了 AMQP 概念与模型，另一方面给出了编程的参考实现。

在微软 Azure 云上提供的服务总线 Azure Service Bus 采用了 AMQP 1.0 协议，如下所示是官方给出的 Azure Service Bus 的实现原理及一个使用案例的示意图，部署在 Windows 机器上的客户端程序（Net App）可以通过 AMQP 1.0 与 Azure Service Bus 交互，发送或接收 AMQP 消息，而这些消息可能来自部署在 Linux 下的 Java 程序，并且这些 Java 程序可以使用 JMS API 发送 JMS 消息到实现了 AMQP 的 JMS 消息中间件，然后这个消息中间件又通过 AMQP 与 Azure Service Bus 交换数据。

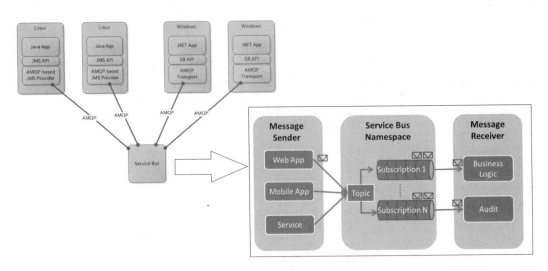

虽然 AMQP 1.0 标准已经过去好几年了,但是由于 1.0 规范与之前的版本差别太大,所以 RabbitMQ 认为 AMQP 1.0 是一个独立的协议,因此通过插件机制来支持 AMQP 1.0。

本节最后说说 RabbitMQ 及其集群的特性。

RabbitMQ 对于 Queue 中的 Message 有两种保存方式:Disk 和 Ram。如果采用 Disk,则需要把 Exchange、Queue、Delivery 模式都设置成 durable 模式。采用 Disk 方式的好处是当 RabbitMQ 节点失效时,Message 仍然可以在重启之后恢复。当使用 Ram 方式时,RabbitMQ 能够承载的访问量就取决于可用的内存数了,当内存不足时,也有参数来实现消息限流及控制内存消息交换到磁盘中保存的保障机制。在正常情况下,以 Ram 模式处理 Message 的效率要高出 Disk 模式很多倍,所以在有其他 HA 手段保障的情况下,选用 Ram 方式可以在很大程度上提高消息队列的工作效率并加快处理速度。如果 RabbitMQ 组成集群,则至少要保证有一个节点是 Disk 模式,否则在所有节点宕机后 RabbitMQ 集群的所有元数据(metadata)信息都丢失不见且无法恢复。

由于 RabbitMQ 基于 Erlang 编写,所以天然支持集群,以集群方式部署 RabbitMQ 是保证系统可靠性的重要手段之一,同时可以通过水平扩展达到增加消息吞吐量的目的。RabbitMQ 可以通过三种方法来部署分布式集群系统,分别是 Cluster、Federation 及 Shovel。下面分别说说这几种集群模式的特点。

RabbitMQ Cluster 是最常用的集群方式,工作于局域网中,不支持跨网段的机器,运行器可以随意增加或者减少集群节点,一个集群中各个节点的 RabbitMQ 与 Erlang 版本需要保持一致。如下图所示的 RabbitMQ Cluster 是由 3 个 RabbitMQ 节点组成的集群，从逻辑上讲，这个集群是单一的 Message Broker，Client 可以连接集群中的任一节点收发消息。如果配合负载均衡器（硬件或 HAProxy），则 Client 只需访问单一地址，由负载均衡器负责负载均衡，将访问请求分发给各个 RabbitMQ 节点。

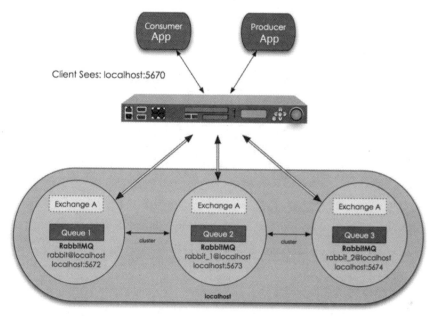

RabbitMQ Cluster 集群模式又可以细分为两种：普通模式和镜像模式。

（1）在普通模式下，Message 只存在于其中一个 Node 的 Queue 中（Queue 的 Owner Node），但 Consumer 可以在任意 Node 上获取这个 Message，如果 Consumer 是通过其他 Node 而非 Owner Node 去访问这个 Message 的，则 Message 从 Owner Node 复制到该 Node 上再发送给 Consumer。为了避免这种低效行为，建议 Client 连接所有 Node。

（2）镜像模式其实是 RabbitMQ HA 高可用性的一种方案，在这种模式下，Message 会主动在镜像 Node 之间进行同步复制，缺点就是集群内部的同步通信会占用大量的网络带宽。在镜像模式下，可以配置 ha-mode 参数为下面几个选项。

- 只复制 N 个副本。
- 复制集群中的所有节点。

- 仅仅在某几个指定的节点上复制。

RabbitMQ Federation 与 Shovel 模式则适用于广域网这种网络性能比较差的环境，两者都是通过 RabbitMQ Plugin 插件实现的。RabbitMQ Federation 插件可以在多个 Broker 或者 Cluster 之间通过 AMQP 传输消息，连接的双方可以使用不同的 user 和 virtualhost，甚至双方的 RabbitMQ 和 Erlang 版本也不一致。RabbitMQ Federation 提供的功能也很灵活，如下图所示是汇总全球几处机房中的日志消息进行集中处理的 RabbitMQ Federation 典型案例。

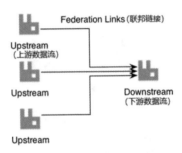

RabbitMQ Shovel 相对简单，在本质上，RabbitMQ Shovel 可以被类比为一个"水泵"，负责把在某个源 Broker 上收到的 Message 重新发送到目标 Broker 上。

7.2.4 Kafka

与前面讲到的消息中间件不同，Kafka 专注于高性能与大规模这两个互联网应用的核心需求，全面采用了新一代的分布式架构的设计理念。

我们先来看看 Kafka 的一些优秀特性。

- 高性能：以时间复杂度为 O(1) 的方式提供消息持久化能力，即使对 TB 级以上的数据也能保证常数时间复杂度的访问性能，同时支持离线数据处理和实时数据处理。
- 高吞吐率：即使在非常廉价的商用机器上也能做到单机支持每秒 100 千条以上消息的传输。
- 支持消息分区及分布式消费。
- Scale out：支持在线水平扩展。

Kafka 能拥有这样优异的特性，与它的优良设计与编码是分不开的。为了在做到高性能的消息持久化及海量消息时仍能保持常数时间复杂度的访问性能，Kafka 特地设计了一个精巧的消息存储系统。Kafka 储存消息的文件被称为 log，进入 Kafka 的消息被不断地追加到文件末尾，不论文件数据有多大，这个操作永远都是 O(1)的，而且消息是不可变的，这种简单的 log 形式的文件结构很好地支撑了高吞吐量、多副本、消息快速持久化的设计目标。此外，消息的主体部分的格式在网络传输中和在 log 文件上是一致的，也就是说消息的主体部分可以从网络中读取后直接写入本地文件中，也可以直接从文件复制到网络中，而不需要在程序中二次加工，这有利于减少服务器端的开销。Kafka 还采用了 zero-copy（Java NIO File API）传输技术来提高 I/O 速度。如果 log 文件很大，那么查找位于某处的 Message 就需要遍历整个 log 文件，效率会很低。为了解决这个问题，Kafka 将消息分片（Partition）、log 分段（Segment）及增加索引（index）组合使用，如下图所示。

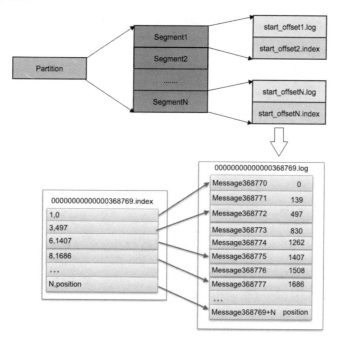

每个 Topic 上的消息都可以被分为 N 个独立的 Partion（分区）存储，每个 Partion 里的消息的 offset（可以理解为消息的 ID）都从 0 开始不断递增，M 个消息为一组并形成一个单独的 Segment，每个 Segment 都由两个文件组成，其中 start_offsetN.index 为该 Segment 的索引文件，对应的 start_offsetN.log 则保存具体的 Message 内容。log 文件的大小默认为 1GB，每个 Partion 里的 Segment 文件名从 0 开始编号，后续每个 Segment 的文件名为上一个 Segment 文件最后一

条消息的 offset 值，比如在上图的 00000000000000368769.log 文件中存储消息的 offset 是从 368769+1 开始的，直到 368769+*N*。为了快速定位每个 Segment 中的某条消息，我们需要知道这个消息在此文件中的物理存储位置，即是从第几个字节开始的。上图中的 00000000000000368769.index 索引文件就完成了上述目标，文件中的每一行都记录了一个消息的编号与它在 log 文件中的存储起始位置，比如图中的 3497 这条记录表明 Segment 里的第 3 条消息在 log 文件中的存储起始位置为 497。那么，要查询某个 Partion 里的任意消息，该如何知道去查哪个 index 文件呢？其实很简单，index 文件名用二分法查找即可，可见编程基础多么重要。为了加速 index 文件的操作，又可以采用内存映射（MMAP）的方式将整个或者一部分 index 文件映射到内存中操作。

接下来我们说说 Kafka 分布式设计的核心亮点之一——消息分区。如下图所示，与之前的消息中间件不同，Kafka 里 Topic 中的消息可以被分为多个 Partion，不同的 Topic 也可以指定不同的分区数，这里的关键点是一个 Topic 的多个 Partion 可以分布在不同的 Broker 上，而位于不同节点上的 Producer 可以同时将消息写入多个 Partion 中，随后这些消息又被部署在不同的机器上对多个 Consumer 分别消费，因此大大增加了系统的横向扩展能力。

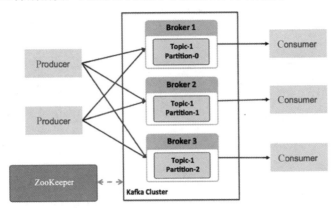

在消息分区的情况下，怎么确定一个消息应该进入哪个分区呢？正常情况下是通过消息的 key 的 Hash 值与分区数取模运算的结果来确定放入哪个分区的，如果 key 为 Null，则采用依次轮询的简单方式确定目标分区。此外，我们可以自定义分区来将符合某种规则的消息发送到同一个分区。Kafka 要求每个分区只能被一个 Consumer 消费，所以 *N* 个分区只能对应最多 *N* 个 Consumer，同时，在消息分区后只能保证每个分区下消息消费的局部顺序性，不能保证一个 Topic 下多个分区消息的全局顺序性。在消费消息时，Consumer 可以累积确认（Acknowledge）它所接收到的消息，当它确认了某个 offset 的消息时，就意味着之前的消息也都被成功接收到，此时 Broker 会更新 ZooKeeper 上此 Broker 所消费的 offset 记录信息，在 Consumer 意外宕机后，由于可能没有确认之前消费过的某些消息，因此在 ZooKeeper 上仍然记录着旧的 offset 信息，在 Consumer 恢复以后，最近消费的消息可能会被重复投递，这就是 Kafka 所承诺的"消息至少投递一次"（at-least-once delivery）的原因。

我们知道传统的消息系统有两种模型：点对点和发布-订阅模式，Kafka 则提供了一种单一抽象模型，从而将这两种模型统一起来，即 Consumer Group。Consumer Group 可以被理解为 Topic 订阅者的角色，Topic 中的每个分区只会被此 Group 中的一个 Consumer 消费，但一个 Consumer 可以同时消费 Topic 中多个分区的消息。比如某个 Group 订阅了一个具有 100 个分区的 Topic，它下面有 20 个 Consumer，则正常情况下 Kafka 平均会为每个 Consumer 都分配 5 个分区。此外，如果一个 Topic 被多个 Consumer Group 订阅，则类似于消息广播。如下图所示，4 个分区的 Topic 中的每条消息都会被广播到 Group A 与 Group B 中。

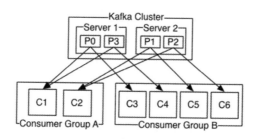

当一个 Consumer Group 的成员发生变更时，例如新 Consumer 加入组、已有 Consumer 宕机或离开、分区数发生变化等，都会涉及分区与 Group 成员的重新配对过程，这个过程就叫作 Rebalance。下图给出了新 Consumer 加入一个 Group 后的 Rebalance 结果。

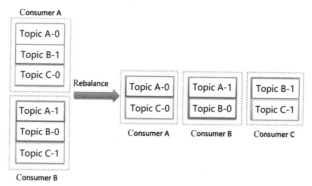

本节最后再看看 Kafka 是如何解决 HA 问题的。

由于消息都被保存在每个 Broker 的本地磁盘中，所以当某个 Broker 所在的机器磁盘损坏时，这些数据就永久性地丢失了。对于一个靠谱的消息系统来说，这显然是不可接受的。通过前面的学习，我们知道，分区结合副本已经成为新一代分布式系统中的经典设计套路，Kafka 毫无悬念地也采用了这种设计。下图给出了一个分区结合副本模式的高可靠 Kafka 集群，从图中可以看到，Topic A 分为两个分区（Partion 1 与 2），每个分区都有 3 个副本，其中一个副本为 Leader，用于写入消息，其他副本为 Follower，都从 Leader 同步消息，这些副本分散在 4 个 Broker 上，任何一个 Broker 失效，都不会影响集群的可用性，如果在这个 Broker 上恰好承担着某个分区的 Leader 角色，则通过 Leader 选举机制重新选择下一任 Leader。

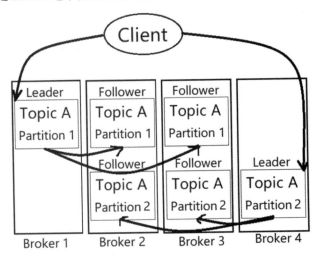

每个分区的 Leader 都会跟踪与其保持同步的 Follower，该列表被称为 ISR（即 in-sync Replica），如果一个 Follower 宕机或者掉队太多（指 Follower 复制的消息落后于 Leader 的条数太多或者 Follower 的响应太慢），则 Leader 将它从 ISR 中移除。Producer 在发布消息到某个 Partition 之前，都先通过 ZooKeeper 找到该 Partition 的 Leader，然后写入消息，Leader 会将该消息写入本地 Log，而每个 Follower 都从 Leader 拉取消息数据，Follower 存储的消息顺序与 Leader 保持一致。Follower 在收到该消息并写入其 Log 后，向 Leader 发送 ACK，一旦 Leader 收到了 ISR 中所有 Follow 的 ACK 应答，则该消息被认为已经提交，Leader 随后将向 Producer 发送 ACK，确认消息发布成功。

Kafka 的复制机制很有趣，它既不是完全意义上的同步复制，也不是简单的异步复制。完全意义上的同步复制要求所有能工作的 Follower 都复制完（而不是仅仅来自 ISR 列表中的那些 Follower），才能确认消息写入成功，这种复制方式会极大地影响系统吞吐率，而高吞吐率是 Kafka 追求的非常重要的一个特性，因此这种方式显然不能被接受。在异步复制方式下，数据只要被 Leader 写入 Log 就被认为已经提交，在这种情况下所有 Follower 都落后于 Leader 是一个大概率事件，此时如果 Leader 突然罢工，则很可能丢失数据，因此也是不能被接受的。而 Kafka 使用 ISR 名单的同步方式很巧妙地均衡了性能与可靠性这两方面的要求。

第 8 章

微服务架构

微服务架构是当前很热门的一个概念,是技术发展的必然结果。微服务架构也不是一个缥缈、空洞的术语,它的核心理念与架构原则是实实在在的,虽然微服务架构没有公认的技术标准和规范草案,但业界已经有一些很有影响力的开源微服务架构平台,架构师可以根据公司的技术实力并结合项目的特点来选择某个合适的微服务架构平台,稳妥地实施项目的微服务化改造或开发进程。

8.1 微服务架构概述

微服务架构(Microservice Architecture)是近两年来最流行的架构术语之一,大名鼎鼎的 Martin Flower 曾这样描述它:

"微服务"只不过是满大街充斥的软件架构中的一个新名词而已。尽管我们非常鄙视这样的名词,但其描述的软件风格越来越吸引我们的注意。在过去几年里,我们发现越来越多的项目开始使用这种风格,以至于我们的同事在构建企业级应用时,理所当然地认为这是一种默认开发形式。然而,很不幸,微服务风格是什么,应该怎么开发,关于这样的理论描述却很难找到。

在互联网时代,在极端情况下每天都有新需求要开发上线。随着代码量及团队成员的增加,传统单体式架构的弊端日益凸显，严重制约了业务的快速创新和敏捷交付，与互联网所追求的"唯快不破"的目标越来越远。这就是微服务架构兴起的时代大背景。

8.1.1 微服务架构兴起的原因

为什么微服务架构会快速流行？为什么越来越多的人认为微服务架构是一种默认的开发形式？

为了弄明白上面两个问题，我们需要先弄明白另外两个基本问题，即我们通常讲的单体架构是怎样一种架构？微服务架构又是怎样一种架构？下面这张图显示了两者间的区别。

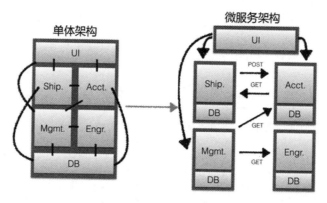

传统的应用架构又被称为单体架构（Monolithic），表现为业务系统的各个模块是紧耦合的关系，各模块运行在一个进程中，每次升级系统时基本上都要重启整个应用进程，如果某个模块有问题，则可能导致整个系统无法正常启动。微服务架构则是将业务系统中的不同模块以微服务的方式进行拆分，使每个微服务都变成一个独立的 Project，独立编译并且部署为一个独立的进程，每个微服务都可以被部署为多个独立的进程对外提供服务，对外的接口方式通常是 REST 或者 RPC，不同的微服务进程也可以被部署到多个服务器上。

我们通过对比就会发现，微服务架构通过将一个庞大的单体进程分解为相互独立的多个微小进程，以分布式的思想巧妙解决了传统单体架构在互联网时代遭遇的各种问题。所以微服务架构这种新的理念被大家快速接受并且迅速流行，是有深刻原因的。

为了解决传统单体架构面临的挑战，软件架构先后演进出了 SOA 架构、RPC 架构、分布式服务架构,最后演进为微服务架构。但我们需要牢记一点:软件开发从来不存在银弹,因此微服务化架构也不是银弹,它更多的是一种架构思想与开发模式的改变,而在具体实施过程中还存在大量的技术问题及团队问题需要妥善解决。

微服务架构实施过程中所面临的最大技术问题之一就是开发运维过程中的自动化。假如我们要把原来某个中等规模的系统架构改造为微服务架构,则最少也能拆分出十几个微服务,于是这么多微服务进程的编译、部署、调测及升级就演化成一个浩大的工程了,如果没有自动化的手段,则微服务化是无法推动的。说到自动化,就不得不提到容器技术,它是促进微服务架构发展的重要动力,也是微服务架构得以快速流行的重要原因。

8.1.2 不得不提的容器技术

容器技术其实很早就被一些互联网公司广泛使用了,早在 Docker 兴起前的十几年内,Google 就一直采用容器技术支撑着世界上最大的分布式集群,只是一直对外保守秘密,直到祭出微服务架构利器 Kubernetes。Google 之所以开源该技术,是因为容器技术已经被业界公认为 IT 界最重要的平台级技术,如果不能抢占先机和掌握话语权,就会逐步失去技术领先性所带来的市场份额。

我们先来回顾 Docker 的发展历史。Docker 在 2014 年才发布 1.0 版本,成为 2014 年的热门技术之一。从 2004 年年初的 B 轮融资到该年年末的 DockerCon 欧洲大会,Docker 在这一年里顺风顺水,就连微软、Google、AWS 也对其青睐有加,彼时,微服务架构、云计算、DevOps 等技术理念如日中天,Docker 恰恰完美地从技术上驱动了这些概念的落地。2015 年,CoreOS 发布了自己的容器引擎 Rocket,引发容器技术分裂与统一的大争论,随后在 Linux 基金会的干预下,Docker 公司与 CoreOS 公司握手言和,成立了 OCI(Open Container Initiative)标准委员会,它类似于当年 Java 的 JCP 组织,参与者包括 Google、RedHat 等巨头,OCI 组织负责制定容器技术标准规范。2016 年发布的 Docker 1.11 成为第一个符合 OCI 标准的容器引擎。从 2014 年到 2016 年,DockerHub 的下载量从 1 亿增加到了 60 亿!2017 年,Docker 公司将 Docker 的版本区分为企业版和社区版,开始面向企业收费,随后又将 Docker 开源项目的代码迁移到新的 Moby 项目上,Moby 项目被推给社区维护。Docker 公司则提供两个产品,其中 Docker-ce 是基于 Moby 项目的免费的容器产品,Docker-ee 是它的商业产品。我们知道,在软件开发过程中有很多环节是靠人工的，比如搭建环境、发布安装包（发布安装包到某个 FTP 服务器上或者以 U 盘方式复制）、部署应用、升级系统等，这些过程都比较耗时耗力，很难保证任务的质量与完成时间。在分布式系统中，一旦集群上了规模，上述人工操作就极易因为大量重复性的劳动导致各种难以排查的错误。Docker 公司敏锐地察觉到了传统软件开发中的上述痛点，以创新性的标准化镜像（Docker Image）打包发布应用技术为突破口，成功定义了"软件生命周期中的标准化与自动化"的新标准。下面这张图给出了 Docker 的标准化镜像的示意图。

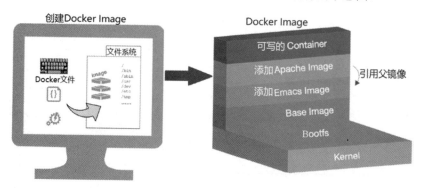

Docker 镜像是一个包含了目标程序所有依赖文件的"All in one"的分层压缩包，你可以认为它是一个没有 Linux 内核但有 Linux 文件系统和基础命令的一个最精简版的虚机，在这个虚机里包括了已经安装和配置好的目标应用二进制代码，以及运行目标程序中的所有其他依赖包，比如一个运行在 Tomcat 中的完整应用的 Docker 镜像组成如下。

启动镜像的过程就是启动打包制作镜像时指定的目标程序，比如对于 Tomcat 来说，就是运行 tomcat.sh 命令。此外，由于镜像本身已经固化了安装过程及配置参数，所以通过 Docker 镜像创建和启动一个容器就变成了一个非常简单并且不会出错的命令：

```
docker run xxximage
```

而运行期间需要指定的参数可以通过环境变量及启动命令的参数等方式传递到容器中,不同的容器之间相互隔离,可以在一个主机上同时启动不同镜像版本的容器并测试信息。更进一步地,Docker 将制作镜像(build image)、创建容器,以及启动、停止、挂起、恢复、销毁容器的所有功能都做成了 REST API,于是我们可以通过编程来实现自动化控制,后面提到的 Kubernetes 就采用了 Docker 的 API 实现了全自动的微服务架构平台。

打包好的 Docker 镜像是否可以像源码一样进行版本管理、集中托管并且被全球任意联网的机器下载运行呢?Docker 公司的第二个创意就模仿了 GitHub 的做法,创建了全球唯一的开放性 Docker 仓库——Docker Hub,任何组织和个人都可以注册账号,并且分享自己打包的 Docker 镜像,现在你所能想到的任何中间件或基础应用几乎都在 Docker Hub 上存在镜像,比如下面这行命令就自动从 Docker Hub 拉下来一个 MySQL 镜像,并且在本机上启动了一个 MySQL 服务器,可以让远程机器访问。Docker Hub 的存在大大加速了 Docker 技术的普及和发展。

```
docker run -it -e MYSQL_ROOT_PASSWORD=123456    mysql/mysql-server
```

私有的镜像仓库被称为 Docker Registry,通常每个使用 Docker 的公司都需要自己建立一个私有的 Docker Registry,存放从 Docker Hub 拉取的标准基础镜像,以及基于这些基础镜像而打包的私有镜像。下图给出了 Docker 镜像打包、运行过程中与 Docker Registry 之间的交互过程。

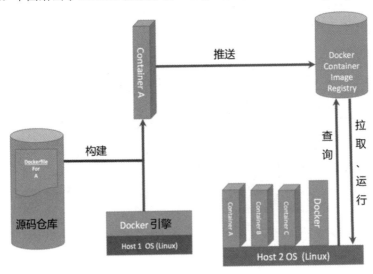

综上所述,我们通过 Docker 技术可以很容易地将软件开发从源码编译、镜像打包、测试环境部署、版本发布、系统升级到生产环境发布等生命周期中的所有重要环节自动化,这是加速

微服务架构实施的重要技术保障手段，下图是这个过程的一个简单示意图。

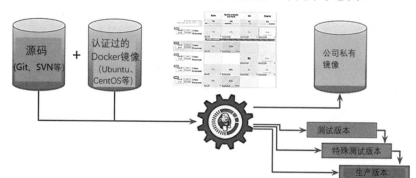

8.1.3 如何全面理解微服务架构

微服务架构是从 SOA 架构、RPC 架构、分布式服务架构演变而来的，它也具有以下特点。

首先，微服务架构是一个分布式系统架构。也就是说，分布式系统设计的原则、经验，以及常用的分布式基础设施和中间件依然是微服务架构中的重要组成部分，如果抛开分布式架构中的这些技术，只是空谈微服务架构，则好像空中楼阁。

其次，与 SOA 架构一样，微服务架构与开发语言无关，它并没有公认的技术标准规范与实施方案，更多地体现了一种被普遍接受的新的设计理念和指导思想，归纳下来有以下几点。

- 轻量级的服务：每个服务实例都只提供密切相关的一种或几种服务，粒度小、轻量级，便于微团队快速开发、部署、测试与升级。

- 松耦合的系统：微服务之间的调用也是客户端的一种调用方式，仅限于接口层的耦合，避免了服务实现层的深耦合，因此服务之间的依赖性被降到最低，系统的整体稳定性与平衡升级（滚动升级）能力得到切实保障。

- 平滑扩容能力：由于在微服务架构平台中原生地提供了某种微服务负载均衡机制，因此对于无状态的微服务，可以通过独立部署多个服务进程实例来提升整体的吞吐量。由于每个微服务都可以单独扩容，因此微服务架构具有很强的运行时的性能调优能力。

- 积木式的系统：每个微服务通常都被设计为复杂业务流程中一个最小粒度的逻辑单元（积木），某个完整的业务流程就是合理编排（搭积木）这些微服务而形成的工作流，升级或者重新开发一个新业务流程变成了简单的积木游戏,而随着微服务越来越多,业务单元(微服务)的复用价值越来越大,因此新业务快速上线的需求变成了一个可准确评估和预测的计划任务。

最后,微服务架构也有某些事实上公认的框架与工具,目前最经典的有以下三个微服务架构开源平台。

- 从 RPC 架构演变而来的 Ice Grid 微服务架构平台。
- 基于 REST 接口演变而来的 Spring Cloud 微服务架构平台。
- 基于容器技术的 Kubernetes 微服务架构平台。

上述这三个经典微服务架构平台能提供完备的微服务架构与管理工具,在技术上各有千秋,从总体来看,Google 出品的 Kubernetes 是很优秀的微服务架构,也是本章要重点分析和讲解的微服务架构。

接下来,我们一起看看在实施一个微服务架构项目的过程中可能遇到的问题及应对策略。

首先,架构师需要对项目组的全体成员进行培训,让大家明白微服务架构的思想和优点,培训的一个重要目标是要让大家明白,微服务架构在实施过程中会给项目组带来很明显的技能升级需求,不管是对于开发人员还是对于运维测试人员来说,这都是一个难得的新技术学习与自我技能提升的好机会,希望大家顶住压力完成项目。

其次,要正确选择一个合适的微服务架构平台而不是自己研发。这种大型基础平台的研发成本很高、开发周期长而且平台可持续升级的可能性较低,因此目前很少有公司会自己进行研发,即使是 RedHat 这样有实力、有经验的开源软件服务型公司,也放弃了自己的微服务架构,转而应用 Kubernetes。那么,如何选择适合自己公司和项目组的微服务架构平台呢?以本节提到的三个典型的微服务架构平台为例,可参考如下条件进行选择。

- 如果整个团队对容器技术没有什么经验,则排除 Kubernetes,否则优先选择它。
- 如果系统的性能要求很高,同时很多高频流程中涉及大量微服务的调用,以及微服务之间也存在大量调用,则先考虑以 RPC 二进制方式通信的微服务平台,优先考虑 Ice,其次是 Kubernetes,最后是 Spring Cloud。
- 如果系统中更多的是自己内部开发的各种服务之间的远程调用,很少使用中间件,只需要高性能的通信及水平扩展能力，则 Ice 可能是最佳选择，其次是 Spring Cloud，最后才是 Kubernetes。因为 Kubernetes 并没有提供一个 RPC 架构，所以在这种情况下，反而增加了系统的复杂性。

- 如果项目是用多个语言协同开发的，则在这种情况下，可以优先选择 Kubernetes 架构与 Ice。

再者，在微服务架构项目的实施过程中经常需要考虑如下工作。

（1）引入自动化工具与集中运维管理工具。自动化工具被用于程序编译打包、自动化部署和升级等工作过程中。在集中化的运维监控工具方面主要包括日志收集与查询展示系统，用于收集分布在各个节点上的系统日志、应用日志，以及资源监控与故障系统，用于展示资源使用状态与应用告警。

（2）研究、测评大量相关开源产品（与工具）并引入微服务架构中。微服务架构本质上是一种分布式架构，所以之前在单体架构开发中所写的一些通用代码是无法被应用到微服务架构系统中的，比如最常见的配置模块、定时任务、同步逻辑等。此外，对于很多中间件来说，原先可能只用了单节点的方式，而在微服务架构下往往要切换成集群模式，在这种情况下也需要对这些中间件进行更为深入的研究测试，甚至可能会因此转向其他类似的中间件。

（3）团队的重构。在微服务模式下，整个系统从架构层来看基本只分为展现层与微服务层。考虑到微服务在整个系统中的重要性，建议团队中的骨干技术人员成为微服务层的开发主力，大家作为一个总体对所有微服务代码负责，一起设计每个微服务接口，一起评审所有微服务代码，而在具体的开发过程中，则可以将相似度较高的几个微服务模块交由同一个人研发。这种模式基本符合二八定律。

（4）高质量的文档。在微服务架构下，文档特别是每个微服务的接口文档的重要性越来越高，因为每个使用微服务的人都要清楚当前所要调用的微服务是哪个、应该调用哪个接口、参数有什么含义，以及返回值的意义。因此，我们需要一份详细并且准确的微服务接口文档，还要保持文档与代码同步更新。

接下来看看如何设计系统中的微服务。一开始，我们其实并不很清楚要将哪些功能和服务设计成一个微服务，以及一个微服务究竟应该包括多少个接口，每个接口应该如何设计。笔者的建议是先粗粒度地划分微服务，每个微服务包括比较多的接口以减少微服务的个数，这样可以减少开发、程序打包、测试及部署的工作量,有利于快速推进项目。

系统中的微服务按照调用客户端的不同,可以划分为流程控制类、接口类及基础核心类三种,如下图所示。

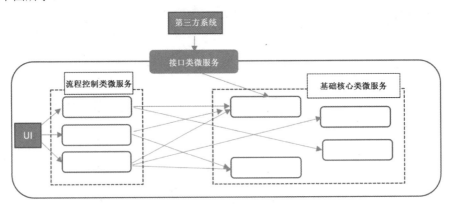

一般来讲,这三种不同的微服务的接口设计也有所不同。

流程控制类微服务主要面向 UI 调用,所以它的接口设计应该以页面展示的便利性为第一目标,即大部分情况下采用 JSON 或 TEXT 文本的方式传递参数与返回值,并且考虑在调用逻辑出错的情况下告诉客户端错误的代码与原因,于是这类微服务的返回值通常会是下面的结构体:

```
public class CallResult
        int resultCode;   //返回代码,0 为成功,其他为调用错误
        String resultData;//调用结果,通常为 JSON 的字符串
        String errmsg;    //调用错误的时候,展示给用户的可读错误信息
```

接口类微服务主要面向第三方系统,所以特别需要注意安全问题,因此在接口设计中必须有安全措施,比较常见的方案是在调用参数中增加 Token,并考虑参数加密的问题,同时建议接口类微服务在实现过程中重视日志的输出问题,以方便接口联调,并方便在运行期间排查接口故障,在日志中应该记录入口参数、关键逻辑分支、返回结果等重要信息。

基础核心类微服务主要被 UI 及其他两种微服务所调用,在这类微服务的接口设计中主要考虑效率和调用的方便性。建议将其设计得与普通 Java 类的接口看起来一样,这样可以避免将很多复杂 Bean 对象作为参数及返回值时不但增加调用者的负担而且降低接口性能。

在微服务设计中,我们还需要考虑接口兼容性的问题,比如如下微服务接口设计:

```
public void doBusiness(param1,param2,param3)
```

如果参数的个数存在增加的可能性，那么为了兼容旧版本，最好改为如下设计：

```
public class XXXBean
{
private String param1;
private String param2;
 private String param3;
private String param4;
}
public void doBusiness(XXXBean thebean)
```

这样一来，对旧接口无须重新编译，只要升级 XXXBean 所在的 JAR 文件即可兼容旧版本。

8.2 几种常见的微服务架构方案

下面讲解几种常见的微服务架构方案。

8.2.1 ZeroC IceGrid 微服务架构

ZeroC IceGrid 是一种微服务架构，由 RPC 架构发展而来，具有良好的性能与分布式能力，如下所示是它的整体示意图。

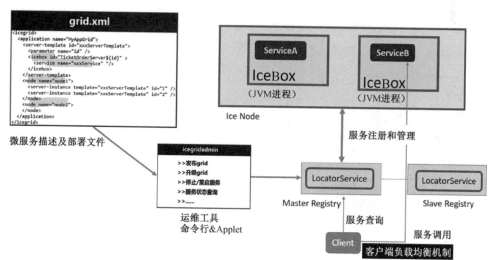

IceGrid 具备微服务架构的如下明显特征。

首先，微服务架构需要一个集中的服务注册中心，以及某种服务发现机制。IceGrid 服务注册采用 XML 文件来定义，其服务注册中心就是 Ice Registry，这是一个独立的进程，并且提供了 HA 高可用机制；对应的服务发现机制就是命名查询服务，即 LocatorService 提供的 API，可以根据服务名查询对应的服务实例的可用地址。

其次，微服务架构中的每个微服务通常都被部署为一个独立的进程，在无状态服务时，一般会由多个独立进程提供服务。对应在 IceGrid 里，一个 IceBox 就是一个单独的进程，当一个 IceBox 只封装一个 Servant 时，就是一个典型的微服务进程了。

然后，在微服务架构中通常都需要内嵌某种负载均衡机制。在 IceGrid 里是通过客户端 API 内嵌的负载均衡算法实现的，相对于采用中间件 Proxy 转发流量的方式，IceGrid 的做法更加高效，但增加了平台开发的工作量与难度，因为采用各种语言的客户端都需要实现一遍负载均衡的算法逻辑。

最后，一个好的微服务架构平台应该简化和方便应用部署。我们看到 IceGrid 提供了 grid.xml 来描述与定义一个基于微服务架构的 Application，一个命令行工具一键部署这个 Application，还提供了发布二进制程序的辅助工具——icepatch2。下图显示了 icepatch2 的工作机制，icepatch2server 类似于 FTP Sever，用于存放要发布到每个 Node 上的二进制代码与配置文件，位于每个 Node 上的 icepatch2client 则从 icepatch2server 上拉取文件，在这个过程中采用了压缩传输及差量传输等高级特性，以减少不必要的文件传输过程。客观地说，在 Docker 技术之前，icepatch2 这套做法还是很先进与完备的，也大大减少了分布式集群下微服务系统的运维工作量。

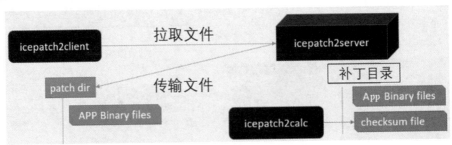

如果基于 IceGrid 开发系统，则通常有三种典型的技术方案，下图展示了这三种技术方案。

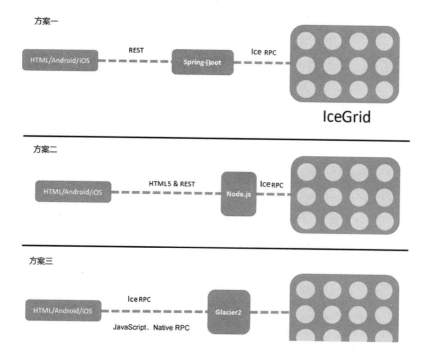

其中方案一是比较符合传统 Java Web 项目的一种渐进改造方案，在 Spring Boot 里只有 Controller 组件而没有数据访问层与 Service 对象，这些 Controller 组件通过 Ice RPC 方式调用被部署在 IceGrid 中的远程 Ice 微服务，面向前端包装为 REST 服务。此方案的整体思路清晰，分工明确。

方案二与方案三则比较适合前端 JavaScript 能力强的团队，比如很擅长 Node.js 的团队可以考虑方案二，即用 JavaScript 来代替 Spring Boot 实现 REST 服务。主要做互联网 App 的系统则可以考虑方案三，浏览器端的 JavaScript 以 HTML5 的 WebSocket 技术与 Ice Glacier2 直接通信，整体高效敏捷。

IceGrid 在 3.6 版本之后还增加了容器化的运行方式，即 Ice Node 与 Ice Registry 可以通过 Docker 容器的方式启动，这就简化了 IceGrid 在 Linux 上的部署。对于用 Java 编写的 Ice 微服务架构系统，我们还可以借助 Java 远程类加载机制，让每个 Node 都自动从某个远程 HTTP Server 下载指定的 JAR 文件并加载相关的 Servant 类，从而实现类似于 Docker Hub 的机制。

8.2.2 Spring Cloud 微服务架构

Spring Cloud 是基于 Spring Boot 的一整套实现微服务的框架，因此它只能采用 Java，这是它与其他几个微服务架构的明显区别。Spring Cloud 是一个包含了很多子项目的整体方案，其中由 Netflix 开发后来又并入 Spring Cloud 的 Spring Cloud Netflix 是 Spring Cloud 微服务架构的核心项目，即可以简单地认为 Spring Cloud 微服务架构就是 Spring Cloud Netflix，后面我们用 Spring Cloud 时如果不特意声明，就是指 Spring Cloud Netflix。

首先，Spring Cloud 中的服务注册中心是 Eureka 模块，它提供了一个服务注册中心、服务发现的客户端，还有一个简单的管理界面，所有服务都使用 Eureka 的服务发现客户端来将自己注册到 Eureka 中，如下所示为相关示意图，你会发现它很像之前第 4 章中的某个图。

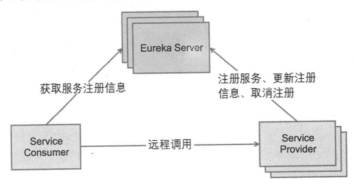

那么 Spring Cloud 是如何解决服务的负载均衡问题的呢？由于 Spring Cloud 的微服务接口主要是基于 REST 协议实现的，因此它采用了传统的 HTTP Proxy 机制。如下图所示，Zuul 类似于一个 Nginx 服务网关，所有客户端请求都通过这个网关来访问后台的服务。

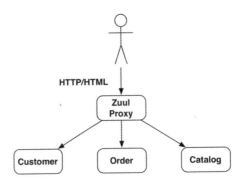

Zuul 从 Eureka 那里获取服务信息，自动完成路由规则的映射，无须手工配置，比如上图中的 URL 路径/customer/*就被映射到 Customer 这个微服务上。当 Zuul 转发请求到某个指定的微服务上时，会采用类似于 ZeroC IceGrid 的客户端负载均衡机制，被称为 Ribbon 组件，如下所示为 Zuul 与 Eureka 的关系及实现服务负载均衡的示意图。

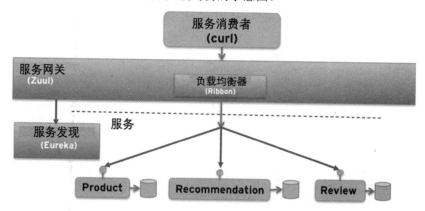

如下所示是 Spring Cloud 微服务架构平台的全景图。我们看到它很明显地继承了 Spring Framework 一贯的思路——集大成！

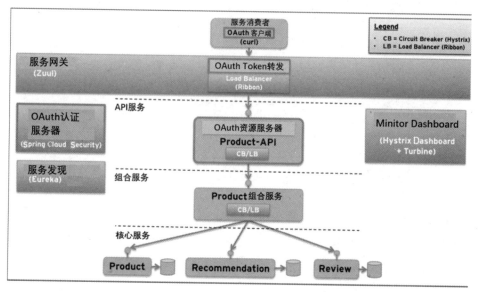

从图中来看，Spring Cloud 微服务架构平台集成了以下项目开发中常用的技术与功能模块。

- 基于 Spring Security 的 OAuth 模块，解决服务安全问题。

- 提供组合服务（Composite Services）的能力。

- 电路断路器 Hystrix，实现对某些关键服务接口的熔断保护功能，如果一个服务没有响应（如超时或者网络连接故障），则 Hystrix 可以在服务消费方中重定向请求到回退方法（fallback method）。如果服务重复失败，则 Hystrix 会快速失败（例如直接调用内部的回退方法，不再尝试调用服务），直到服务重新恢复正常。

- 监控用的 Dashboard，可以减少运维相关的开发工作量。

总体来说，Spring Cloud 是代替 Dubbo 的一种好方案，Spring Cloud 是基于 REST 通信接口的微服务架构，而 Dubbo 以 RPC 通信为基础。对于性能要求不是很高的 Java 互联网业务平台，采用 Spring Cloud 是一个门槛相对较低的解决方案。

8.2.3　基于消息队列的微服务架构

除了标准的基于 RPC 通信（以及类 RPC 的通信如 HTTP REST、SOAP 等）的微服务架构，还有基于消息队列通信的微服务架构，这种架构下的微服务采用发送消息（Publish Message）与监听消息（Subscribe Message）的方式来实现彼此之间的交互。下图是这种微服务架构下各个组件之间的交互示意图，我们看到消息中间件是关键，它负责连通各个微服务与 UI 组件，承担了整个系统互联互通的重任。

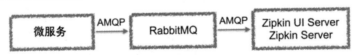

基于消息队列的微服务架构是全异步通信模式的一种设计，各个组件之间没有直接的耦合关系，也不存在服务接口与服务调用的说法，服务之间通过消息来实现彼此的通信与业务流程的驱动，从这点来看，基于消息队列的微服务架构非常接近 Actor 模型。实际上，分布式的 Actor 模型也可以算作一种微服务架构，并且在微服务概念产生之前就已经存在很久了。下面是一个购物网站的微服务设计示意图，我们看到它采用了基于消息队列的微服务架构。

第 8 章 微服务架构

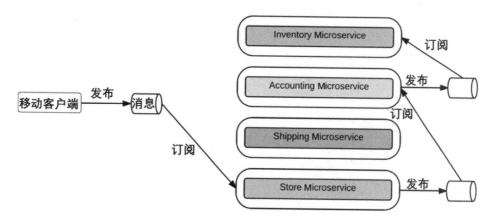

网易的蜂巢平台就采用了基于消息队列的微服务架构设计思路，如下图所示，微服务之间通过 RabbitMQ 传递消息，实现通信。

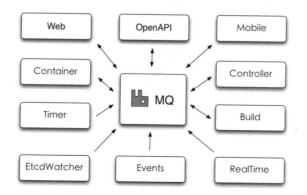

与上面几种微服务架构相比，基于消息队列的微服务架构并不多，案例也相对较少，更多地体现为一种与业务相关的设计经验，各家有各家的实现方式，缺乏公认的设计思路与参考架构，也没有形成一个知名的开源平台。如果需要实施这种微服务架构，则基本上需要项目组自己从零开始设计一个微服务架构基础平台，其代价是成本高、风险大，在决策之前需要架构师"接地气"地进行全盘思考与客观评价。

8.2.4 Docker Swarm 微服务架构

Docker Swarm（后简称 Swarm）其实是 Docker 公司"高仿"Kubernetes 微服务架构平台的一个产品，在业界始终缺乏影响力。2016 年发布 Docker 1.12 时，Swarm 就被集成到 Docker Engine

• 251 •

中而不再作为单独的工具发布了。

Swarm 的最初目标是将一些独立的 Docker 主机变成一个集群，如下图所示，我们通过简单的 Docker 命令行工具就能创建一个 Swarm 集群。

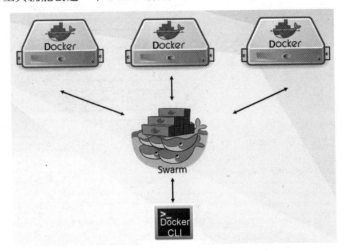

随着 Kubernetes 微服务架构平台应用越来越广泛，Docker 公司开始努力让 Swarm 向着 Kubernetes 的方向靠拢，即变成一个基于容器技术的微服务平台。下面给出了 Swarm 集群的结构图。

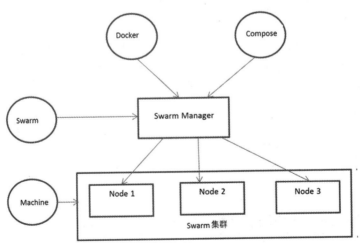

我们从上图中看到，在一个 Swarm 集群中有两种角色的节点。

- Swarm Manager：负责集群的管理、集群状态的维持及调度任务（Task）到工作节点

(Swarm Node)上等。

- Swarm Node：承载运行在 Swarm 集群中的容器实例，每个 Node 都主动汇报在其上运行的任务（Task）并维持同步状态。

Docker Compose 是一个官方编排项目，提供了一个 YAML 格式的文件，用于描述一个容器化的分布式应用，并且提供了相应的工具来实现一键部署的功能。下图给出了两节点的 Couchbase 集群对应的 YAML 文件定义，此 Couchbase 集群随后被部署到了 Swarm 集群中的两个 Node 节点上。

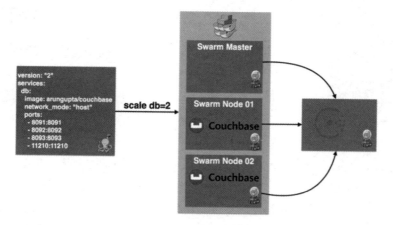

注意上图左边 YAML 文件中的 services 定义，Swarm Manager 节点给每个 Service 都分配了唯一的 DNS 名称，因此可以通过最古老又简单的 DNS 轮询机制来实现服务的发现与负载均衡，这明显借鉴了 Kubernetes 的做法。

8.3 深入 Kubernetes 微服务平台

8.3.1 Kubernetes 的概念与功能

架构师普遍有这样的愿景：在系统中有 ServiceA、ServiceB、ServiceC 这 3 种服务，其中 ServiceA 需要部署 3 个实例，ServiceB 与 ServiceC 各自需要部署 5 个实例，希望有一个平台（或工具）自动完成上述 13 个实例的分布式部署，并且持续监控它们。当发现某个服务器宕机或者某个服务实例发生故障时，平台能够自我修复，从而确保在任何时间点正在运行的服务实例的数量都符合预期。这样一来，团队只需关注服务开发本身，无须再为基础设施和运维监控的事情头疼了。

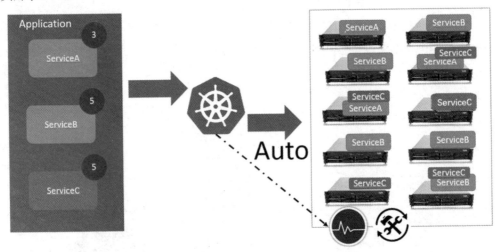

在 Kubernetes 出现之前，没有一个平台公开声称实现了上面的愿景。Kubernetes 是业界第一个将服务这个概念真正提升到第一位的平台。在 Kubernetes 的世界里，所有概念与组件都是围绕 Service 运转的。正是这种突破性的设计，使 Kubernetes 真正解决了多年来困扰我们的分布式系统里的众多难题，让团队有更多的时间去关注与业务需求和业务相关的代码本身，从而在很大程度上提高整个软件团队的工作效率与投入产出比。

Kubernetes 里的 Service 其实就是微服务架构中微服务的概念，它有以下明显特点。

- 每个 Service 都分配了一个固定不变的虚拟 IP 地址——Cluster IP。
- 每个 Service 都以 TCP/UDP 方式在一个或多个端口（Service Port）上提供服务。
- 客户端访问一个 Service 时，就好像访问一个远程的 TCP/UDP 服务，只要与 Cluster IP 建立连接即可，目标端口就是某个 Service Port。

Service 既然有了 IP 地址，就可以顺理成章地采用 DNS 域名的方式来避免 IP 地址的变动了。Kubernetes 的 DNS 组件自动为每个 Service 都建立了一个域名与 IP 的映射表，其中的域名就是 Service 的 Name，IP 就是对应的 Cluster IP，并且在 Kubernetes 的每个 Pod（类似于 Docker 容器）里都设置了 DNS Server 为 Kubernetes 的 DNS Server，这样一来，微服务架构中的服务发现这个基本问题得以巧妙解决,不但不用复杂的服务发现 API 供客户端调用,还使所有以 TCP/IP 方式通信的分布式系统都能方便地迁移到 Kubernetes 平台上,仅从这个设计来看,Kubernetes 就远胜过其他产品。

我们知道,在每个微服务的背后都有多个进程实例来提供服务,在 Kubernetes 平台上,这些进程实例被封装在 Pod 中,Pod 基本上等同于 Docker 容器,稍有不同的是,Pod 其实是一组密切捆绑在一起并且"同生共死"的 Docker 容器,这组容器共享同一个网络栈与文件系统,相互之间没有隔离,可以直接在进程间通信。最典型的例子是 Kubenetes Sky DNS Pod,在这个 Pod 里有 4 个 Docker 容器。

那么,Kubernetes 里的 Service 与 Pod 是如何对应的呢?我们怎么知道哪些 Pod 为某个 Service 提供具体的服务?下图给出了答案——"贴标签"。

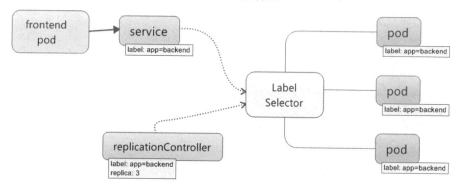

每个 Pod 都可以贴一个或多个不同的标签(Label),而每个 Service 都有一个"标签选择器"(Label Selector),标签选择器确定了要选择拥有哪些标签的对象。下面这段 YAML 格式的内容定义了一个被称为 ku8-redis-master 的 Service,它的标签选择器的内容为"app: ku8-redis-master",表明拥有"app= ku8-redis-master"这个标签的 Pod 都是为它服务的:

```
apiVersion: v1
kind: Service
metadata:
  name: ku8-redis-master
spec:
  ports:
    - port: 6379
  selector:
    app: ku8-redis-master
```

下面是 ku8-redis-master 这个 Pod 的定义，它的 labels 属性的内容刚好匹配 Service 的标签选择器的内容：

```
apiVersion: v1
kind: Pod
metadata:
  name: ku8-redis-master
  labels:
    app: ku8-redis-master
spec:
  containers:
    - name: server
      image: redis
      ports:
        - containerPort: 6379
  restartPolicy: Never
```

如果我们需要一个 Service 在任意时刻都有 N 个 Pod 实例来提供服务，并且在其中 1 个 Pod 实例发生故障后，及时发现并且自动产生一个新的 Pod 实例以弥补空缺，那么我们要怎么做呢？答案就是采用 Deployment/RC，它的作用是告诉 Kubernetes，拥有某个特定标签的 Pod 需要在 Kubernetes 集群中创建几个副本实例。Deployment/RC 的定义包括如下两部分内容。

- 目标 Pod 的副本数量（replicas）。

- 目标 Pod 的创建模板（Template）。

下面这个例子定义了一个 RC，目标是确保在集群中任意时刻都有两个 Pod，其标签为"app: ku8-redis-slave"，对应的容器镜像为 redis slave，这两个 Pod 与 ku8-redis-master 构成了 Redis 主从集群（一主二从）：

```
apiVersion: v1
kind: ReplicationController
metadata:
  name: ku8-redis-slave
spec:
  replicas: 2
  template:
    metadata:
      labels:
        app: ku8-redis-slave
    spec:
      containers:
        - name: server
          image: devopsbq/redis-slave
```

```
            env:
            - name: MASTER_ADDR
              value: ku8-redis-master
           ports:
            - containerPort: 6379
```

至此，上述 YAML 文件创建了一个一主二从的 Redis 集群，其中 Redis Master 被定义为一个微服务，可以被其他 Pod 或 Service 访问，如下图所示。

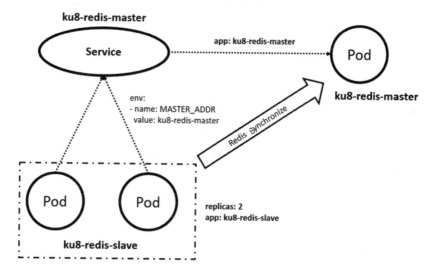

注意上图在 ku8-reids-slave 的容器中有 MASTER_ADDR 的环境变量，这是 Redis Master 的地址，这里填写的是 "ku8-redis-master"，它是 Redis Master Service 的名称，之前说过：Service 的名称就是它的 DNS 域名，所以 Redis Slave 容器可以通过这个 DNS 与 Redis Master Service 进行通信，以实现 Redis 主从同步功能。

Kubernetes 的核心概念就是 Service、Pod 及 RC/Deployment。围绕着这三个核心概念，Kubernetes 实现了有史以来最强大的基于容器技术的微服务架构平台。比如，在上述 Redis 集群中，如果我们希望组成一主三从的集群，则只要将控制 Redis Slave 的 ReplicationController 中的 replicas 改为 3，或者用 kubectl scale 命令行功能实现扩容即可。命令如下，我们发现，服务的水平扩容变得如此方便：

```
kubectl scale --replicas=3 rc/ku8-redis-slave
```

不仅如此，Kubernetes 还实现了水平自动扩容的高级特性——HPA（Horizontal Pod Autoscaling），其原理是基于 Pod 的性能度量参数（CPU utilization 和 custom metrics）对

RC/Deployment 管理的 Pod 进行自动伸缩。举个例子,假如我们认为上述 Redis Slave 集群对应的 Pod 也对外提供查询服务,服务期间 Pod 的 CPU 利用率会不断变化,在这些 Pod 的 CPU 平均利用率超过 80%后,就会自动扩容,直到 CPU 利用率下降到 80%以下或者最多达到 5 个副本位置,而在请求的压力减小后,Pod 的副本数减少为 1 个,用下面的 HPA 命令即可实现这一目标:

```
kubectl autoscale rc ku8-redis-slave --min=1 --max=5 --cpu-percent=80
```

除了很方便地实现微服务的水平扩容功能,Kubernetes 还提供了使用简单、功能强大的微服务滚动升级功能(rolling update),只要一个简单的命令即可快速完成任务。举个例子,假如我们要将上述 Redis Slave 服务的镜像版本从 devopsbq/redis-slave 升级为 leader/redis-slave,则只要执行下面这条命令即可:

```
kubectl rolling-update ku8-redis-slave --image=leader/redis-slave
```

滚动升级的原理如下图所示,Kubernetes 在执行滚动升级的过程中,会创建一个新的 RC,这个新的 RC 使用了新的 Pod 镜像,然后 Kubernetes 每隔一段时间就将旧 RC 的 replicas 数减少一个,导致旧版本的 Pod 副本数减少一个,然后将新 RC 的 replicas 数增加一个,于是多出一个新版本的 Pod 副本,在升级的过程中 Pod 副本数基本保持不变,直到最后所有的副本都变成新的版本,升级才结束。

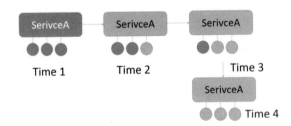

8.3.2　Kubernetes 的组成与原理

Kubernetes 集群本身作为一个分布式系统,也采用了经典的 Master-Slave 架构,如下图所示,集群中有一个节点是 Master 节点,在其上部署了 3 个主要的控制程序:API Sever、Controller Manager 及 Scheduler,还部署了 Etcd 进程,用来持久化存储 Kubernetes 管理的资源对象(如 Service、Pod、RC/Deployment)等。

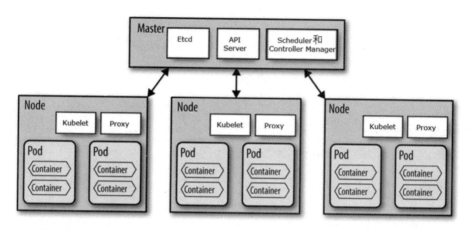

集群中的其他节点被称为 Node 节点,属于工人(Worker 节点),它们都由 Master 节点领导,主要负责照顾各自节点上分配的 Pod 副本。下面这张图更加清晰地表明了 Kubernetes 各个进程之间的交互关系。

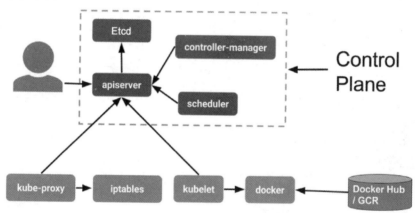

从上图可以看到,位于中心地位的进程是 API Server,所有其他进程都与它直接交互,其他进程之间并不存在直接的交互关系。那么,API Server 的作用是什么呢?它其实是 Kubernetes 的数据网关,即所有进入 Kubernetes 的数据都是通过这个网关保存到 Etcd 数据库中的,同时通过 API Server 将 Etcd 里变化的数据实时发给其他相关的 Kubernetes 进程。API Server 以 REST 方式对外提供接口,这些接口基本上分为以下两类:

- 所有资源对象的 CRUD API:资源对象会被保存到 Etcd 中存储并提供 Query 接口,比如针对 Pod、Service 及 RC 等的操作。

- 资源对象的 Watch API：客户端用此 API 来及时得到资源变化的相关通知，比如某个 Service 相关的 Pod 实例被创建成功，或者某个 Pod 状态发生变化等通知，Watch API 主要用于 Kubernetes 中的高效自动控制逻辑。

下面是上图中其他 Kubernetes 进程的主要功能。

- controller manager：负责所有自动化控制事物，比如 RC/Deployment 的自动控制、HPA 自动水平扩容的控制、磁盘定期清理等各种事务。

- scheduler：负责 Pod 的调度算法，在一个新的 Pod 被创建后，Scheduler 根据算法找到最佳 Node 节点，这个过程也被称为 Pod Binding。

- kubelet：负责本 Node 节点上 Pod 实例的创建、监控、重启、删除、状态更新、性能采集并定期上报 Pod 及本机 Node 节点的信息给 Master 节点，由于 Pod 实例最终体现为 Docker 容器，所以 Kubelet 还会与 Docker 交互。

- kube-proxy：为 Service 的负载均衡器，负责建立 Service Cluster IP 到对应的 Pod 实例之间的 NAT 转发规则，这是通过 Linux iptables 实现的。

在理解了 Kubernetes 各个进程的功能后，我们来看看一个 RC 从 YAML 定义到最终被部署成多个 Pod 及容器背后所发生的事情。为了很清晰地说明这个复杂的流程，这里给出一张示意图。

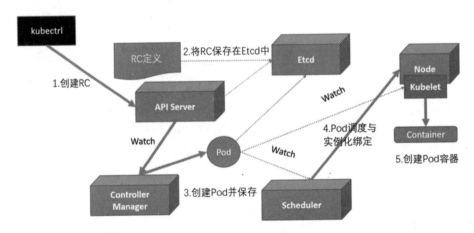

首先，在我们通过 kubectrl create 命令创建一个 RC（资源对象）时，kubectrl 通过 Create RC 这个 REST 接口将数据提交到 API Server，随后 API Server 将数据写入 Etcd 里持久保存。与此

同时，Controller Manager 监听（Watch）所有 RC，一旦有 RC 被写入 Etcd 中，Controller Manager 就得到了通知，它会读取 RC 的定义，然后比较在 RC 中所控制的 Pod 的实际副本数与期待值的差异，然后采取对应的行动。此刻，Controller Manager 发现在集群中还没有对应的 Pod 实例，就根据 RC 里的 Pod 模板（Template）定义，创建一个 Pod 并通过 API Server 保存到 Etcd 中。类似地，Scheduler 进程监听所有 Pod，一旦发现系统产生了一个新生的 Pod，就开始执行调度逻辑，为该 Pod 安排一个新家（Node），如果一切顺利，该 Pod 就被安排到某个 Node 节点上，即 Binding to a Node。接下来，Scheduler 进程就把这个信息及 Pod 状态更新到 Etcd 里，最后，目标 Node 节点上的 Kubelet 监听到有新的 Pod 被安排到自己这里来了，就按照 Pod 里的定义，拉取容器的镜像并且创建对应的容器。在容器成功创建后，Kubelet 进程再把 Pod 的状态更新为 Running 并通过 API Server 更新到 Etcd 中。如果此 Pod 还有对应的 Service，每个 Node 上的 Kube-proxy 进程就会监听所有 Service 及这些 Service 对应的 Pod 实例的变化，一旦发现有变化，就会在所在 Node 节点上的 iptables 里增加或者删除对应的 NAT 转发规则，最终实现了 Service 的智能负载均衡功能，这一切都是自动完成的，无须人工干预。

那么，如果某个 Node 宕机，则会发生什么事情呢？假如某个 Node 宕机一段时间，则因为在此节点上没有 Kubelet 进程定时汇报这些 Pod 的状态，因此这个 Node 上的所有 Pod 实例都会被判定为失败状态，此时 Controller Manager 会将这些 Pod 删除并产生新的 Pod 实例，于是这些 Pod 被调度到其他 Node 上创建出来，系统自动恢复。

本节最后说说 Kube-proxy 的演变，如下图所示。

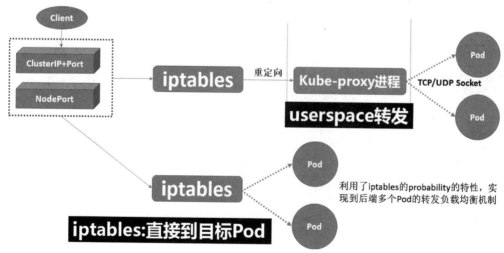

Kube-proxy 一开始是一个类似于 HAProxy 的代理服务器,实现了基于软件的负载均衡功能,将 Client 发起的请求代理到后端的某个 Pod 上,可以将其理解为 Kubernetes Service 的负载均衡器。Kube-proxy 最初的实现机制是操控 iptables 规则,将访问 Cluster IP 的流量通过 NAT 方式重定向到本机的 Kube-proxy,在这个过程中涉及网络报文从内核态到用户态的多次复制,因此效率不高。Kube-proxy 之后的版本改变了实现方式,在生成 iptables 规则时,直接 NAT 到目标 Pod 地址,不再通过 Kube-proxy 进行转发,因此效率更高、速度更快,采用这种方式比采用客户端负载均衡方式效率稍差一点,但编程简单,而且与具体的通信协议无关,适用范围更广。此时,我们可以认为 Kubernetes Service 基于 iptables 机制来实现路由和负载均衡机制,从此以后,Kube-proxy 已不再是一个真正的"proxy",仅仅是路由规则配置的一个工具类"代理"。

基于 iptables 实现的路由和负载均衡机制虽然在性能方面比普通 Proxy 提升了很多,但也存在自身的固有缺陷,因为每个 Service 都会产生一定数量的 iptables 规则。在 Service 数量比较多的情况下,iptables 的规则数量会激增,对 iptables 的转发效率及对 Linux 内核的稳定性都造成一定的冲击。因此很多人都在尝试将 IPVS(IP 虚拟服务器)代替 iptables。Kubernetes 从 1.8 版本开始,新增了 Kube-proxy 对 IPVS 的支持,在 1.11 版本中正式纳入 GA。与 iptables 不同,IPVS 本身就被定位为 Linux 官方标准中 TCP/UDP 服务的负载均衡器解决方案,因此非常适合代替 iptables 来实现 Service 的路由和负载均衡。

此外,也有一些机制来代替 Kube-proxy,比如 Service Mesh 中的 SideCar 完全代替了 Kube-proxy 的功能。在 Service 都基于 HTTP 接口的情况下,我们会有更多的选择方式,比如 Ingress、Nginx 等。

8.3.3 基于 Kubernetes 的 PaaS 平台

PaaS 其实是一个重量级但不怎么成功的产品,受限于多语言支持和开发模式的僵硬,但近期又随着容器技术及云计算的发展,重新引发了人们的关注,这是因为容器技术彻底解决了应用打包部署和自动化的难题。基于容器技术重新设计和实现的 PaaS 平台,既提升了平台的技术含量,又很好地弥补了之前 PaaS 平台难用、复杂、自动化水平低等缺点。

OpenShift 是由 RedHat 公司于 2011 年推出的 PaaS 云计算平台,在 Kubernetes 推出之前,OpenShift 就已经演变为两个版本(v1 与 v2),但在 Kubernetes 推出之后,OpenShift 的第 3 个

版本 v3 放弃了自己的容器引擎与容器编排模块,转而全面拥抱 Kubernetes。

Kubernetes 拥有如下特性。

- Pod（容器）可以让开发者将一个或多个容器整体作为一个"原子单元"进行部署。
- 采用固定的 Cluster IP 及内嵌的 DNS 这种独特设计思路的服务发现机制,让不同的 Service 很容易相互关联（Link）。
- RC 可以保证我们关注的 Pod 副本的实例数量始终符合我们的预期。
- 非常强大的网络模型,让不同主机上的 Pod 能够相互通信。
- 支持有状态服务与无状态服务,能够将持久化存储也编排到容器中以支持有状态服务。
- 简单易用的编排模型,让用户很容易编排一个复杂的应用。

国内外已经有很多公司采用了 Kubernetes 作为它们的 PaaS 平台的内核,所以本节讲解如何基于 Kubernetes 设计和实现一个强大的 PaaS 平台。

一个 PaaS 平台应该具备如下关键特性。

- 多租户支持:这里的租户可以是开发厂商或者应用本身。
- 应用的全生命周期管理:比如对应用的定义、部署、升级、下架等环节的支持。
- 具有完备的基础服务设施:比如单点登录服务、基于角色的用户权限服务、应用配置服务、日志服务等,同时 PaaS 平台集成了很多常见的中间件以方便应用调用,这些常见的中间件有消息队列、分布式文件系统、缓存中间件等。
- 多语言支持:一个好的 PaaS 平台可以支持多种常见的开发语言,例如 Java、Node.js、PHP、Python、C++等。

接下来,我们看看基于 Kubernetes 设计和实现的 PaaS 平台是如何支持上述关键特性的。

8.3.3.1 如何实现多租户

Kubernetes 通过 Namespace 特性来支持多租户功能。

我们可以创建多个不同的 Namespace 资源对象,每个租户都有一个 Namespace,在不同的 Namespace 下创建的 Pod、Service 与 RC 等资源对象是无法在另外一个 Namespace 下看到的,于是形成了逻辑上的多租户隔离特性。但单纯的 Namespace 隔离并不能阻止不同 Namespace 下的网络隔离，如果知道其他 Namespace 中的某个 Pod 的 IP 地址，则我们还是可以发起访问的，如下图所示。

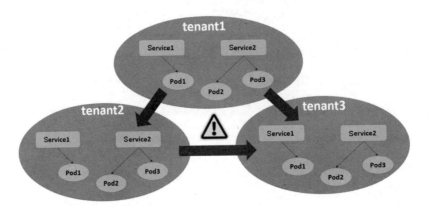

针对多租户的网络隔离问题，Kubernetes 增加了 Network Policy 这一特性，我们简单地将它类比为网络防火墙，通过定义 Network Policy 资源对象，我们可以控制一个 Namespace（租户）下的 Pod 被哪些 Namespace 访问。假如我们有两个 Namespace，分别为 tenant2、tenant3，各自拥有一些 Pod，如下图所示。

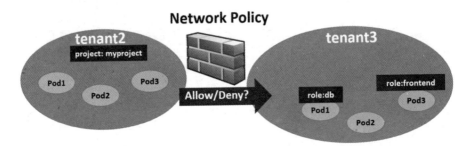

假如我们需要实现这些网络隔离目标：tenant3 里拥有 role:db 标签的 Pod 只能被 tenant3（本 Namespace 中）里拥有 role:frontend 标签的 Pod 访问，或者被 tenent2 里的任意 Pod 访问，则我们可以定义如下图所示的一个 Network Policy 资源对象，并通过 kubectrl 工具发布到 Kubernetes 集群中生效即可。

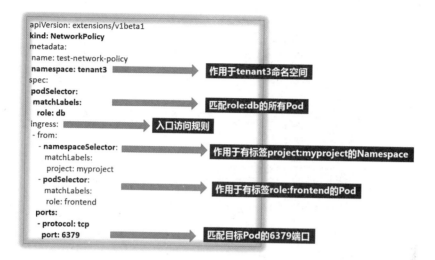

需要注意的是，Kubernetes Network Policy 需要配合特定的 CNI 网络插件才能真正生效，目前支持 Network Policy 的 CNI 插件主要有以下几种。

- Calico：基于三层路由实现的容器网络方案。
- Weave Net：基于报文封装的二层容器解决方案。
- Romana：类似于 Calico 的容器网络方案。

Network Policy 目前也才刚刚起步，还有很多问题需要去研究和解决，比如如何定义 Service 的访问策略？如果 Service 访问策略与 Pod 访问策略冲突又该如何解决？此外，外部服务的访问策略又该如何定义？总之，在容器领域，相对于计算虚拟化、存储虚拟化来说，网络虚拟化中的很多技术才刚刚起步。

Kubernetes 的 Namespace 是从逻辑上隔离不同租户的程序，但多个租户的程序还是可能被调度到同一个物理机（Node）上的，如果我们希望不同租户的应用被调度到不同的 Node 上，从而做到物理上的隔离，则可以通过集群分区的方式来实现。具体做法是我们先按照租户将整个集群划分为不同的分区（Partition），如下图所示，对每个分区里的所有 Node 都打上同样的标签，比如租户 a（tanenta）的标签为 partition=tenant，租户 b（tanentb）的标签为 partition= tenantb，我们在调度 Pod 的时候可以使用 nodeSelector 属性来指定目标 Node 的标签，比如下面的写法表示 Pod 需要被调度到租户 a 的分区节点上：

```
nodeSelector:
   partition: tenanta
```

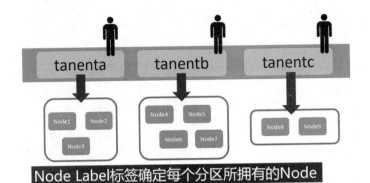

Kubernetes 分区与租户可以有多种对应的设计，上面所说的一个分区一个租户的设计是一种典型的设计，也可以将租户分为大客户与普通客户，每个大客户都有一个单独的资源分区，而普通客户可以以 N 个为一组，共享同一个分区的资源。

8.3.3.2　PaaS 平台的领域模型设计

我们知道，微服务架构下的一个应用通常是由多个微服务所组成的，而我们的 Kubernetes 通常会部署多个独立的应用，因此，如果用 Kubernetes 建模微服务应用，则我们需要在 PaaS 平台的领域模型中设计出 Application 这个领域对象，一个 Application 包括多个微服务，并且最终在发布（部署）时会生成对应的 Pod、Deployment 及 Service 对象，如下图所示。

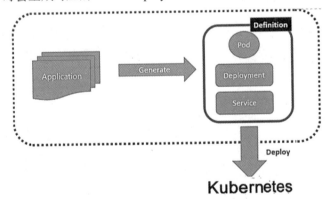

如下所示是有更多细节的领域模型图，Kubernetes 中的 Node、Namespace 分别被建模为 K8sNode 与 TanentNS，分区则被建模为 ResPartition 对象，每个分区都可以包括 1 到 N 个 TanentNS，即一个或多个租户（Tanent）使用。每个租户都包括一些用户账号（User），用来定义和维护本租户的应用（Application）。为了分离权限，可以使用用户组（User Group）的方式，同时可以增加标准的基于角色的权限模型。

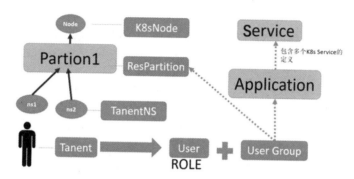

上图中的 Service 领域对象并不是 Kubernetes Service，而是包括了 Kubernetes Service 及相关 RC/Deployment 的一个"复合结构"。在 Service 领域对象中只包括了必要的全部属性，在部署应用时会生成对应的 Kubernetes Service 和 RC/Deployment 实例。下图给出了 Service 的定义界面（原型）。

我们在界面上完成对一个 Application 的定义后，就可以发布应用了。在发布应用的过程中，先要选择某个分区，然后程序调用 Kubernetes 的 API 接口，创建此 Application 相关的所有 Kubernetes 资源对象，然后查询 Pod 的状态即可判断是否发布成功及失败的具体原因。下面给出了 Application 从定义到发布的关键模块的设计示意图。

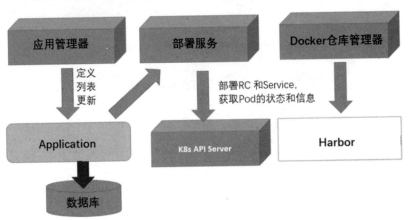

我们知道 Kubernetes 是基于容器技术的微服务架构平台，每个微服务的二进制文件都被打包成标准的 Docker 镜像，因此应用的全生命周期管理过程的第一步，就是从源码到 Docker 镜像的打包，而这个过程很容易实现自动化，我们既可以通过编程方式实现，也可以通过成熟的第三方开源项目实现，这里推荐使用 Jenkins。下图是 Jenkins 实现镜像打包流程的示意图，考虑到 Jenkins 的强大和用户群广泛，很多 PaaS 平台都集成了 Jenkins 以实现应用的全生命周期管理功能。

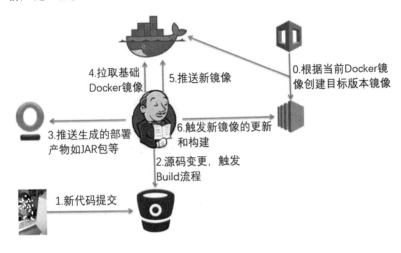

8.3.3.3　PaaS 平台的基础中间件

一个完备的 PaaS 平台必须集成和提供一些常见的中间件，以方便应用开发和托管运行。

首先，第 1 类重要的基础中间件是 ZooKeeper，ZooKeeper 非常容易被部署到 Kubernetes 集群中，在 Kubernetes 的 GitHub 上有一个 YAML 参考文件。ZooKeeper 除了给应用使用，也可以作为 PaaS 平台面向应用提供的"集中配置服务"的基础组成部分，如下图所示。

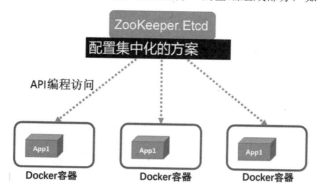

此外，考虑到很多开源分布式系统都采用了 ZooKeeper 来管理集群，所以我们也可以部署一个标准命名的 ZooKeeper Service，以供这些集群共享使用。

第 2 类重要的中间件就是缓存中间件了，比如我们之前提到的 Redis 及 Memcache，它们也很容易被部署到 Kubernetes 集群中，作为基础服务提供给第三方应用使用。在 Kubernetes 的入门案例中有一个 GuestBook 例子，演示了在 PHP 页面中访问 Redis 主从集群的方法，即使是复杂的 Codis 集群，也可以被成功部署到 Kubernetes 集群中。此外，RedHat 的 J2EE 内存缓存中间件 Infinispan 也有 Kubernetes 集群部署的案例。

第 3 类重要的中间件是消息队列中间件，不管是经典的 ActiveMQ、RabbitMQ 还是新一代的 Kafka，这些消息中间件也很容易被部署到 Kubernetes 集群中提供服务。下图是一个 3 节点的 RabbitMQ 集群在 Kubernetes 平台上的建模示意图。为了组成 RabbitMQ 集群，我们定义了 3 个 Pod，每个 Pod 都对应一个 Kubernetes Service，从而映射到 3 个 RabbitMQ Server 实例，此外，我们定义了一个单独的 Service，名为 ku8-rabbit-mq-server，此 Service 对外提供服务，并且对应到上述 3 个 Pod 上，于是每个 Pod 都有两个标签。

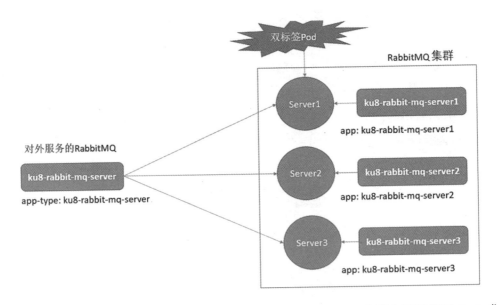

第 4 类重要的中间件是分布式存储中间件，目前在 Kubernetes 集群上可以使用 Ceph 集群提供的块存储服务及 GlusterFS 提供的分布式文件存储服务，其中 GlusterFS 被 RedHat 的 OpenShift 平台建议为文件存储的标配存储系统，下面是这种方案的示意图。

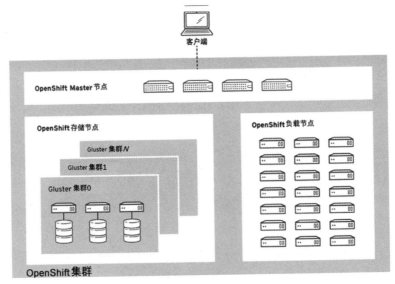

在 RedHat 的方案中，GlusterFS 集群被部署在独立的服务器集群上，这适用于较大的集群规模及对性能和存储要求高的场景。在机器有限的情况下，我们也可以把 Kubernetes 集群的每

个 Node 节点都当作一个 GlusterFS 的存储节点,并采用 DaemonSet 的调度方式将 GlusterFS 部署到 Kubernetes 集群上,具体的部署方式在 Kubernetes 的 GitHub 网站中有详细的说明文档,以 Pod 方式部署 GlusterFS 集群也使得 GlusterFS 的部署和运维都变得非常简单。

提供全文检索能力的 ElasticSearch 集群也很容易被部署到 Kubernetes 中,前面提到的日志集中收集与查询分析的三件套 ELK 目前基本上全部以 Pod 的方式部署,以实现 Kubernetes 集群日志与用户应用日志的统一收集、查询、分析等功能。

在当前热门的大数据领域中,很多系统也都能以容器化方式部署到 Kubernetes 集群中,比如 Hadoop、HBase、Spark 及 Storm 等重量级集群。下一节将给出 Storm On Kubernetes 的建模方案,并且将其部署到 Kubernetes 集群中,最后提交第 6 章的 WordCountTopology 作业并且观察运行结果。

8.3.3.4 Storm On Kubernetes 实战

通过第 6 章的学习,我们知道一个 Storm 集群是由 ZooKeeper、Nimbus(Master)及一些 Supervisor(Slave)节点组成的,集群的配置文件默认保存在 conf/storm.yaml 中,最关键的配置参数如下。

- storm.zookeeper.servers:ZooKeeper 集群的节点 IP 地址列表。
- nimbus.seeds:Nimbus 的 IP 地址。
- supervisor.slots.ports:Supervisor 中的 Worker 监听端口列表。

从上述关键配置信息及 Storm 集群的工作原理来看,我们首先需要将 ZooKeeper 建模为 Kubernetes Service,以便提供一个固定的域名地址,使得 Nimbus 与 Supervisor 能够访问它。下面是 ZooKeeper 的建模过程(为了简单起见,我们只建模一个 ZooKeeper 节点)。

首先,定义 ZooKeeper 对应的 Service,Service 名称为 ku8-zookeeper,关联的标签为 app=ku8-zookeeper 的 Pod:

```
apiVersion: v1
kind: Service
metadata:
  name: ku8-zookeeper
spec:
  ports:
```

```
    - name: client
      port: 2181
  selector:
    app: ku8-zookeeper
```

其次，定义 ZooKeeper 对应的 RC：

```
apiVersion: v1
kind: ReplicationController
metadata:
  name: ku8-zookeeper-1
spec:
  replicas: 1
  template:
    metadata:
      labels:
        app: ku8-zookeeper
    spec:
      containers:
        - name: server
          image: jplock/zookeeper
          imagePullPolicy: IfNotPresent
          ports:
            - containerPort: 2181
```

接下来，我们需要将 Nimbus 也建模为 Kubernetes Service，因为 Storm 客户端需要直接访问 Nimbus 服务以提交拓扑任务，所以在 conf/storm.yaml 中存在 nimbus.seeds 参数。由于 Nimbus 在 6627 端口上提供了基于 Thrift 的 RPC 服务，因此对 Nimbus 服务的定义如下：

```
apiVersion: v1
kind: Service
metadata:
  name: nimbus
spec:
  selector:
    app: storm-nimbus
  ports:
    - name: nimbus-rpc
      port: 6627
      targetPort: 6627
```

考虑到在 storm.yaml 配置文件中有很多参数，所以为了实现任意参数的可配置性，我们可以用 Kubernetes 的 Config Map 资源对象来保存 storm.yaml，并映射到 Nimbus（以及 Supervisor）节点对应的 Pod 实例上。下面是在本案例中使用的 storm.yaml 文件（storm-conf.yaml）的内容：

```
storm.zookeeper.servers: [ku8-zookeeper]
```

```
nimbus.seeds: [nimbus]
storm.log.dir: "log"
storm.local.dir: "storm-data"
supervisor.slots.ports:
    - 6700
    - 6701
    - 6702
    - 6703
```

将上述配置文件创建为对应的 ConfigMap（storm-config），可以执行下面的命令：

```
kubelet create configmap storm-config --from-file=storm-conf.yaml
```

然后，storm-config 就可以被任意 Pod 以 Volume 方式挂载到容器内的任意指定路径上了。接下来，我们可以继续建模 Nimbus 服务对应的 Pod。在从 Docker Hub 上搜寻相关 Storm 镜像并进行分析后，我们选择了 Docker 官方提供的镜像 storm:1.0。相对于其他 Storm 镜像来说，官方维护的这个镜像有以下优点。

- Storm 版本新。

- Storm 整体只有一个镜像，通过容器的 command 命令参数来决定启动的是哪种类型的节点，比如 Nimbus 主节点、Nimbus-ui 管理器或者 Supervisor 从节点。

- 标准化的 Storm 进程启动方式，可以将 conf/storm.yaml 配置文件映射到容器外，因此可以采用 Kubernetes 的 ConfigMap 特性。

采用 storm:1.0 镜像定义 Nimbus Pod 的 YAML 文件如下：

```
apiVersion: v1
kind: Pod
metadata:
  name: nimbus
  labels:
    app: storm-nimbus
spec:
  volumes:
    - name: config-volume
      configMap:
        name: storm-config
        items:
          - key: storm-conf.yaml
            path: storm.yaml
  containers:
    - name: nimbus
      image: storm:1.0
```

```
            imagePullPolicy: IfNotPresent
            ports:
              - containerPort: 6627
            command: [ "storm", "nimbus" ]
            volumeMounts:
            - name: config-volume
              mountPath: /conf
      restartPolicy: Always
```

这里我们需要关注两个细节：第 1 个细节是 ConfigMap 的使用方法，首先要把之前定义的 ConfigMap——storm-config 映射为 Pod 的一个 Volume，然后在容器中将此 Volume 挂接到某个具体的路径上；第 2 个细节是容器的参数 command，上面的 command: ["storm", "nimbus"]表示此容器启动的是 nimus 进程。

类似地，我们定义 storm-ui 服务，这是一个 Web 管理程序，提供了图形化的 Storm 管理功能，因为需要在 Kubernetes 集群之外访问它，所以我们通过 NodePort 方式映射 8080 端口到主机上的 30010。storm-ui 服务的 YAML 定义文件如下：

```
apiVersion: v1
kind: Service
metadata:
  name: storm-ui
spec:
  type: NodePort
  selector:
    app: storm-ui
  ports:
    - name: web
      port: 8080
      targetPort: 8080
      nodePort: 30010
```

最后，我们来建模 Supervisor。Supervisor 看似不需要被建模为 Service，因为 Supervisor 不会被主动调用，但实际上 Supervisor 节点之间会相互发起通信，因此 Supervisor 节点注册到 ZooKeeper 上的地址必须能被相互访问，在 Kubernetes 平台上有两种方式解决此问题。

- 第 1 种方式，Supervisor 节点注册到 ZooKeeper 上时，不用主机名（Pod 名称），而是采用 Pod 的 IP 地址。

- 第 2 种方式，用 Headless Service 模式，每个 Supervisor 节点都被建模为一个 Headless Service，并且确保 Supervisor 节点的容器名称（主机名）与 Headless Service 的名称一

样，此时 Supervisor 节点注册到 ZooKeeper 上的地址就跟 Headless Service 名称一样了，Supervisor 节点之间都能用对方的 Headless Service 的域名进行通信。

其中，第 1 种方式需要修改 Supervisor 的启动脚本和对应的参数才能进行，实现起来比较麻烦，第 2 种方式无须修改镜像就能实现，所以我们采用了第 2 种方式建模。下面是某个 Supervisor 节点的 Service 定义，注意 clusterIP: None 的特殊写法：

```
apiVersion: v1
kind: Service
metadata:
  name: storm-supervisor
spec:
  clusterIP: None
  selector:
    app: storm-supervisor
  ports:
    - port: 8000
```

storm-supervisor 这个节点对应的 Pod 定义如下，需要注意 Pod 的名称为 storm-supervisor，并且 command 的值为 ["storm", "supervisor"]：

```
apiVersion: v1
kind: Pod
metadata:
  name: storm-supervisor
  labels:
    app: storm-supervisor
spec:
  volumes:
    - name: config-volume
      configMap:
        name: storm-config
        items:
        - key: storm-conf.yaml
          path: storm.yaml
  containers:
  - name: storm-supervisor
    image: storm:1.0
    imagePullPolicy: IfNotPresent
    command: [ "storm", "supervisor" ]
    volumeMounts:
    - name: config-volume
      mountPath: /conf
  restartPolicy: Always
```

我们可以定义多个 Supervisor 节点，比如在本案例中定义了两个 Supervisor 节点。在成功部署到 Kubernetes 集群后，我们通过 Storm UI 的 30010 端口进入 Storm 的管理界面，可以看到如下界面。

下面这个截图验证了两个 Supervisor 节点也可以被成功注册在集群中，我们看到每个节点都有 4 个 Slot，这符合我们在 storm.yaml 中的配置。

至此，Storm 集群在 Kubernetes 上的建模和部署已经顺利完成了。接下来我们看看如何在 Storm 集群中提交之前学习过的 WordCountTopology 作业并且观察它的运行情况。

首先，我们可以去 https://jar-download.com/ 下载编译好的 WordCountTopology 作业的 JAR 文件 storm-starter-topologies-1.0.3.jar，然后通过 Storm Client 工具将该 Topology 作业提交到 Storm 集群中，提交作业的命令如下：

```
storm jar/userlib/storm-starter-topologies-1.0.3.jar org.apache.storm. starter.
WordCountTopology topology
```

由于在 storm:1.0 镜像中已经包括了 Storm Client 工具，所以最简便的方式是定义一个 Pod，然后把下载下来的 storm-starter-topologies-1.0.3.jar 作为 Volume 映射到 Pod 里的 /userlib/ 目录下。将容器的启动命令设置为上述提交作业的命令即可实现，下面是此 Pod 的 YAML 定义：

```
apiVersion: v1
```

```yaml
kind: Pod
metadata:
  name: storm-topo-example
spec:
  volumes:
    - name: user-lib
      hostPath:
        path: /root/storm
    - name: config-volume
      configMap:
        name: storm-config
        items:
          - key: storm-conf.yaml
            path: storm.yaml
  containers:
    - name: storm-topo-example
      image: storm:1.0
      imagePullPolicy: IfNotPresent
      command: [ "storm", "jar", "/userlib/storm-starter-topologies-1.0.3.jar", "org.apache.storm.starter.WordCountTopology", "topology" ]
      volumeMounts:
        - name: config-volume
          mountPath: /conf
        - name: user-lib
          mountPath: /userlib
  restartPolicy: Never
```

上述定义有如下关键点。

- 将 storm-starter-topologies-1.0.3.jar 放在主机的/root/storm 目录中。

- 容器的启动命令是 storm client，提交 Topology 作业。

- Pod 重启策略为 Never，因为只要提交完 Topology 作业即可。

创建上述 Pod 以后，我们查看该 Pod 的日志，如果看到下面这段输出，则表明 WordCountTopology 的拓扑作业已经被成功提交到 Storm 集群中了。

接下来，我们进入 Storm UI 去看看作业的执行情况。下图是 WordCountTopology 的汇总信息，状态为 Active，运行了 8 分钟，占用了 3 个 Worker 进程，总共运行了 28 个 Task。

Topology Summary

Name	Owner	Status	Uptime	Num workers	Num executors	Num tasks
topology	root	ACTIVE	8m 35s	3	28	28

Showing 1 to 1 of 1 entries

在成功提交到 Storm 集群后，我们可以进入 Supervisor 节点（Pod）查看拓扑作业的日志输出，作业的日志输出在目录 /log/workers-artifacts 下，每个拓扑作业都有一个单独的文件夹存放日志，我们搜索 WordCountTopology 的最后一个 Bolt —— 统计发送 Tuple 的日志，可以看到如下结果，即每个 Word（字）都被统计输出了。

```
2017-02-25 16:50:31.740 o.a.s.d.task Thread-5-count-executor[8 8] [INFO] Emitting: count default [the, 175491]
2017-02-25 16:50:31.759 o.a.s.d.task Thread-21-count-executor[14 14] [INFO] Emitting: count default [at, 44018]
2017-02-25 16:50:31.760 o.a.s.d.task Thread-21-count-executor[14 14] [INFO] Emitting: count default [nature, 44018]
2017-02-25 16:50:31.761 o.a.s.d.task Thread-5-count-executor[8 8] [INFO] Emitting: count default [i, 44018]
2017-02-25 16:50:31.761 o.a.s.d.task Thread-17-count-executor[5 5] [INFO] Emitting: count default [with, 44018]
2017-02-25 16:50:31.769 o.a.s.d.task Thread-21-count-executor[14 14] [INFO] Emitting: count default [at, 44019]
2017-02-25 16:50:31.769 o.a.s.d.task Thread-5-count-executor[8 8] [INFO] Emitting: count default [i, 44019]
2017-02-25 16:50:31.769 o.a.s.d.task Thread-21-count-executor[14 14] [INFO] Emitting: count default [nature, 44019]
2017-02-25 16:50:31.769 o.a.s.d.task Thread-17-count-executor[5 5] [INFO] Emitting: count default [with, 44019]
2017-02-25 16:50:31.833 o.a.s.d.task Thread-5-count-executor[8 8] [INFO] Emitting: count default [an, 43500]
2017-02-25 16:50:31.835 o.a.s.d.task Thread-13-count-executor[11 11] [INFO] Emitting: count default [day, 43500]
2017-02-25 16:50:31.837 o.a.s.d.task Thread-5-count-executor[8 8] [INFO] Emitting: count default [the, 175492]
2017-02-25 16:50:31.838 o.a.s.d.task Thread-5-count-executor[8 8] [INFO] Emitting: count default [i, 44020]
2017-02-25 16:50:31.839 o.a.s.d.task Thread-17-count-executor[5 5] [INFO] Emitting: count default [with, 44020]
2017-02-25 16:50:31.839 o.a.s.d.task Thread-21-count-executor[14 14] [INFO] Emitting: count default [at, 44020]
2017-02-25 16:50:31.839 o.a.s.d.task Thread-21-count-executor[14 14] [INFO] Emitting: count default [nature, 44020]
2017-02-25 16:50:31.842 o.a.s.d.task Thread-5-count-executor[8 8] [INFO] Emitting: count default [i, 44021]
2017-02-25 16:50:31.845 o.a.s.d.task Thread-17-count-executor[5 5] [INFO] Emitting: count default [with, 44021]
2017-02-25 16:50:31.845 o.a.s.d.task Thread-21-count-executor[14 14] [INFO] Emitting: count default [at, 44021]
2017-02-25 16:50:31.845 o.a.s.d.task Thread-21-count-executor[14 14] [INFO] Emitting: count default [nature, 44021]
2017-02-25 16:50:31.866 o.a.s.d.task Thread-17-count-executor[5 5] [INFO] Emitting: count default [four, 43914]
2017-02-25 16:50:31.869 o.a.s.d.task Thread-17-count-executor[5 5] [INFO] Emitting: count default [score, 43914]
2017-02-25 16:50:31.926 o.a.s.d.task Thread-5-count-executor[8 8] [INFO] Emitting: count default [the, 175493]
2017-02-25 16:50:31.931 o.a.s.d.task Thread-5-count-executor[8 8] [INFO] Emitting: count default [the, 175494]
2017-02-25 16:50:31.931 o.a.s.d.task Thread-5-count-executor[8 8] [INFO] Emitting: count default [moon, 44071]
2017-02-25 16:50:31.931 o.a.s.d.task Thread-13-count-executor[11 11] [INFO] Emitting: count default [over, 44071]
2017-02-25 16:50:31.941 o.a.s.d.task Thread-5-count-executor[8 8] [INFO] Emitting: count default [the, 175495]
2017-02-25 16:50:31.942 o.a.s.d.task Thread-5-count-executor[8 8] [INFO] Emitting: count default [the, 175496]
2017-02-25 16:50:31.944 o.a.s.d.task Thread-13-count-executor[11 11] [INFO] Emitting: count default [over, 44072]
2017-02-25 16:50:31.944 o.a.s.d.task Thread-5-count-executor[8 8] [INFO] Emitting: count default [the, 175497]
2017-02-25 16:50:31.945 o.a.s.d.task Thread-5-count-executor[8 8] [INFO] Emitting: count default [moon, 44072]
2017-02-25 16:50:31.963 o.a.s.d.task Thread-5-count-executor[8 8] [INFO] Emitting: count default [an, 43501]
```

下面这个界面给出了 WordCountTopology 的详细信息，分别显示了拓扑里所有 Spout 的相关信息，例如生成了几个 Task、总共发送了多少个 Tuple、失败了多少个，以及所有 Bolt 的相关信息，例如处理了多少个 Tuple、处理的延时等统计信息，有助于我们分析 Topology 作业的性能瓶颈和改进的可能性。

Topology stats

Window	Emitted	Transferred	Complete latency (ms)	Acked	Failed
10m 0s	5720	3080	0		
3h 0m 0s	5720	3080	0		
1d 0h 0m 0s	5720	3080	0		
All time	5720	3080	0		

Spouts (All time)

Id	Executors	Tasks	Emitted	Transferred	Complete latency (ms)	Acked	Failed	Error Host	Error Port	Last error	Error Time
spout	5	5	440	440	0.000	0	0				

Showing 1 to 1 of 1 entries

Bolts (All time)

Id	Executors	Tasks	Emitted	Transferred	Capacity (last 10m)	Execute latency (ms)	Executed	Process latency (ms)	Acked	Failed	Error Host	Error Port	Last error	Error Time
count	12	12	2640	0	0.007	0.256	2660	0.242	2640	0				
split	8	8	2640	2640	0.001	0.048	420	13.238	420	0				

Showing 1 to 2 of 2 entries

除了上面的列表信息，Storm UI 还提供了展示 Stream 运行情况的拓扑图，如下图所示，我们看到数据流从 spout 节点发出，经过 split 节点处理时用了 3.13ms，然后抵达 count 节点，count 节点的处理耗时为 0.06ms。

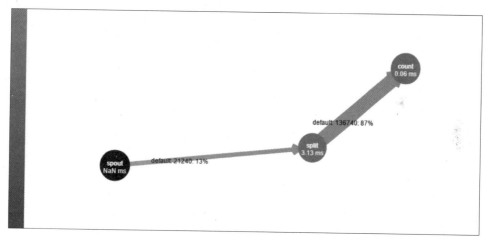

Storm 的 Topology 作业一旦运行起来就不会停止，所以你会看到下面界面中的 Tuple 的统计数字在不断增加，因为 WordCountTopology 的 Spout 节点在不断生成 Tuple，所以如果我们需要停止作业，则可以单击图中的 Deactvate 按钮挂起作业，或者终止作业。

Topology actions

[Activate] [Deactvate] [Rebalance] [Kill] [Debug] [Stop Debug] [Change Log Level]

Topology stats

Window	Emitted	Transferred	Complete latency (ms)
10m 0s	411550	220785	0
3h 0m 0s	2368320	1270040	0
1d 0h 0m 0s	2368320	1270040	0
All time	2368320	1270040	0

8.4 从微服务到 Service Mesh

8.4.1 Service Mesh 之再见架构

Kubernetes 平台很好地解决了大规模分布式系统架构中的一些通用问题，从基本的自动化部署、服务注册、服务发现、服务路由，到全自动化的运维体系，几乎面面俱到。但由于 Kubernetes 致力于从更基础的 TCP/IP 层面提供更广泛的分布式系统的统一架构方案，因此必定以牺牲上层应用层协议的适配为代价。我们看到 Kubernetes 在解决一些问题时多少有些"鞭长莫及"：

- 在自动部署方面无法实现灰度发布；
- 在服务路由方面无法按照版本或者请求参数实现精细化路由；
- 在服务保护方面无法实现类似于 Spring Cloud 中的熔断机制或服务限流；
- 在安全机制方面服务之间的调用安全问题缺失；
- 在全链路监控方面几乎空白。

第 1 章提到了 HTTP 服务很容易通过代理模式完美解决上述问题，也简单介绍了 Service Mesh 的相关基础，至此，我们可以清晰地比较 Kubernetes 与 Service Mesh 的关系了。

Kubernetes 致力于打造一个基于 TCP/IP 层的大统一的分布式系统支撑平台，Service Mesh 则围绕着 HTTP 的分布式系统提供了更细粒度、更丰富的架构方案。Kubernetes 提供了基础平台，Service Mesh 则进行了有针对性的优化，因此，Kubernetes 与 Service Mesh 在未来会更加密切地融合。不排除 Service Mesh 重要实现之一的 Istio 逐步发展成为 Kubernetes 内在的一部分，即 Kubernetes 中的资源对象继续扩展，原生支持采用了 Service Mesh 架构的应用。

Spring 框架在诞生之初带来的最大冲击，就是彻底颠覆了当时主流开发（J2EE 开发）中的"处处框架"编程模式，从那以后，大家开始习惯无侵入式的框架，代码中框架的痕迹越来越少。下面通过一个简单的 Hello Word 例子，给出 J2EE 代码与对应的 Spring 代码的对比。

首先是 J2EE 代码：

```
//定义远程接口
public interface HelloWorldRemote extends EJBObject{
    String sayHello()throws RemoteException;
```

```
}
//定义本地接口
public interface HelloWorldHome extends EJBHome{
 HelloWorldRemote create() throws RemoteException, CreateException;?
}
//Session Bean
public class HelloWorldBean implements SessionBean{
public void setSessionContext(SessionContext arg0) throws EJBException,
RemoteException {
}
public String sayHello() throws RemoteException
{
 return "Welcome to ejb ";
}
}
```

大家看到，在一个 Hello Word 程序中整整写了 3 个类！还涉及 EJBObject、EJBHome、SessionContext、EJBException、RemoteException 这 5 个框架的接口或类。如果用 Spring 框架，则全程无须引入 Spring 的任何接口或类，只需编写如下简单代码：

```
public class HelloWorldBean {
public String sayHello()
{
 return "Welcome Spring ";
}}
```

Spring 框架之所以能实现这样神奇的简化，是因为其后有一个强大的设计模式在起作用，那就是代理模式（Proxy Pattern），而 Service Mesh 的理念之所以能够完美实现，除了 HTTP 本身所具备的高度灵活性，在很大程度上归功于代理模式。代理模式的最大亮点是在保持现有（业务）代码完全不变的前提下，做到无入侵式的功能增强效果。如下所示是 Service Mesh 中 SideCar 代理的示意图。

由于采用了代理模式的设计实现思路，因此 Service Mesh 与 Spring 框架一样，让我们实现了"无入侵"的编程开发，不同的是 Spring 框架面向 Java，以单体架构或微服务的开发为主。

Service Mesh 则提供了与语言无关的分布式系统的架构方案，由于在我们的代码中不再包括 Service Mesh 的任何 API，所以在用了 Service Mesh 之后，所有的架构细节就都被隐藏在配置文件中，在源码中基本见不到任何与 Service Mesh 架构相关的代码。

Service Mesh 最早的开源版本是 Linkerd，它最初采用了 Scala，一经公布，就引发业界的广泛关注。随后谷歌、IBM 与 Lyft（美国第二大打车公司，其愿景是让人们乘坐无人驾驶汽车出行）联手发布了 Istio 这个开源版本。Linkerd 在 2.0 版本中改为采用 Rust 和 Go 后，性能和稳定性大幅提升，并且基于 Kubernetes 平台部署，但仍难抵 Istio 的优势。

8.4.2 Envoy 核心实践入门

Istio 的核心毫无疑问是 Envoy，本节针对 Envoy 做一些实践，以加深读者对 Service Mesh 原理的理解。

Envoy 在本质上是一个（反向）HTTP 代理服务器，抓住这个核心，我们就能很好地理解 Envoy 的配置、功能和使用方法了。

代理服务器的常规做法是在某个端口监听，并处理收到的请求。从编程角度来看，一般是通过可装配的 filter 链来实现各种代理功能的。此外，大部分反向 HTTP 代理服务器都实现了虚拟主机（Virtual Host）的功能，因为虚拟主机的功能实现起来比较简单，只要具备基于 HTTP 域名的路由转发功能即可。Envoy 中的虚拟主机更接近 Kubernetes Service 的概念，其域名可以被视为 Service 的 DNS 名称，转发路由（route）则对应 Service 的 Endpoints，即 Service 后端的真实 Pod 地址列表（upstream），这个目标地址列表是一个"集合"地址，可能存在多个不同的 Service 对应同一个目标地址的情况。另外，在按照 HTTP Path 路由的情况下，多个不同的 Path 也可能被路由到同一个目标地址，所以在 Envoy 中作者把这个集合地址单独抽出来，并命名为 cluster 对象，因此形成了如下 Envoy 配置对象的拓扑结构。

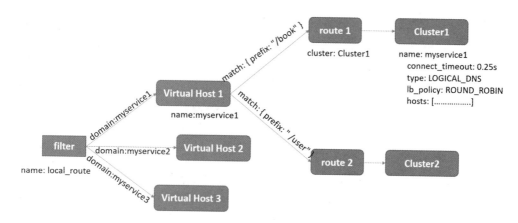

接下来，我们以一个最简单的例子来解释说明 Envoy 的配置文件和用法，在这个例子中，我们用 Envoy 创建一个到百度的反向代理服务器，在本地端口 8080 上监听，将收到的任何请求都转发到百度。完整的配置信息如下，其中的关键内容都用粗体字标明：

```
admin:
  access_log_path: /tmp/admin_access.log
  address:
    socket_address: { address: 0.0.0.0, port_value: 9901 }
static_resources:
  listeners:
  - name: listener_0
    address:
      socket_address: { address: 0.0.0.0, port_value: 8080 }
    filter_chains:
    - filters:
      - name: envoy.http_connection_manager
        config:
          stat_prefix: ingress_http
          route_config:
            name: baidu_route
            virtual_hosts:
            - name: baidu_service
              domains: ["*"]
              routes:
              - match: { prefix: "/" }
                route: { host_rewrite: www.baidu.com, cluster: service_baidu_cluster }
          http_filters:
          - name: envoy.router
  clusters:
  - name: service_baidu_cluster
```

```
    connect_timeout: 0.25s
    type: LOGICAL_DNS
    lb_policy: ROUND_ROBIN
    hosts: [{ socket_address: { address: baidu.com, port_value: 443 }}]
    tls_context: { sni: www.baidu.com }
```

从上述配置来看，我们定义了一个名为 baidu_service 的虚拟主机，它对应发往本机的任意 HTTP 请求（domains: ["*"]），然后只有一个路由（Prefix:"/"）。这个路由指向 service_baidu_cluster 这个 Cluster，再找到它的定义，发现地址是百度的 443 端口，并采用了 DNS 地址轮询的简单负载均衡机制（type: LOGICAL_DNS，lb_policy: ROUND_ROBIN）来转发请求。我们将上述配置文件保存为/root/baidu-envoy.yaml，然后运行如下 Docker 命令，启动 Envoy 容器：

```
docker run -it -p 9901:9901 -p 8080:8080 -v
/root/baidu-envoy.yaml:/etc/envoy/envoy.yml envoyproxy/envoy
```

上述 9901 端口为 Envoy 实例的管理端口，在打开浏览器访问此端口后，会出现下图所示的管理界面。

Command	Description
certs	print certs on machine
clusters	upstream cluster status
config_dump	dump current Envoy configs (experimental)
contention	dump current Envoy mutex contention stats (if enabled)
cpuprofiler	enable/disable the CPU profiler
drain_listeners	drain listeners
healthcheck/fail	cause the server to fail health checks
healthcheck/ok	cause the server to pass health checks
heapprofiler	enable/disable the heap profiler
help	print out list of admin commands
hot_restart_version	print the hot restart compatibility version
listeners	print listener info

当我们访问 8080 端口时，会出现如下所示的百度界面，这就表明我们的第一个入门例子成功了。Envoy 作为 https://baidu.com 这个服务的 SideCar，成功实现了基本的服务代理和服务路由功能。

下面再介绍一个稍微复杂的例子，在这个例子中，我们来演示如何实现灰度发布中的"流量切分"功能。版本升级对应的发布过程通常非黑即白，即直接用新版本代替旧版本，如果验证成功就发布完成，如果失败就可能考虑补救或回滚到旧版本。对于传统的企业应用来说，按照发布计划，系统中断服务几个小时甚至十几个小时是可以接受的，但对于互联网应用来说，这是代价和影响很大的故障类事件，需要极力避免。因此就有了灰度发布。灰度发布也被称为金丝雀发布，不是非黑即白的部署方式，即在系统中同时存在一定比例的旧版本（黑色标记）及新版本（白色标记）的组件，"调色"的结果就是系统变成了"灰色"版本。

灰度发布是一个持续的过程，在一开始时，我们发布少量的新版本组件实例到系统中，并通过"流量切分"手段将一部分流量引向新版本来观察新版本的功能是否正常，如果新版本一切正常，则继续"切分"更多的流量到新版本中，再观察、切分，直到系统从"灰"变"白"。这与 Kubernetes 中的 Pod 副本滚动升级机制有相似之处，但在本质上不同：后者的目标是保证系统全自动"平滑"升级，并且在很短的时间内升级到最新版本；灰度发布则是一个人为控制的版本升级过程，通常需要花费更多时间来测试和观察新版本的可靠性。

在 Kubernetes 的滚动升级中，我们无法手工控制新旧版本的流量切分，比如指定新版本获得 10%的流量，但 Envoy 有这个功能，且使用起来很简单。我们将上述例子中 baidu_server 这个虚拟主机服务的路由改为如下定义，即新旧版本的服务（对应 service_baidu_cluster_v1 与 service_baidu_cluster_v2）各自获取 50%的流量即可：

```
          - match: { prefix: "/" }
            route:
              host_rewrite: www.baidu.com
              weighted_clusters:
                runtime_key_prefix: routing.traffic_split.baidu_service
                clusters:
                  - name: service_baidu_cluster_v1
                    weight: 50
                  - name: service_baidu_cluster_v2
                    weight: 50
```

下面是新旧版本的两个服务对应的 Cluster 地址定义，可以注意到，我们故意将新版本（v2）的地址设置为不可访问，以方便观察流量切分的效果：

```
  clusters:
  - name: service_baidu_cluster_v1
    connect_timeout: 0.25s
    type: LOGICAL_DNS
    lb_policy: ROUND_ROBIN
    hosts: [{ socket_address: { address: baidu.com, port_value: 443 }}]
    tls_context: { sni: www.baidu.com }
  - name: service_baidu_cluster_v2
```

```
    connect_timeout: 0.25s
    type: LOGICAL_DNS
    lb_policy: ROUND_ROBIN
    hosts: [{ socket_address: { address: baidu2.com, port_value: 443 }}]
    tls_context: { sni: baidu2.com }
```

我们在修改好配置文件后将其命名为/root/baidu-envoy-split.yaml，重新启动新的测试容器：

```
docker run -it -p 9901:9901 -p 8080:8080 -v
/root/baidu-envoy-split.yaml:/etc/envoy/envoy.yaml  envoyproxy/envoy
```

然后会有50%的概率在浏览器中看到如下信息：

```
no healthy upstream
```

这说明，流量切分功能生效。

以上实践的这些高级功能对于现有应用来说是无侵入的，没有修改和编写一行代码，只需写一些配置文件即可生效，这就是 Service Mesh 最吸引人的一个特点。当然，如果所有的 Envoy 实例都需要我们手工编写配置文件，则这又成了一个梦魇，Istio 和其他 Service Mesh 产品的核心架构和主要功能之一就是解决这种"控制层面"的配置问题，并且尽量自动化，从架构设计的角度建模相关的配置对象，方便我们理解和正确定义这些配置信息。

8.4.3 Istio 背后的技术

我们都知道，Service Mesh 架构的核心在于执行代理功能的 SideCar，因为所有流量的转发都需要通过 SideCar 进行，并且在系统中会部署大量的 SideCar 实例，因此我们需要将 SideCar 设计成占用资源（内存、CPU）最少、转发性能最高，并且稳定性很高的守护进程。开发这样的网络服务器程序最考验编程经验和功底，开发难度和不确定性也最大。恰好 Lyft 公司已经有一个可以充当 SideCar 的产品——Envoy，一个用 C++开发的、高性能的分布式代理。

Istio 的核心首推 Envoy，这点毫无疑问。除了 Envoy，Istio 还涉及哪些重要技术呢？

第一：基于数字证书的加密技术。

Istio 的一个高级特性就是支持双向 TLS 认证，这使得我们开发的普通 HTTP 服务可以在互联网上被授权的合法用户（其他服务或客户端）安全访问，并且整个传输链路被加密，不存在数据被窃听的风险。以两个 Service 之间的访问为例，Istio 里的双向安全加密机制的具体实现思路如下图所示。

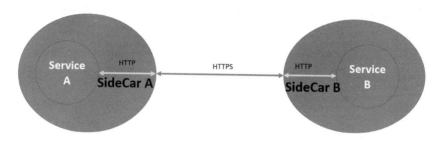

Service A 在访问 Service B 的时候，出口流量仍然是普通的 HTTP，这个流量被"劫持"到 Service A 对应的 SideCar A 进程上，注意到它们是被部署在同一台服务器中的，并没有跨越网络，因此是安全的。SideCar A 在收到流量后，会与 Service B 对应的 SideCar B 建立起 HTTPS 安全连接，两者之间的传输通信就被加密传输。SideCar B 在通过 HTTPS 收到 SideCar A 发出来的加密数据报文后，再解密出明文数据，将其以普通的 HTTP 方式转发到 Service B,此后 Service B 的应答数据也通过同样的处理流程返回到 Service A。在整个过程中无须编写或修改业务代码，只需要一些简单的配置即可实现任意服务之间双向安全的 TLS 认证。看到这里，有人可能会问了，如果是一个普通的客户端而非某个 Service 发起对另外一个 Service 的服务访问，而客户端进程并没有 SideCar,应该如何解决？Istio 的双向 TLS 提供了一个宽容模式（Permissive Mode），在该模式下允许 Service 同时接收普通非加密流量和双向 TLS 流量。

第二：分布式链路追踪技术。

对于大规模的分布式系统，特别是微服务化的互联网应用系统来说，分布式链路追踪技术变得越来越重要，因为在一个请求从用户浏览器发出到最后返回响应数据之前，这个调用链可能跨越了十几个服务进程（微服务实例及各类中间件、数据库），由于这些进程分别在不同的节点上，可能还是由不同的开发语言实现的，所以一旦某个调用链出现严重的性能问题或 Bug，想要排查问题的根源，就变得极为困难。

分布式链路追踪的核心，是标识、关联、记录每个链路的调用全过程。我们可以用 Trace 来表示一个调用链，在每个请求开始时都生成一个全局唯一的 TraceID，并想办法将其传递到整个调用链，我们可以将调用链中的每一节都称为一个 Span。为了排查性能和 Bug 问题，还需要记录每个 Span 对应的调用方法名、花费的时长、是否抛出异常等关键信息。

我们以 Java 为例，先来分析一下解决分布式链路追踪问题的传统方法。首先在每个请求开始的时候都生成一个唯一的 TraceID，这并不难，考虑到性能问题，使用业务流程名+时间戳（毫秒）+3 位的随机数字即可，这是因为我们通常会采用采样的方法来追踪并生成相关的 Trace 及记录，而不会对每一个请求都追踪记录，后者的代价很大，因此一般是通过采样来抽取部分请求进行分析的，采样频率一般是 30 秒/次。

在生成了 TraceID 以后，接下来的问题就是如何将其传递下去了。Java 里的传统方法是将 TraceID 放入 ThreadLocal 中保存，这样一来，在当前线程上运行的调用栈中的任何一个方法都可以从 ThreadLocal 中获取 TraceID，这意味着我们不用改变调用方法的签名来增加 TraceID 参数了，但在这样实现的时候仍有以下问题无法解决。

- 如果在调用过程中存在跨线程的情况，ThreadLocal 方式就失效了。

- TraceID 和上级 SpanID 等信息无法通过 ThreadLocal 传递到远程服务中，导致后继调用链条断裂，无法形成完整的调用链。

上述问题都是进程内的问题，但第二个问题很棘手：这是真正进入分布式领域的追踪链路调用，对此只有另想办法了。一般来说，我们在应用开发过程中所用到的远程访问，不外乎以下几种。

- HTTP 调用（含 REST、gRPC）：HTTP 调用是主流，也是最常见和应用最广泛的微服务接口协议，还是各类分布式链路追踪系统主要解决的问题。对此，一般的做法是增加自定义 Tracing 相关的自定义 HTTP Header，比如 x-trace-id、x-span-id，然后添加在 HTTP 请求报文中发出，服务端在收到请求报文后，再从 Header 中获取这些 Tracing 信息，最后生成所需的 Tracing 数据。上述 HTTP 客户端和服务器端的逻辑都可以以某种通用化的方式实现。

- RPC 调用（如 Java RMI、ICE 等）：RPC 调用则很难追踪，因为传统的 RPC 协议是特定化的 TCP，并没有考虑到分布式追踪的需求，其报文是无法增加相关参数的，因此我们无法深入跟踪，在调用链中遇到一个 RPC 调用时，整个调用链被迫终止，除非我们在 RPC 调用的业务接口中增加 Tracing 相关的参数，才能继续跟踪。

- 特定的 TCP 传输数据，比如各类中间件和数据库：该问题类似于 RPC 调用的问题，我们也只能跟踪到这里了。

如果你坚持探索下去，则还可能会发现更复杂的问题。

- Trace 数据的保存问题。
- 如何直观展示完整的调用链和相关性能的统计结果。

事实证明，分布式链路追踪是一个相对专业、复杂的系统性的技术问题，每个分布式系统都会遇到这个问题，传统方法只能临时救急，不能一劳永逸地提供解决方案，因此这里应该有一个更加专业的、通用的解决方案。实际上，早在 2010 年，谷歌就发布了这个领域的经典论文 *Dapper - a Large-Scale Distributed Systems Tracing Infrastructure*。2012 年，Twitter 紧跟着开源了知名的分布式链路追踪项目——Zipkin。为了更好地指导各个厂商开发相互兼容的分布式链路追踪产品，CNCF 基金会发布了开源分布式服务追踪标准——OpenTracing API 规范。后来 Uber 继续在 Zipkin 和谷歌论文的指导下，进一步完善了自己的分布式链路追踪系统并于 2018 年开源了 Jaeger，这也是符合 OpenTracing API 规范的第一个开源系统。在 Istio 中默认支持的分布式链路追踪系统主要是 Jaeger。

Jaeger 或 Zipkin 及其他类似软件的设计思路大体差不多，整个架构由以下几个核心组件组成。

- Client API &SDK：一般以某种方式嵌入用户的代码中，用来生成 Tracing Data 并发送给 Agent。

- Agent：通常是一个独立于用户代码进程的 TCP/UDP Server，通常被设计为两个端口，其中，UDP 用来传输 Tracing Data，TCP 则用来传输指令。Agent 会把 Client 发来的数据做初步的汇聚后再发给 Collector，Agent 通常会部署多个实例，实例的数量通常取决于系统中的微服务实例数量。

- Collector：是一个独立的 TCP/UDP 进程，除了在内存中缓存一部分 Tracing Data 数据，也负责将历史数据持久化地写入后端数据库中保存。在部分系统的设计中，UI 界面也会与 Collector 打交道，以获取实时数据。

- UI：是一个独立的 Web 进程，负责展示 Tracing Data，主要以拓扑方式展示完整的调用链，并且提供基本的调用性能统计分析界面。

- Data Store：可以是任何具备持久存储数据的系统，Zipkin 默认采用 Cassandra 且内在支持 ElasticSearch 及 MySQL 存储，也可以扩展第三方存储。Jaeger 在这方面并没有更多的改进。

下图是 Jaeger 的架构示意图。

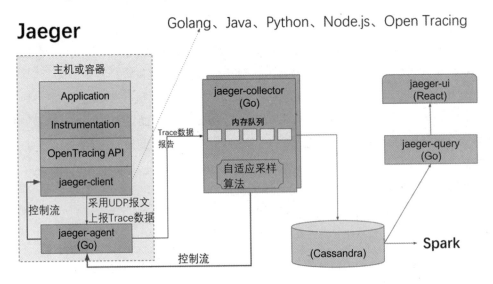

得益于 SideCar 这种 HTTP 代理的设计思路，Service Mesh 架构下的微服务很容易实现"全自动"的分布式链路追踪功能，具体做法就是请求开始时的 Envoy 实例自动生成 TracingID 并将其填充到 HTTP 的 Header 字段 x-request-id 中，随后整个调用链中的每个 Service 实例对应的 Envoy 实例都自动从 Header 中获取 x-request-id 的值，拦截调用过程，记录响应时间并生成所需的 Tracing Data 数据，最后调用 Jaeger/ Zipkin 的 API，完成调用链上所有 Span 的 Tracing Data 的记录，在整个过程中无须手工编写一行代码！

本节说说 Istio 中的另外一个复杂技术 xDS。

在 Service Mesh 架构中的确实现了"业务系统中零架构代码"的"完美"，但代价是我们不得不写很多相关配置！以 Istio 为例，Envoy 实现的所有代理功能，包括路由、流控、安全、遥测、分布式链路追踪都需要我们在配置文件中定义好规则和相关配置才能正常运行。而且这些配置写得是否正确，还没有智能的 IDE 来纠错和验证，我们还不能把这些陌生的配置文件甩给运维人员，因为这些配置基本都是与系统架构和研发相关的。考虑到系统中 Envoy 的实例数量非常多，在标准情况下与 Service 实例的数量一样多，因此我们需要一个"配置中心"来负责下发相关配置到每个 Envoy 实例。Envoy 中的配置项目都比较复杂，不是简单的 key/value 条目，而是一个个完整的配置对象，不同配置对象之间还经常存在引用关系，此外，绝大多数配置项都需要在系统运行期间做到"按需改变，立即生效"，因此如何设计 Envoy 与 Istio 配置中心

Pilot 之间的数据接口，成为一个复杂的问题，也成为 Istio 项目中原创的、最复杂的一部分设计与实现。

考虑到 Envoy 是用来代理 Service 的，首先要从配置中心获取在系统中定义的各种 Service 的信息，然后是 Service 相关的各种配置对象如 Cluster、Endpoint、Listener、router 等，所以我们把 Envoy 获取这些配置对象的过程称为"服务发现"也是理所应当的，于是这个接口就被命名为 xDS 接口。

xDS 接口包括下面这些接口。

- CDS（Cluster Discovery Service）：集群发现服务。
- EDS（Endpoint Discovery Service）：端点发现服务。
- HDS（Health Discovery Service）：健康发现服务。
- LDS（Listener Discovery Service）：监听器发现服务。
- MS（Metric Service）：将 metric 推送到远端服务器。
- RLS（Rate Limit Service）：速率限制服务。
- RDS（Route Discovery Service）：路由发现服务。
- SDS（Secret Discovery Service）：秘钥发现服务。

xDS 的复杂性不在于接口数量是否多，而在于其设计和实现机制的复杂，最后引发了性能、全量下发与增量同步及最终一致性等诸多复杂问题。与我们的一般认识不同，xDS 虽然是用来解决配置问题的，但没有沿用常规的设计思路，而是采用了类似于消息中间件中的消息订阅/推送模型，由于 Envoy 中的每种配置对象都被视为一种独立的消息类型，所以 Envoy 实例会为每个不同的 xDS 资源类型都启动一个独立的双向 gRPC 连接来实现对应的订阅通信，于是就形成如下所示的连接情况。

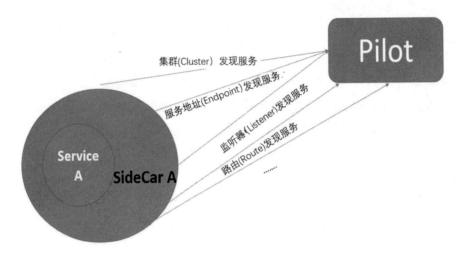

考虑到不同的配置对象因为有逻辑上的依赖关系而需要保证一定的处理顺序,所以有了如下重要规则:

- 如果有 CDS 更新消息,则必须始终先推送 CDS 更新;
- 如果有 EDS 更新消息,则必须在相应集群的 CDS 更新消息后才能通知下发;
- LDS 更新消息必须在相应的 CDS/EDS 更新消息后到达;
- 与新添加的 LDS 相关的 RDS 更新消息必须在最后到达;
- 最后,删除过期的 CDS 集群和相关的 EDS 端点。

而对多个独立的 gRPC 连接分别传输这些配置对象,则带来编程上的极大挑战,也对集群中的数据最终一致性带来难题。后来为此增加了新的 ADS(聚合服务发现),可以将其理解为在一个 gRPC 通道上传输所有的 xD 对象,这样一来 Pilot 与 Envoy 的代码实现就都简单多了。

此外,为了保证最终数据的一致性,在 xDS 接口中传输的配置对象数据中都增加了版本信息,以及一个辅助的随机加密的 Nonce 数据,防止通信过程中的"重放攻击",增强了接口的安全性,这些都导致了 xDS 的复杂性。

其实,Envoy 中的这些配置对象与 Kubernetes 中的资源对象"高度相似",而 Kubernetes 集群所面临的资源对象的一致性问题要比 Envoy 集群中的问题更复杂,规模也更庞大。在笔者看来,如果直接使用 Kubernetes 成熟的设计来实现对 Envoy 配置对象的管理,则会大大降低 Poliot 与 Envoy 在这方面的复杂性并提升运行效率,这里的最大阻力可能来自:Envoy 采用 C++

开发，Kubernetes 则采用 Go 开发，要想把 Go 中协程这种独特的机制在 C++中模仿实现，可能比较难。

8.4.4　Istio 的架构演变

Istio 的架构从总体上来说分为两个平面：数据平面（Data Plane）与控制平面（Control Plane），按照常规设计，应该是如下所示的架构。

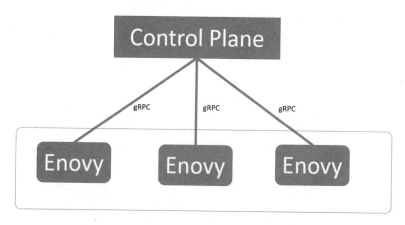

实际上，Istio 1.0 正式版的架构是下面这样的，控制平面被拆分为 4 个独立的微服务进程。

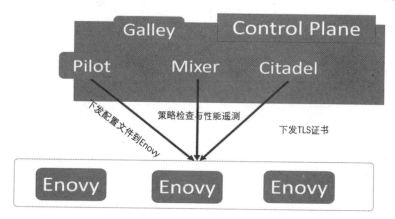

没错，Istio galley 组件的确是在 Istio 1.0 版本中出现的，因为 Istio 新增了 50 多种 Kubernetes CRD（Custom Resource Definition）资源对象，比 Kubernetes 自身所有资源对象的种类加起来还要多很多。手工编写的这些 CRD 没有任何错误，一旦出现低级的配置错误，纠错的代价就太大了。为了保险起见，Istio 1.0 一开始就提供了一个独立部署的 Galley 组件，Galley 组件实现了 Kubernetes API Server 资源准入机制中的回调插件 ValidatingWebhook 接口，用来自动检查提交到 Kubernetes 集群中的 Istio 相关的 CRD 对象是否被正确定义。

在 Istio 1.1 中，Galley 组件的功能被继续强化，新增了 MCP（Mesh Configuration Protocol），用来将存储在 Kubernetes 中的 Istio CRD 资源对象（及其变化消息）传递到 Istio 的其他组件中，使得 Istio 与 Kubernetes 的边界更加清晰（划清界限），这样看来，未来 Istio 与 Kubernetes 深度融合的可能性并不大。如下所示是 Istio 1.1 的架构示意图。

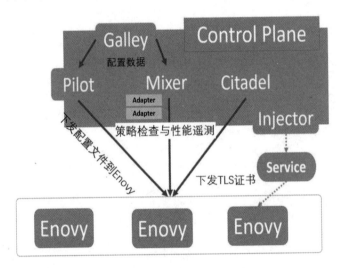

Istio 1.1 还有一个重要的变化，就是 Mixer 进程分裂为核心本体与外围分身这两部分，变成多个相互独立的进程，这种设计完美遵循了开放封闭原则（Open Closed Principle）的设计准则，大大增加了架构的扩展性和隔离性，但进一步加剧了 Mixer 组件的性能问题，而性能问题一直是 Service Mesh 各类产品无法回避的"达摩克利斯之剑"，也是彼此相互竞争的重要指标之一。在上图中首次画出了 Istio Injector 组件，这个组件的作用是在普通的 Kubernetes Service 对应的 Pod 中自动注入 Envoy 容器的定义，使得这个 Service 成为 Istio 中一个标准的被 SideCar 包裹的网格 Service，因为谁也不想自己手工编写如此复杂的 YAML 文件。在本质上，Istio Injector 组

件所做的事情就是修改符合条件的目标 Pod 的资源定义，自动添加相应的 Sidecar 相关的容器定义，主要包括如下两个容器。

- 名为 istio-init 的 initContainer：通过配置 iptables 来劫持 Pod 中的流量。
- 名为 istio-proxy 的 sidecar 容器：有两个进程 pilot-agent 和 envoy，pilot-agent 进行初始化并启动 envoy 进程。

Istio 自 1.1 版本之后，其架构就没有太大的变化了。我们看到，Istio 这样一个不是很庞大的系统，其控制平面的功能竟然被分隔成了 5 个独立的微服务进程，而且怎么看都特别有道理！Istio 的架构和功能演变看起来已经完美了，但相对于 Kubernetes 平台越来越流行的事实来看，Istio 无疑是失败的。Lyft 公司的技术大咖、Envoy 的发起者 Matt Keiln 曾在自己的 Twitter 上表达自己对 Service Mesh 落地情况的失望：相对于轰轰烈烈的业界宣传及推广，来自最终用户的案例和提议是如此稀少。

是什么导致 Istio 这样的由经验丰富的 IT 巨头们共同发起的重量级的、功能全面的、架构优雅的 Service Mesh 产品最终落得个"曲高和寡"的尴尬境地？正应了那句古话——"成也萧何，败也萧何"，Istio 最初成功吸睛的关键因素就是其"漂亮架构"，而过度追求"漂亮架构"也导致其系统过于复杂且大幅提高了应用落地的门槛，同时，过于追求松耦合的架构也导致 Istio 在性能方面存在不可忽视的缺陷。

Istio 这样的产品与我们通常所开发的业务系统有很大的不同，作为基础性框架，它的功能相对集中，控制平台的很多功能都有很强的内在耦合关联性，为了架构的优雅而硬生生地将它们分离在不同的微服务进程中，现在看来的确是不合适的。此外，对于控制层面的很多功能来说，基本不存在水平扩容的需求，甚至一段时间的单点故障都是可以接受的，这样看来，将 Istio 控制层面复杂的"微服务架构"重新回归为简单的"单体架构"，可能是最好的解决方案。在 2019 年年底举办的 KubeCon 大会上，Google API 基础设施的首席工程师&架构师 Louis Ryan 透露：Istio 社区正在考虑将 Istio 控制平面回归单体架构，计划从 2020 年初发布的 Istio 1.5 版本开始，将 Istio 原本的多个独立的组件整合成一个新的单体的 istiod 进程。其内在原因是：Istio 本身采用的微服务架构方式并没有为 Service Mesh 要实现的目标增加任何价值，相反，背离了它的初衷。

如下所示是 Istio 架构的微服务架构版与单体版的对比和区别，正对应了本节开头的讲解：在控制层面其实只需一个服务进程即可。

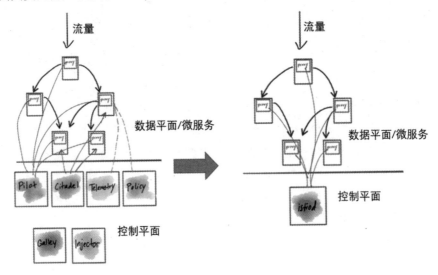

第 9 章

架构实践

在本书最后一章,我们将通过实践继续强化自己的"架构解密"能力。

9.1 公益项目 wuhansun 实践

一个优秀的架构一定始于其优秀的产品设计。一个系统的架构、技术选型、研发成本、迭代计划都蕴藏在一开始的关键步骤——需求分析及产品设计中,我们需要不断提升自己的产品设计能力。本节以实现公益项目 wuhansun(武汉 Sun)为例,探讨作为架构师的我们应该如何实现有效的需求分析和产品设计。

我们在进行需求分析时,很重要的一个知识点就是目标产品诞生的背景,该背景给出以下几个关键问题。

(1)为什么会开发这个产品(或系统)?其答案解释了目标产品存在的根本原因及为什么会有这样一个产品诞生。在开发过程中出现一些无法调和的争论时,我们都可以通过这个答案来思考,究竟哪种观点更正确。

(2)这个产品主要解决什么问题(其价值是什么)?我们开发的产品一定要解决某些现实问题,该问题的答案决定了目标产品的成败和最终实现的完美程度。举个例子来说,如果开发一个产品的目标是让整个团队的合作效率更高,但我们开发的产品比较难用,反而使团队的效率降低,那么功能再多也是失败的。

(3)哪些角色会与这个产品打交道?其答案直接给出了系统设计中的角色-用例图,还通过深入分析不同角色的立场、诉求、偏好习惯、在整个业务流程中发挥的作用等多方面的细节,给出了用户界面(UI/UE)设计的基本要求和参照标准,而后从原型界面出发,深入结合业务流程分析和设计的常识,推出较为精确的领域数据模型和对应的数据库设计。

接下来用上述思路分析公益项目 wuhansun。

第 1 个问题:为什么会开发这个产品?

先看一下相关背景:在武汉发生疫情期间,来武汉支援的医护人员不断增加,本地很多医护人员因为抗疫需要奔波在不同区域。但是,因为抗疫需要,武汉于 2020 年 1 月 23 日实行全面封城,暂停各类经营活动,包括酒店民宿与公寓类业务。这就导致了社会上有大量空闲房间,而大量医护人员无处住宿的矛盾!所以急需一个有效的、操作简单、直观便利的信息共享系统来改变现状,这就是公益项目 wuhansun 诞生的背景。

第 2 个问题,这个产品主要解决什么问题?从之前的背景分析来看,wuhansun 项目需要解决的关键问题如下。

- 解决缺乏有效的信息共享系统的问题,单靠志愿者们手工转发住宿需求和住宿供给信息,容易导致信息不全和丢失。
- 志愿者自发发起的活动缺乏完整、规范的处理流程,效率低下。
- 缺乏必要的公开记录,对于维持志愿者的信心不利。

总结下来,我们需要一个准确记录了医护人员住宿申请及酒店民宿供应清单的系统,利用这个系统按照规范的流程进行协作,尽可能提升医护人员与酒店的对接能力,让尽可能多的医护人员不再为住宿问题发愁。

第 3 个问题,哪些角色会与这个产品打交道?

经过背景分析,我们梳理出来的角色有:志愿者、酒店人员、求助者。

志愿者一方面可作为"代理人",代理求助者的住宿申请;也可参与核实求助者发布的住宿申请,帮助对接目标酒店。至此,我们基本可以给出该系统的角色用例图了。

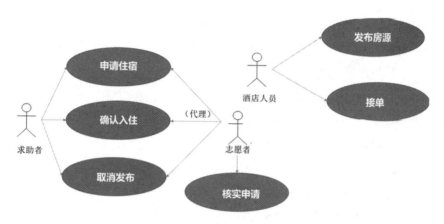

根据分析，这里有 3 个领域对象，分别是：入住申请单；酒店房间清单；核实单。

这里的主要流程是入住流程，即申请→接单→确认入住。根据设计经验，该流程都会与某个领域对象的状态相关联，因此入住申请单这个领域对象对应的状态图如下。

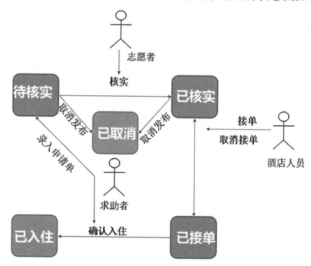

入住申请单的主流程状态的变迁过程为"待核实（起点状态）→已核实→已接单→已入住（终点状态）"。另一个终点状态为"已取消"，发布者可将还未安排的入住申请单取消发布。

入住申请单是用户发布的，每个用户都负责自己发布的入住申请单，所以入住申请单还需要与用户表相关联，增加用户 ID。此外，在入住申请单里还需要两个用来匹配酒店的关键字段：希望入住的城区及位置。除此之外，还需要入住人员的联系方式、身份信息（如医护人员、志愿者、工地建设者等)、单位、入住人员的数量、期待入住日期、入住天数及其他特殊要求等信息。为了证明身份，通常还需要一些纸质文件，比如医院或红十字会开具的证明，这些可以作为附件关联到入住申请单，方便志愿者核实。

酒店房间清单这个领域对象则相对简单很多：可认为不涉及流程，只有简单的增删改查功能。它也关联酒店用户，主要字段包括：酒店或民宿名称、所属城区、位置、联系电话、可安排房间数量、已接待医护人员数量、房间描述、酒店描述、是否针对医护人员免费、优惠房费（在不免费的情况下）等信息。其中，可安排房间数量、已接待医护人员数量这两个字段由酒店人员灵活编辑和维护，不针对性关联，因为酒店房间可能会通过其他渠道被安排。增加"已接待医护人员数量"这个信息，是为了让求助者或志愿者清楚这个酒店安排住宿的可能性。另外，考虑到部分求助者是愿意付费的，酒店在这种情况下也愿意安排更多的住宿，因此我们给酒店提供了一个明码收费的可选项。

核实单这个领域对象比较简单，也有其重要价值，因为这是一个没有审核的自由平台。为了鉴别入住申请的真实性、有效性，需要更多的志愿者及酒店工作人员去核实，每次核实都增加了该申请的可信度，在每次核实时都需要记录核实时间，以及核实的文字性描述，比如"今天电话联系了对方，的确属实，希望能有人帮助"。因此，核实单与入住申请单之间是多对一的关系。在核实单里只有几个字段：是否真实、核实时间、核实内容及关联的核实人的 ID 等信息。

下面给出了系统中主要用例与领域对象的关系图。

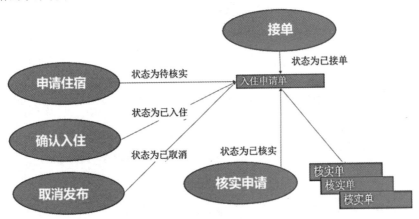

本系统的最终 ER 图如下所示。按照医护人员的实际需求，该系统增加了"按照医院找酒店"的功能，所以增加了酒店与附近酒店的关联表。考虑到当时交通不便，因此距离就成为很重要的参考因素。

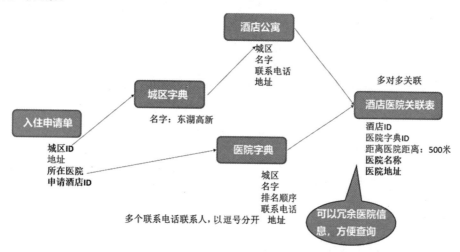

我们继续接下来的重要分析和设计,即设计 UI/UE 或者原型界面,该过程及其输出成果也很重要:首先,该过程也是对我们"角色-用例-流程"的分析设计结果的一个验证,可能会补充遗漏的重要用例和流程节点;其次,原型界面直接验证了我们的领域模型对象设计的完备性,一些遗漏的属性都会在这里被直接反馈出来;最后,原型界面的设计过程也在很大程度上决定了我们可选的前端框架。以上面的公益项目 wuhansun 为例,从背景分析的信息来看,目标产品需要能在手机上完成所有操作,而不依赖计算机端的业务操作,因为大部分人可能不具备计算机办公的条件。此外,所有的功能界面都应该简洁、易操作,不用经过任何培训。鉴于以上两点考虑,这里给出如下原型设计。

首先,用户进入系统看到的主界面只有四个入口,如下图所示。

- 查看入住需求入口:显示所有处于活动状态的入住申请单,志愿者、酒店人员可以进入查看列表,在核实或者联系后接单。
- 查找房源入口:提供简单、高效的房源查询,按照城区及地址关键字查询是否有可用的房源,求助者和志愿者都可以查询并联系或者下单相关酒店。
- 酒店入口:酒店用户专用,用来录入和维护房源、订单等信息。
- 管理入口:系统管理专用,只实现必要的字典表维护及用户管理功能。

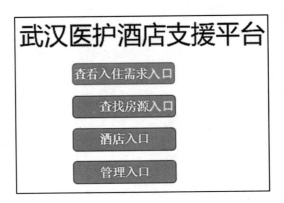

接下来给出上述菜单对应的几个复杂点的主界面设计,先是"查看当前入住需求"菜单对应的主界面,如下图所示。

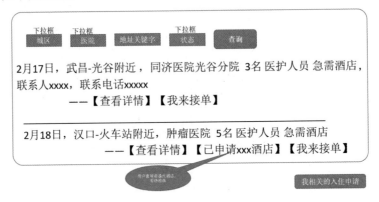

这是一种以非表格方式展示的查询列表,如果仔细看,你会发现每一行都像一个完整的句子,由表格中的列合理组合而成,这种展示方式有利于我们快速阅读和理解。另一种常见的设计技巧也在这个界面展示出来:根据数据(状态)的不同提供不同的操作按钮,在避免误操作的同时提升了用户体验。此外,在设计表格类界面的时候,我们很容易忽视以下几个重要的细节,这些细节会影响用户体验,也是设计经验和功力的一个体现。

- 选择怎样的默认排序?究竟哪些数据需要排在最前面?可能会有多个字段的组合,在更复杂的情况下,可能不是简单的一个 SQL 语句就能解决的。

- 哪些查询是最有价值的?这里应该是基于业务的深度思考,而不是简单地罗列各种字段让用户组合选择。在某些情况下,用户的一个查询输入都可能涉及复杂的查询逻辑。

首先,在上述界面中默认显示所有待核实与已核实的申请,即活动状态的申请及最新申请排最上面,以便最新的申请能快速得到响应。此外,酒店人员也可以通过"我来接单"按钮快速接单或者抢单。

上述界面中的"查看详情"界面也很关键,因为这是个使用频率比较高的功能。比较好的设计是在详情页面中显示此域对象相关的一些重要信息,比如该酒店附近的医院分布及距离、大家的评价、最近一周的接单情况等。

其次,"查找房源"菜单对应的主界面如下图所示。

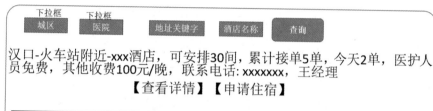

列表按照可安排房间的数量+城区两个字段排序,将每个城区空房数量最多的排在最前面,这通常意味着酒店规模比较大,接待能力强。在列表中查询时可以选择医院,从而过滤出该医院附近的所有酒店列表,方便医护人员快速查找酒店。上述界面的最好实现方式,是当选择某个医院查询时,在酒店信息中增加"距离目标医院 100 米"一项,方便用户准确选择;此外,这里增加了"申请住宿"的功能按钮,可以实现快速申请。在求助者点击该按钮后,会出现下面的生成入住申请界面。

您选择了XXX医院附近的YYY酒店,下面是医院附近所有酒店的信息
请点击选择要申请入住的酒店

YYY酒店距离XXX医院500米,医护人员免费,公益价150元/晚,可安排房间20间,累计接受申请5次,今天0次,咨询电话,xxxxx,联系人xxxxx

ZZZ酒店距离XXX医院800米,医护人员免费,公益价150元/晚,可安排房间50间,累计接受申请2次,今天1次

KKK酒店距离XXX医院1000米,医护人员免费,公益价150元/晚,可安排房间50间,累计接受申请8次,今天3次

在上述界面中给出了与目标医院相关的所有酒店，如果在上面的查询界面能增加酒店与医院距离的信息，则这个界面是可以省去的。用户在选择了目标酒店以后，就可以开始录入入住申请单并提交了。此时入住申请单里的酒店ID已经被赋值，酒店人员可以在"我相关的入住申请"列表里看到如下图所示的申请。

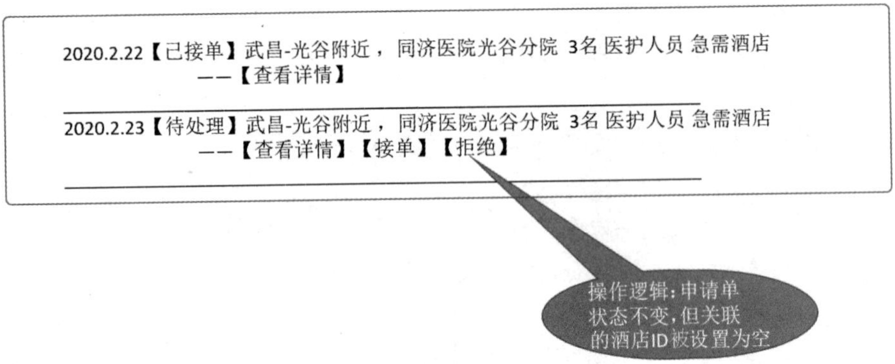

```
2020.2.22【已接单】武昌-光谷附近，同济医院光谷分院 3名 医护人员 急需酒店
            ——【查看详情】
2020.2.23【待处理】武昌-光谷附近，同济医院光谷分院 3名 医护人员 急需酒店
            ——【查看详情】【接单】【拒绝】
```

操作逻辑：申请单状态不变，但关联的酒店ID被设置为空

如果可以接此单，则点击"接单"按钮完成订单；如果放弃，则点击"拒绝"按钮，操作起来很直观、方便。该系统的其他几个界面相对简单，功能也直观，这里就不一一罗列了。

最后，我们来说说这个项目开发上线的过程。

由于时间非常紧迫，笔者在设计完最初的版本后，在2020年2月19日先发动Mycat开源"五虎"之一的Java全栈工程师黄飞及90后PHP全栈工程师温志刚（Panda）开发第一版。随后找到"武汉医护酒店支援"微信群里较早的一些志愿者们，随后加入了一些工程师。从阿里巴巴出来的Paris带领本公司的一个PHP团队在1周内完成了第一版的开发并开始上线运行。在这个过程中，卢森煌作为产品经理志愿者的角色参与进来，发挥了重要作用。最后，Paris所在公司的Vina设计了下面的宣传单，宣传单里的8句话来自Zeroc ICE群里的Java全栈高手赵传刚。

第 9 章 架构实践

至于为什么将平台命名为"日月同城医护酒店公寓同盟",正是应了宣传单里的那句:日月同城一个家,共守家园一片心。在该平台上线以后,又有更多志愿者以在线客服的身份参与到平台的运营过程中来,下面的截图就是众多平台运营志愿者工作的一部分。

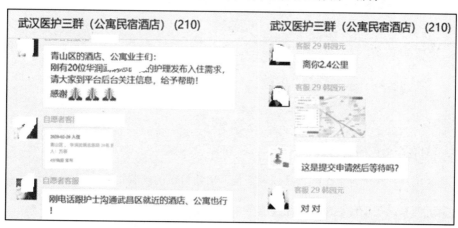

此平台上线以后,对武汉抗疫的医护人员和其他需要临时住宿的人帮助很大,希望未来会有更多的 IT 人积极参与,让键盘下的代码发挥决定性力量,让我们做真正的"键盘侠"。

9.2 身边购平台实践

"身边购"是一种有效的销售模式,特别是在日常生活、个体户服务(含零工)及闲置物品交易等领域。笔者曾在 2018 年的 Java 高端培训系列课程 Spring 篇的大作业中提出打造"身边购"平台的构思,致力于打造一个开源的、公益性质的互联网平台产品,协助社区中的各类店铺、个体户、自由职业者及社区居民零成本上网自助交易,促进以社区为核心的低碳、环保的健康生活。

这里就以打造"身边购"平台为例,开始我们的"架构解密"之旅。

首先,我们来分析并准确描述这个系统所涉及的角色,如下图所示。

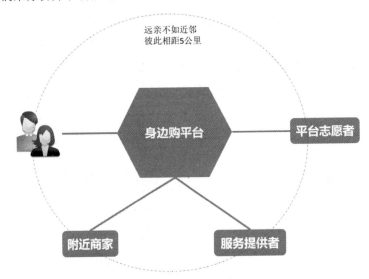

其中,对各个角色的定位如下。

- 社区用户:在平台上选购物品或者交换、出售自己的闲置物品。
- 附近商家:在平台上发布商品及服务,接受附近用户的订购。
- 服务提供者:附近的技能型人才可以在平台上发布自己可提供的服务,兼职或全职均可,常见服务包括快递、跑腿、修锁开锁、水电维修、钟点工、杂工、保洁等。

- 平台志愿者：负责核实平台中的一些关键信息，例如商家信息、各类服务提供者的身份信息，并协调解决平台中交易引发的纠纷等。

下面是系统的主要用例图。

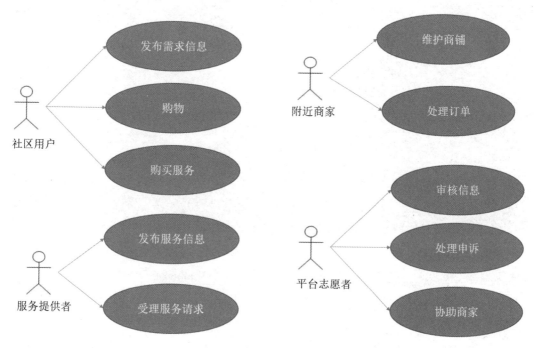

软件设计是一门介于工程与艺术之间的手艺活，一个杰出的架构师一定是脑洞大开的，而在整个软件工程过程中，最能引发设计灵感并挑战我们的架构设计能力的是一开始的产品设计。以"身边购"平台来说，虽然从总体来看它是个小型的针对性的电商系统，只有一个比较特殊的关键因素——邻里距离，但如何以这个核心因素为出发点，设计出一个完全与众不同的购物平台，则是对我们创新能力的一个考验。如下图所示就是笔者设计的身边购App的主界面。在第一眼看到这个界面时，你有什么样的想法？

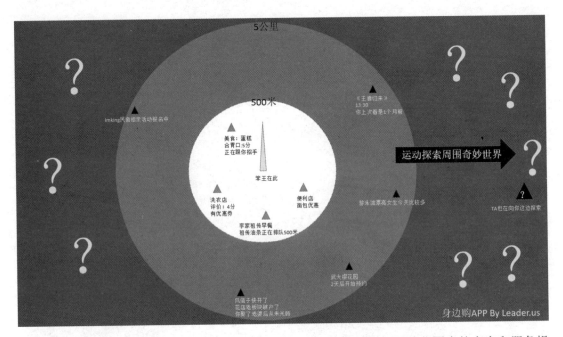

首先，将用户以其所处地理位置为中心划一个圆，在圆的直径覆盖范围内的商家和服务提供者才符合入选条件。于是我们看到一个有趣的现象：用户从城市的一个点移动到另外一个点，无须搜索，身边"圈子"的商家信息会被自动推送到视野之内，用户可以直观、快速地从周围的商圈获取便捷服务。这就是身边购 App 的核心思想。设想一下，用户在周末打算出游到同城某个比较远的地方，又不想错过途中一些好玩好吃的地方时，还可以让平台为其在沿途自动选择几个落脚点，甚至往返路线不同；并且，在给出这些落脚点的同时，平台会自动为其推荐周边的公交、餐饮、娱乐、景点，甚至预订相关商品和服务。如果该平台模拟探险类手游界面，将购物完全融入游戏中，未来再增加街景和 VR 功能，就是完全融合游戏、社交、购物体验为一体的全新平台，是完全以用户为中心的设计思想的体现。

继续回到我们的设计中来，要实现上述目标，需要解决以下一些关键的技术问题。

首先，对身边购 App 中的每个店铺（含服务提供者）都需要标记地理坐标，使用者的位置信息很关键，需要快速查询出以使用者当前位置为中心的指定半径内的实体对象，并且在界面中渲染出来。查找半径范围内的对象属于空间搜索技术里的一种，目前主流的数据库通过空间索引的方式也都提供了查询语句，Redis 提供的 Geo 模块则另辟蹊径，结合其有序队列 zset 以及 geohash 编码，实现了极高效率的空间搜索功能，因此可能的一个设计思路是一种组合模式：用 Redis 实现商铺的地理坐标存储，用 MySQL 数据库实现商铺的详细信息存储，如下图所示。

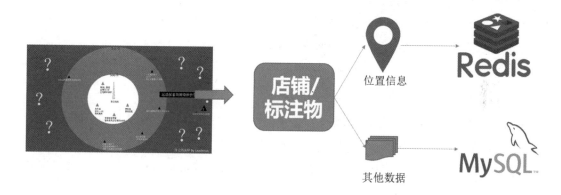

地图中的店铺及标注物还会有一些动态信息，部分动态信息关联到当前用户的消费行为，对这部分信息的深度挖掘和关联分析可以用到某些 AI 技术。随着身边购 App 用户群体的规模越来越大，收集的数据越来越多，AI 会变得越来越重要。这里撇开 AI 不谈，只谈店铺相关的动态信息的存储和推送问题。考虑到动态信息具有时效性、不变性及总体量大的特点，适合将其单独放到以某种磁盘存储为主的 NoSQL 存储系统中。

另外，考虑到有大量的用户、店铺及信息要展示，如何展示、缓存也都是这个系统要解决的关键问题。就信息展示来说，我们可以考虑采用多重技术手段来展示信息。

- 以"分层"方式展示地图上的信息，按照重要程度，先展示基本信息，再一层层叠加其他信息。
- 部分数据以"有关注才亮"的方式拉取和展示，即在有用户单击店铺的某个提示时客户端才去服务器上拉取数据。
- 客户端是一个手机 App，因此手机端可以缓存大量数据，这是一个优势：将常用的、变动频率小的甚至短时间内（几个小时内）基本不会变的信息数据尽可能缓存下来，例如商店的图标、缩略图、基本信息（含位置），甚至用户常用的几个区域如住所、公司、常去场所附近的地图等，通过有效利用客户端的缓存，可减少服务端的交互，提升客户端 UI 的灵敏度和用户体验。

- 客户端的后台线程提前拉取数据，在获得完整数据后再刷新和展示界面。
- 采用客户端的后台线程定时更新某些时效性相关的数据。

这样做有几个好处：首先，可以增加用户界面的反应灵敏度；其次，在很大程度上降低了整个系统拉取或推送数据的压力，在节省资源和带宽的同时提升系统的并发支撑能力。App 和 Server 端可以采用主动下推与客户端主动拉取数据这两种模式。在这个系统中建议主要以客户端主动拉取数据的模式为主，采用某种合适的 RPC 通信方式，包括基于 HTTP 2 的 gRPC 都是可行的方案。对数据接口的设计可以考虑如下技巧。

- 将数据版本化。对可变数据特别是传输代价大的数据，尽可能带版本标签。相关接口可以参照 HTTP，增加返回结果码，比如 200 表示正常返回数据对象，其他状态码则有特定含义，比如 301 表示此数据已经是最新版本，无须再获取，这样就在不增加调用次数的同时，减少了不必要的网络传输。
- 增加批量传输接口。在考虑接口响应时间的前提下增加批量传输接口，以提升平台的传输效率。注意，这里不是简单的分页批量，而是可以让客户端指定一批目标对象进行批量传输。
- 将全量接口与增量通知接口相结合。其中，全量接口用于客户端一次性拉取全部对象数据，然后客户端注册增量通知接口，当相关的目标对象发生变化（增删改）时，服务端主动通知客户端，客户端再高效同步本地缓存的全量数据。在 Kubernetes 集群及 Istio 这种新的分布式集群中，这是一种常见的做法。该做法在编程方面增加了复杂度，很考验架构师和研发人员的实力，但对于集群规模的提升及响应时间的缩减效果明显。此时，可选 Zookeeper、Etcd 系列的特殊 NoSQL 存储，因为它们自带异步通知机制，是全量+增量通知接口机制的最佳搭档，如果有兴趣，则可以研读 Kubernetes API Server 中的相应代码并参考和实现。

如下所示是比较完整的 App 与 Server 端的架构示意图。

第 9 章 架构实践

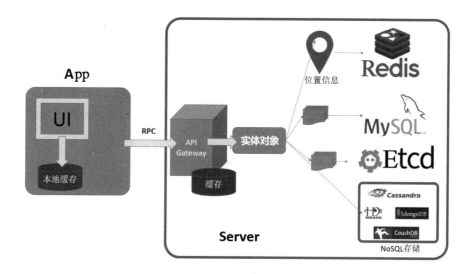

在这个系统中还存在一类特殊的实体对象,即"地图",这是因为实体商圈、居民聚集区、办公聚集区通常是大部分人高频汇聚并逗留时间比较长的场所,把这些区域做成地图并在 Server 端提前计算出地图里包含的各种信息数据,当某个人来到或者要查看这个区域的信息时,客户端 App 很快就能展现相关界面了,可大大提升用户体验。类似地,针对每个用户的行程习惯,我们也可以设计用户个性化的地图并在 App 本地缓存起来。平台还可以根据统计信息,自动创建和维护区域内的热点地图,将其加入缓存并自动淘汰非热点地图,以节省内存。

至此,系统的主要实体对象关系如下图所示。

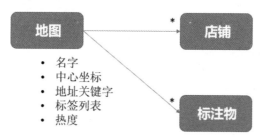

最后,我们需要考虑的是如何推广这个项目?有两种思路:一种是先给出 PPT 再去找机构投资、创立公司、全职创业;另一种是 IT 人合伙兼职共享创业,个人承担的风险小、容易坚持到胜利,也是成功后收益最大的一种模式。具体思路如下。

先寻找适合此项目开发的有创业想法的 IT 人才,注册成立一个创业公司,主要以参与项目

• 311 •

开发的方式入股，其中部分有资金实力的股东又可追加少量的资金作为公司的流动资金。考虑到部分人可能无法坚持到项目上线，可以考虑合适的退出机制，比如在平台未来有收入的情况下予以工作量的现金补偿。如果启动资金充足，则也可以考虑雇佣部分全职IT人员以加快研发。采用这种共享创业模式，如果在武汉等二线城市的共享办公空间办公并招募当地的一两名初级软件工程师，则公司的启动资金可能20万元足够，平摊到5个股东，人均4万元即可开启稳妥的共享创业之路。在共享创业模式下，前期的研发、上线后的IT运维等相关主要工作都以技术派股东为核心，少招募员工，尽可能节省公司的流动资金。

这个产品的可能收入包括如下几部分。

- 店家：店铺年费、发布广告的费用、打赏。
- 用户：打赏、VIP客户的特效费用，类似于QQ的收费。

平台上线后的运营和推广（主要地推）需要大量人手，此时可以考虑社会零工加志愿者的用工模式，在每个区域都征集一些零工和志愿者负责线下推广，加入的店家越多，店家和用户的满意度越高，打赏也多，可以考虑将大部分打赏作为对线下运营推广人员的奖励，鼓励他们持续做好服务。而在线上前期可能只招募一个全职客服即可满足需求，整体人力成本的控制做到量入为出，不求速度，只求稳定，用两三年打好基础。在做到团队能自己养活自己的前提下，再去寻求外界资本，整个团队就有更大的话语权，公司的估值也就越高，在未来资本推动上市后，获取的回报也越大。

9.3 DIY 一个有难度的分布式集群

本节的目标，是不依赖任何分布式框架和中间件，全程"手工"设计、开发一个有难度的分布式集群 MyCluster，以提升自我的硬核架构能力，具体的技术要求如下。

- 不使用任何分布式相关的框架和中间件，不限语言，纯手工编码打造一个原生的分布式集群 MyCluster，MyCluster 集群主要用于实现某种简单的分布式计算功能。
- MyCluster 总体来说属于一种主从结构，Master 节点负责整个集群的控制，收集用户发出的任务 MyTask，并且将其派发到整个集群；MyCluster 节点的规模是事先确定好的，在配置好以后，节点可能因为宕机而下线，但不会增加新的未知节点。

- MyTask 如果任务执行失败，则可能涉及重新派发，部分任务可能有状态数据需要恢复。
- Master 节点可能会宕机，此时需要选举新的 Master 节点，旧的 Master 节点恢复后，也不会取代新选择的 Master 节点。
- MyCluster 集群中的节点共享一个配置，个别参数可能不同，比如监听端口、线程池数量这些与特定机器和环境相关的参数。对 MyCluster 集群的配置（文件）需要集中化管理，即意味着集中在一台机器上，集群配置文件可以回归到上一个版本。

从上面的要求来看，MyCluster 是目前主流的一种分布式集群，具有很高的容错性和分布式任务协调能力。接下来我们一起看看如何设计这个系统的架构。

首先，我们需要解决第一个难题，即如何设计集群的架构并实现故障情况下的自动主从切换？我们注意到 MyCluster 有一个特点"不会增加新的未知节点"，这个特点很重要，也是区分常规集群与 P2P 集群的关键因素。有了这个前提，我们不需要引入复杂的算法就可以解决集群的 Master 节点宕机后新任 Leader 节点的选举问题了。

具体逻辑：每个节点都有唯一的名称，名称可以按照字母表排序，规定集群中排在前面的节点是 Leader。假如节点的名称为 A、B、C、D、E、F，则 A 为 Leader 节点；在 A 宕机后，推举 B 接替 A；在集群中其余活着的节点都确认新 Leader 节点之后，集群恢复正常的工作机制。这里可能会遇到一个经典的脑裂问题，如下图所示，在 A 宕机后，整个集群被分成左右两部分，其中左边的 B 与 C 互联互通，右边的 D、E、F 互联互通，但两个小集群直接互联互不通，这就是集群分裂后的脑裂现象。

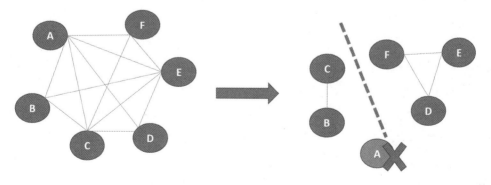

在脑裂发生后，为了避免两个集群都独立工作而导致数据不一致，一般的做法是要么大家都原地等待不再工作，要么选择规模最大的集群继续提供服务，其他集群则等待。对于集群节点数量不定的系统，这是一个难题，因为每个集群都无法确定谁是规模最大的，但在节点数量确定的情况下，这件事情就很简单了：集群拥有的节点数量超过一半的就是规模最大的集群。在上述情况下，若 A 宕机，则在有 5 个存活节点的情况下，右边的 D-E-F 集群胜出。

这里再总结一下集群的 Leader 选举问题：按照配置文件，每个节点都知道整个集群的节点地址，所以在节点启动后进入 Leader 选举状态。在这种状态下，我们要求节点编号小的节点主动与编号比它大的节点都发起通信链接，快速建立起网状通信网络。以编号最小的节点 A 为例，拓扑图如下所示。

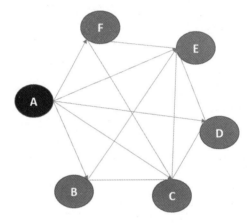

此时，每个节点都会根据与之相连的邻居节点列表，对照配置文件中的节点信息来判断自己是否是"老大"——即活着的最小编号节点。比如图中的 A 在连上周围的节点后，发现当前在线的节点数量超过集群节点数量的一半，自己也是配置中编号最小的节点，就判断自己是 Master 节点，并且下发"加冕申请报文"给周围的节点，周围的节点在收到报文后确认回复报文，并记录当前的 Master 节点是 A，然后集群状态进入工作状态。各个节点开始定期汇报自己的资源使用情况、任务执行情况给 Master 节点，并接受 Master 节点的统一领导。如果某一时刻 A 宕机，此时每个节点都发现与 A 的通信被意外中断，则由于 A 是 Master 节点，所以集群立刻重新进入 Leader 选举状态，重复启动时的选举机制。B 此时当选下一任 Leader 节点，在集群选举完成后，如果 A 恢复，它就会主动连接其他节点，每个节点的回复报文都会告知 A 目前的集群状态为工作状态，并且 Master 节点是 B，于是 A 成为普通的 Slave 节点，在 B 宕机以后，

A 才能恢复为 Master 节点。

从上面的分析过程来看，集群有 3 种状态，如下图所示，初始状态为 Leader-Select 状态，在集群选举成功时进入 Working 状态，在集群选举失败时（集群分裂中的小集群）进入 Standby 状态。

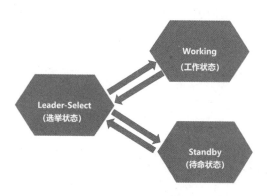

其次，我们看看另一个关键需求：在配置文件方面，整个集群都需要共享一份配置文件，配置文件中的部分配置还能实时生效。这里其实是要实现一个简化的配置中心，并且需要保证数据一致性的实现。我们可以把配置文件分为两部分：一部分类似于 P2P 集群的种子文件，不同的是，这里的配置文件包括集群所有节点的编号、IP 和端口号（以及其他可能的鉴权文件如证书、密码），这个文件是每个节点在本地保留的，基本不变；另一部分则是需要集中存储并动态分发到各个节点的共享配置文件，由 Master 节点负责更新内容并下发到各个节点，所以各个节点在收到共享配置文件后，都需要将该文件保存到本地磁盘做备份，在系统启动时，Master 节点将其在本地保存的最新共享配置文件下发到集群的各个节点。另外，我们为共享配置文件增加了版本号和日期属性，在修改配置后，版本号增加。这样就比较方便回退版本并可能降低配置文件在集群中的传输频率了。

为了方便更新和共享配置文件，Master 节点可以增加管理命令 update config，该命令可以将用户指定的配置文件上传到 Master 节点，由 Master 节点负责将配置文件的内容下发到各个 Slave 节点并生效。为了提高可靠性，可以模仿 XA 二阶段的提交过程，具体设计如下。

（1）Master 节点将新版本的配置文件传输到各个 Slave 节点。

（2）Slave 节点在检查配置的正确性并保存到本地以后回复报文给 Master 节点。

（3）Master 节点在确定所有 Slave 节点都成功应答后，下达 commit config 指令。

在收到 commit config 指令后，若个别节点无法成功升级到新版本，则可以考虑此节点在输出错误日志后，立即停止工作，避免集群陷入不一致的工作状态。在 Master 节点通知各个节点自己是 Leader 节点的报文中，我们可以增加 Master 节点当前的配置文件版本号，在 Slave 节点回复的报文中也增加其配置文件版本号，这样一来，Master 节点就有机会纠正因某些特殊原因导致的集群配置文件不一样的问题了。在有了版本号以后，各个节点是否要拉取新版本的配置文件的内容，也就更加清晰了。如下所示为配置文件相关设计的示意图。

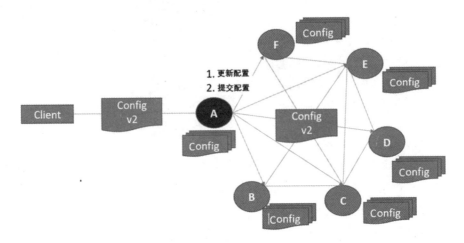

最后，我们看看集群通信协议的设计问题。

这里可以采用 TCP 长连接的设计思路，报文可以用比较传统的二进制格式的报文结构。为了方便快速解析报文的类型，我们需要为每种报文都规定一种类型。此外，可能存在"异步"响应的问题，所以我们需要在报文中增加报文序号，方便匹配请求与应答报文，还可以增加协议版本号以兼容未来的协议升级。因此，报文的结构就可以定义如下。

version	pkgType	seq	length	body
byte	byte	short	short	

报文的长度被定义为 short 类型（无符号的 short，即最大长度为 65535 个字节），这是为了避免因为不确定的超大报文导致网络编程中的大内存问题。这里最大的报文是配置文件，配置文件一般不会超过 65535 个字节。上述报文结构清晰简单，也方便解析和对应请求报文与响应报文。下面继续看看会涉及哪些种类的报文，以及这些报文的具体结构。

先看集群选举时的报文。首先是 HelloMessage 报文，节点在启动后主动向比自己编号大的节点发起连接，在连接建立后双方交换的第一个报文就是 HelloMessage。在报文里面包括的信息如下：

- 节点 ID；
- 节点的启动、运行时长；
- 集群状态；
- 当前的 Master ID；
- 配置文件版本。

如下图所示，节点 A 首先向节点 B 发出包括自己信息在内的 HelloMessage 报文，节点 B 在收到报文后发出自己的 HelloMessage 报文响应，这样节点 A、B 都清楚了对方的情况，也通过对方了解到当前集群的状态。

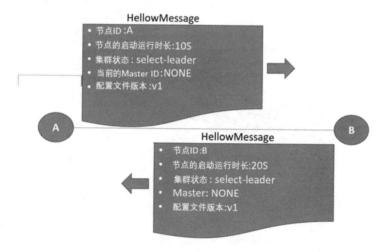

节点 A 在与其他节点都连接完成并交换了信息，确定当前是 Leader 选举状态并且自己是新的 Leader 节点后，再发出 LeaderDeclare 报文，报文的内容如下：

- Master 节点的 ID；
- 目前确定的在线节点数量；
- 启用的配置文件版本号。

在收到 Leader 候选人发出的上述报文后，每个节点都设置集群状态为"正常"，同时设置 Master 节点为 A，并回复报文 FollowKing，报文内容如下：

- 节点 ID；
- 是否要 Master 节点下发新的配置文件的内容。

节点 A 在收到所有节点的响应后，即完成集群 Leader 选举，集群完全进入正常状态，并根据节点的需求，主动下发新的配置文件的内容。如果此时有部分节点恰好宕机，则节点 A 需要重新计算当前节点总数是否满足超过半数的条件，如果不满足，则发出 WaitInPlace 报文，让大家"原地等待"，此时集群进入 Standby 状态，但 Master 节点仍然是 A。WaitInPlace 报文的内容如下：

- 节点 ID；
- 目前确定的在线节点数量。

WaitInPlace 对应的回复报文是 ImWaiting。结合集群状态与相关报文的示意图如下。

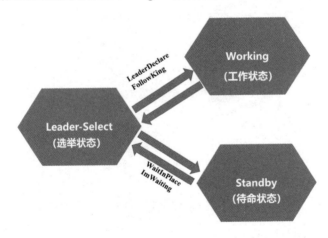

Master 节点在运行过程中监测到节点上下线后，可能会触发集群的以下状态变化。

- 处于 Standby 状态的集群，因为节点上线，所以可能重新引发集群选举从而恢复 Working 状态。
- 处于 Working 状态的集群，可能因为节点下线，引发 Leader 选举状态，选举的结果是：可能产生新的 Leader 节点或者原来的 Leader 节点，集群恢复正常或者进入 Standby 状态。

如果集群处于 Working 状态，则在新的节点加入后，通过邻居发送的 HelloMessage 报文就可以知道当前的 Leader 节点，获取最新的配置文件并成功加入集群。此外，HelloMessage 报文负责集群心跳监测，节点彼此需要定时发送 HelloMessage 报文来表明自己是在线状态。HelloMessage 还可以加入一些字段来上报节点的资源使用情况：空闲内存、CPU 使用率、磁盘使用率、空余磁盘的大小、带宽使用率。

接着，我们分析一下配置文件相关的报文，配置文件的报文 ConfigMessage 比较简单，只要包括如下信息即可：

- 版本号；
- 是否压缩，在内容超长时可以压缩传输；
- 字符串方式的配置文件的内容。

也可以考虑把压缩算法放入消息报文中，这样可方便升级新的压缩算法。在更新配置文件时，由 Master 节点主动推送 ConfigMessage 报文，在收到新的 ConfigMessage 报文后节点才开始组装并启动其他组件。

最后，我们看看 MyCluster 集群应该有哪些基本的命令控制报文，建议有如下几种：

- 节点下线；
- 集群拓扑报告；
- 更新集群配置文件。

这些报文也相对简单，所以这里不再一一给出。

我们还需要一个管理集群的客户端，有两种做法：一种是开发传统的 CLI 命令行客户端，与 Master 节点建立网络链接，通过发送相关报文来实现管理命令；另一种是在节点内部直接实现一个简单版的 Web Server，通过浏览器管理集群，这也是比较流行的思路。这里也建议采用后一种做法实现，可以将这些接口定义为 REST 接口，方便第三方程序集成。最终，整个 MyCluster 集群的完整架构如下图所示。

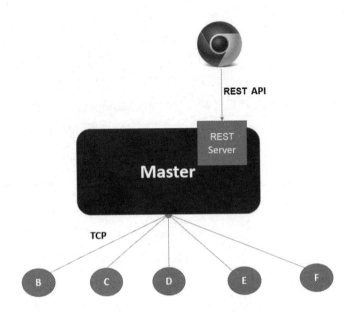

欢迎提交自己的作品到 GitHub 的 leader-us/Beyond-Architecture 目录下。关于本书的任意建议、讨论，也可以这里提交。